21 世纪高等院校教材

概率论与数理统计

（第二版）

四川大学数学学院 组编

刘晓石　陈鸿建　何腊梅 编著

科学出版社
北　京

内 容 简 介

本书主要针对理工类非数学专业和管理科学类大学生学习概率统计的需要而编写.内容包括:随机事件和概率,离散型随机变量和分布,连续型随机变量和分布,数字特征,大数定律与中心极限定理,抽样分布,参数估计,假设检验,方差分析与回归分析等.每章末设综合例题并附有相当数量的练习题,层次有浅有深,以供选用.书后有一系列数值表及习题答案.

本书可作为高等学校非数学专业的理工、管理科学类概率统计课的教材,亦可作为工程技术人员和大学生考研复习的参考用书.

图书在版编目(CIP)数据

概率论与数理统计/刘晓石,陈鸿建,何腊梅编著. —2 版. —北京:科学出版社,2005

21 世纪高等院校教材

ISBN 978-7-03-014012-8

Ⅰ. 概… Ⅱ. ①刘… ②陈… ③何… Ⅲ. ①概率论-高等院校-教材 ②数理统计-高等学校-教材 Ⅳ. O21

中国版本图书馆 CIP 数据核字(2004)第 088771 号

责任编辑:杨 波 姚莉丽 / 责任校对:钟 洋

责任印制:徐晓晨 / 封面设计:陈 敬

科 学 出 版 社 出版

北京东黄城根北街 16 号

邮政编码:100717

http://www.sciencep.com

北京捷迅佳彩印刷有限公司 印刷

科学出版社发行 各地新华书店经销

*

2000 年 8 月第 一 版 开本:B5(720×1000)

2005 年 1 月第 二 版 印张:19 3/4

2019 年 8 月第十五次印刷 字数:374 000

定价:49.00 元

(如有印装质量问题,我社负责调换)

第二版前言

本书自2000年出第一版以来，经过几年的使用，使我们积累了不少经验，也发现了一些不足之处. 在广泛征求读者意见的基础上，结合近年来考研大纲的要求，我们对本书又做了不少修订，努力使本教材体系更加完整，概念更加通俗易懂，例题更加丰富，更有利于教学. 具体地，与第一版比较，第二版做了以下修改：

1. 更换和新增了一些例题(比如例2.2.2，例2.6.3，例4.4.7等)，以利于学生掌握概率统计的思维方式及解题技巧；

2. 在第2章中明确了对几何分布的介绍以及在第3章中增加了对两个随机变量之差的分布公式及例题；

3. 重新编写了矩估计一节，以便于初学者掌握这种估计法的基本思想；

4. 订正了第一版的一些疏漏之处.

根据我们的经验，讲授本书1～8章内容约需50个学时，若再加上必要的习题课，约需60个学时.

编　者

2004年9月

第一版前言

概率论与数理统计是高等学校理工及管理科学类大学生的一门必修的基础课程,它在自然科学及社会科学的各个方面有着极其广泛的应用.本书是以教育部最新颁布的高等学校非数学专业类的数学课程教学的基本要求为依据编写的,是对四川大学概率统计教研室多年从事这方面教学工作的一个总结.

本书主要是作为高等学校非数学专业的理工及管理科学类概率统计课的教材,亦可作为工程技术人员以及大学生考研复习的参考用书.

为加强学生数学素质的培养,本书在内容安排上作了以下处理:(1)尽力以实际例子引入概率统计的基本概念、基本方法,理论推导力求简明扼要;(2)每章后安排综合例题并配以精心挑选的适量习题,以利于学生学习及基本运算能力的培养;(3)离散型及连续型随机变量分别单独列章讨论,便于初学者掌握;(4)尽力联系实际,注重提高学生运用概率统计方法解决实际问题的能力;(5)按照国家标准,采用规范的概率统计用语.

全书共分 9 章,由刘晓石主笔,陈鸿建、何腊梅参与编写.具体章节的编写人员是:刘晓石编写第 1～6 章,陈鸿建编写第 7 章,何腊梅编写第 8～9 章.刘晓石统稿.

概率统计的课程建设是四川省重点课程建设项目之一.在本书编写过程中,得到了四川大学教务处和数学学院领导的大力支持,同时,也得到马洪教授的热情帮助.在这里谨表示衷心的感谢.

限于编者的水平,书中难免有不妥之处,衷心欢迎读者批评指正.

编　者

2000 年 1 月

目　　录

第1章　随机事件及概率

在自然界及人类的社会活动中,可以观察到各种现象.这些现象大体上可以分为两种类型:一类是确定性现象,例如天体的运行,电荷的排斥与吸引,一定气压下液体的沸腾温度等等,只要在一定条件下进行观察或试验,其结果是确定的,是人们可以预知的.另一类现象则是不确定性现象,人们在未作观察或试验之前,并不能预知其结果.例如,向桌上抛一枚硬币,我们不能预知向上的是正面还是反面;随机地找一户家庭调查其收入情况,我们亦不能预知其收入是多少.但另一方面,对这些不确定性现象进行大量、重复的观察时,人们会发现,其结果会出现某种"统计规律性":重复抛一枚硬币多次,出现正、反两面的次数大致会各占一半;调查多户家庭,其收入会呈现"两头小,中间大"的状况,即处于中间状态的是大多数.

这种在每次试验中呈现不确定性,而在大量重复试验中又呈现某种统计规律性的现象叫随机现象.概率统计就是研究随机现象并揭示其统计规律性的一个数学分支,它在自然科学及社会科学的诸多领域都有着广泛的应用.

1.1　随机事件及运算

1.1.1　随机试验

对随机现象进行研究时,人们通常要进行大量的观察、试验.如果试验具有以下三个特点则称之为**随机试验**:

(i)可以在相同条件下重复进行;

(ii)试验结果不止一个,且可以预知一切可能的结果的取值范围;

(iii)试验前不能确定会出现哪一个结果.

随机试验是一种含义较广的术语,它包括对随机现象进行观察、测量、记录或作科学实验等,以后简称为试验.下面是几个随机试验的例子.

例1.1.1　掷一枚骰子,记录其点数.

例1.1.2　记录某电话传呼台一小时内收到的呼叫数.

例1.1.3　掷二枚硬币,记录正、反面出现情况.

例1.1.4　一天中任取一时刻,记录下当时的气温.

例1.1.5　把一尺之棰任截成三段,记录各段长度.

1.1.2 样本空间及随机事件

既然随机试验的结果不止一个，且能知道一切可能的结果的取值范围，我们就可以把一切可能的结果用集合的形式写出，记为 Ω，称之为样本空间；组成样本空间的元素称为样本点，记为 ω. 对应于前面几个随机试验，可分别写出样本空间如下：

在例 1.1.1 中，$\Omega_1=\{1,2,3,4,5,6\}$.

在例 1.1.2 中，$\Omega_2=\{0,1,2,\cdots\}$.

在例 1.1.3 中，$\Omega_3=\{(-,-),(-,+),(+,-),(+,+)\}$，这里“$-$”表示出现反面，“$+$”表示出现正面，“$(-,-)$”表示第一枚硬币出现反面，第二枚也出现反面，其余类似.

在例 1.1.4 中，设当天最低气温为 a℃，最高气温为 b℃，则 $\Omega_4=\{x\mid a\leqslant x\leqslant b\}$ 或 $\Omega_4=[a,b]$.

在例 1.1.5 中，$\Omega_5=\{(x,y,z)\mid x>0,y>0,z>0$ 且 $x+y+z=1\}$.

从上面这些例子可以看到，样本空间可以是有限集或无穷集，可以是一维点集或多维点集，可以是离散点集亦可以是欧氏空间的某个区域. 有时候，为了数学处理方便，还可以把样本空间作适当扩大. 例如，例 1.1.4 中，可以取 $\Omega_4=(-273$℃(绝对零度)$,+\infty)$，若有必要，甚至可以取成 $(-\infty,+\infty)$.

在实践中，人们常需要研究由样本空间中满足某些条件的样本点组成的集合，即关心于满足某些条件的样本点在试验后是否会出现. 例如，在汛期，水文站关心的是江河水位是否达到或超过警戒水位 H_0；抽查产品时，检验人员关心的是产品某方面指标是否达到合格标准，等等. 我们称样本空间 Ω 中满足某些条件的样本点构成的子集为**随机事件**，简称**事件**. 通常用 $A,B,C,\cdots$ 表示. 若试验后的结果 $\omega\in A$，则称事件 A 发生，否则称 A 不发生. 只含有一个样本点 ω 的事件叫**基本事件**，记为 $\{\omega\}$.

样本空间 Ω 也是它自己的子集，因而也是事件，它叫**必然事件**；空集 $\varnothing$ 中不含 Ω 中任何元素，它叫**不可能事件**. 例如，在例 1.1.1 中，设 A 表示“掷一枚骰子，出现的点数$\leqslant 6$”，则 $A=\Omega$，是必然事件；设 B 表示“出现 8 点”，则 B 是 Ω 中空子集，因而是不可能事件；设 C 表示“出现偶数点”，则 $C=\{2,4,6\}$，若实际掷出 2 点，我们便说事件 C 发生了；设 D 表示“掷出 2 点”，则 $D=\{2\}$ 是基本事件. 显然，一切事件均可分解为若干基本事件的并集，而基本事件则不可再分.

1.1.3 事件之间关系及运算

随机事件是一个集合，因此事件之间关系及运算可以按集合论中的知识处理,但应根据“事件发生与否”给出它们在概率论中的提法.

1.事件的包含与相等

若事件 A 发生,则导致事件 B 发生,即 A 中每个样本点都属于 B,则称 A 含于 B 或 B 包含 A,记为 $A\subset B$. 若 $A\subset B$ 且 $B\subset A$,则称 A 与 B **相等**,记为 $A=B$.

易知 $A\subset B$ 的等价说法是:若 B 不发生,则 A 必不发生. 对于任何事件,有 $\varnothing\subset A\subset \Omega$.

2.事件的和(并)

设 A,B 为两事件,则事件“A 发生或者 B 发生”记为 $A\cup B$,称为 A 与 B 的**和(并)**事件. 它是由 A,B 中一切样本点共同组成的集合.

一般地,n 个事件 $A_1,A_2,\cdots,A_n$ 的和事件记为 $\bigcup\limits_{i=1}^{n}A_i$,可列个事件 $A_1,A_2,\cdots$的和事件记为 $\bigcup\limits_{i=1}^{\infty}A_i$,它们都表示所列诸事件中至少有一个发生.

3.事件的积(交)

设 A,B 为两事件,则事件“A 与 B 都发生”记为 $A\cap B$ 或 AB,称为 A 与 B 的**积(交)**事件. 它是由既属于 A 又属于 B 的样本点构成的集合.

一般地,n 个事件 $A_1,A_2,\cdots,A_n$ 之积记为 $\bigcap\limits_{i=1}^{n}A_i$;可列个事件 $A_1,A_2,\cdots$ 之积记为 $\bigcap\limits_{i=1}^{\infty}A_i$,它们都表示所列诸事件全都发生.

4.事件的差

设 A,B 为两事件,则事件“A 发生但 B 不发生”记为 $A-B$,称为 A 与 B **之差**,这是由属于 A 但不属于 B 的样本点组成的集合.

例如,参军体检中,设 A 表示“身高合格”,B 表示“血压合格”,则 $A-B$ 表示“身高合格但血压不合格”.

5.互斥(不相容)事件

若事件 A 与 B 不能同时发生,即 $AB=\varnothing$,则称 A 与 B 为**互斥**事件,或**不相容**事件,这时 A 与 B 没有公共的样本点. 显然,不同的基本事件是互不相容的.

6.互逆(对立)事件

设 A、B 为两事件,若 $AB=\varnothing$ 且 $A\cup B=\Omega$,则称 A 与 B 为**互逆**事件,或**对立**事件,这时 B 叫 A 的逆事件,记为 $\overline{A}$,即 A 不发生. 显然,这时有 $B=\overline{A}$,$A=\overline{B}$,于是易知,若 A,B 是任意两事件,则

$$A\overline{A}=\varnothing,\ A\cup\overline{A}=\Omega,\ A-B=A\overline{B},\ \overline{\overline{A}}=A.$$

例如,设 $\Omega=\{1,2,3,\cdots,10\}$,$A=\{1,3,5,7,9\}$,$B=\{2,4,6,8,10\}$,$C=\{2,4,6\}$,则 A 与 B 互逆,A 与 C 互斥,且易知 $B-C=B\overline{C}=\{8,10\}$.

为了直观,人们还常用图形法表示事件的运算,如果用平面上的矩形区域表示样本空间 Ω,用圆形区域表示事件 A,B,则它们之间的关系及运算可表示如图 1.1.

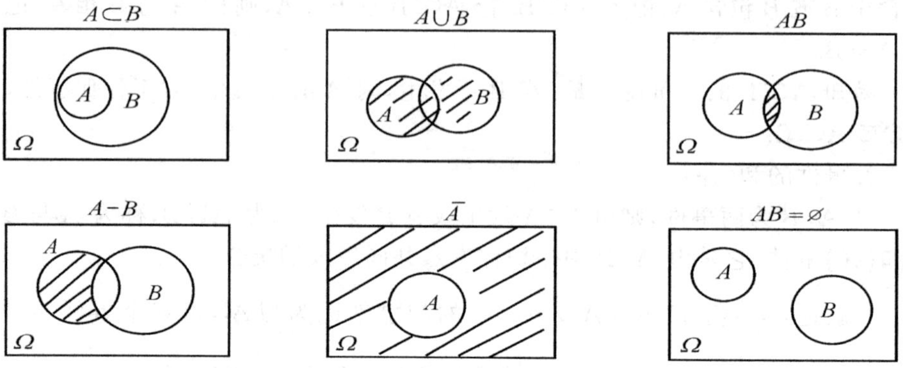

图 1.1

和集合论中运算一致,事件间的运算有以下性质:

1)交换律　$A\cup B=B\cup A$, $AB=BA$.

2)结合律　$A\cup(B\cup C)=(A\cup B)\cup C$;

$A\cap(B\cap C)=(A\cap B)\cap C$.

3)分配律　$A\cup(B\cap C)=(A\cup B)\cap(A\cup C)$;

$A\cap(B\cup C)=(A\cap B)\cup(A\cap C)$.

4)德·摩根(De Morgan)律

$$\overline{A\cup B}=\overline{A}\cap\overline{B},\quad \overline{AB}=\overline{A}\cup\overline{B}.$$

对于任意多个事件,有

$$\overline{\bigcup_i A_i}=\bigcap_i\overline{A_i},\quad \overline{\bigcap_i A_i}=\bigcup_i\overline{A_i}.$$

例 1.1.6　某灯泡厂取样检查出厂灯泡的寿命,设 A 表示"灯泡寿命大于 1500 小时",B 表示"灯泡寿命在 1000 到 2000 小时之间",请用集合形式写出下列事件:Ω, A, B, $A\cup B$, AB, $A-B$, $B-A$.

解　$\Omega=[0,+\infty)$, $A=\{x\mid x>1500\}=(1500,+\infty)$,

$B=\{x\mid 1000\leqslant x\leqslant 2000\}=[1000,2000]$, $A\cup B=[1000,+\infty)$,

$AB=(1500,2000]$, $A-B=(2000,+\infty)$,

$B-A=[1000,1500]$.

例 1.1.7　甲、乙、丙三人各向靶子射击一次,设 A_i 表示"第 i 人击中靶子",$i=1,2,3$. 试用事件的运算关系表示下列事件:(1)仅有乙未击中靶;(2)

甲、乙至少一人击中而丙未击中靶子；(3)至少两人击中靶；(4)靶上仅中一弹.

解 (1)仅有乙未击中靶：$A_1\overline{A}_2A_3$；

(2)甲、乙至少一人击中，而丙未击中靶：$(A_1\cup A_2)\overline{A}_3$；

(3)至少二人击中靶：$A_1A_2\cup A_2A_3\cup A_1A_3$；

(4)靶上仅中一弹：$A_1\overline{A}_2\overline{A}_3\cup\overline{A}_1A_2\overline{A}_3\cup\overline{A}_1\overline{A}_2A_3$.

例 1.1.8 一工人生产了 n 个零件，设 A_i 表示"第 i 个零件是正品"($i=1,2,\cdots,n$). 试用文字叙述下列事件：(1) $\bigcap\limits_{i=1}^{n}A_i$，(2) $\overline{\bigcap\limits_{i=1}^{n}A_i}$，(3) $\bigcup\limits_{i=1}^{n}[\overline{A}_i\cap(\bigcap\limits_{\substack{k=1\\k\neq i}}^{n}A_k)]$.

解 (1)$\bigcap\limits_{i=1}^{n}A_i$：$n$ 个零件全是正品；

(2)$\overline{\bigcap\limits_{i=1}^{n}A_i}=\bigcup\limits_{i=1}^{n}\overline{A}_i$：至少有一个零件不是正品；

(3)$\bigcup\limits_{i=1}^{n}[\overline{A}_i\cap(\bigcap\limits_{\substack{k=1\\k\neq i}}^{n}A_k)]$：仅有一个零件不是正品.

1.2 频率与概率

1.2.1 频率及其性质

一个随机试验有多个可能的结果，但人们在实践中常常发现，各种可能的结果出现的机会并不尽相同. 就是说，在多次重复试验中，有些结果出现的次数明显要多些，有些则要少些，它们具有统计规律性. 例如，我国人口中具有 O 型血的人数明显地高于其他血型. 为了揭示这种规律性，我们在下面给出一个定量的描述.

定义 1.2.1 在 n 次重复试验中，若事件 A 发生了 k 次，则称 k 为事件 A 发生的**频数**，称 $\frac{k}{n}$ 为事件 A 发生的**频率**，记为 $f_n(A)=\frac{k}{n}$.

由这个定义，易知频率具有以下性质：

(i)$0\leqslant f_n(A)\leqslant 1$；

(ii)$f_n(\Omega)=1$；

(iii)若 $A_1,A_2,\cdots,A_r$ 为 r 个两两不相容事件，则

$$f_n(\bigcup_{i=1}^{r}A_i)=\sum_{i=1}^{r}f_n(A_i).$$

这最后一条性质叫频率的有限可加性，它在定义概率时起到重要作用. 我们在这里仅就这一条性质给出一个简单证明：

设两事件 A,B 不相容,又设在 n 次试验中,A,B,$A\cup B$ 发生的频数分别为 n_A,n_B,$n_{A\cup B}$. 由于 A 与 B 不能同时发生,故有 $n_{A\cup B}=n_A+n_B$,从而

$$f_n(A\cup B)=\frac{n_{A\cup B}}{n}=\frac{n_A+n_B}{n}=\frac{n_A}{n}+\frac{n_B}{n}=f_n(A)+f_n(B).$$

频率的大小反映了事件 A 发生的频繁程度. 频率越大则意味着事件在试验中发生的可能性就越大. 但是,用频率来表示一个事件发生的可能性的大小却是行不通的. 这是因为频率具有波动性,即使在相同条件下重复作多个 n 次试验,其频率值亦可能大不相同. 但是,人们在实践中发现,随着试验次数 n 的逐渐增加,事件 A 发生的频率 $f_n(A)$ 一般会逐渐稳定在一个常数 p 附近,n 越大,摆动的幅度会越小. 请看下面"抛硬币"试验的实例,见表 1.1.

该实验表明,尽管频率随试验不同而改变,但当次数 n 越来越大时,它就愈益趋于稳定于 0.5 这个常数附近. 这种在多次重复试验中出现的频率稳定性,通常称之为随机事件的统计规律性,它就是概率这一概念的经验基础. 我们称这个频率稳定值为随机事件 A 发生的概率,记为 $P(A)$.

表 1.1　抛硬币试验

实验者	投掷次数 n	出现正面次数 k	频率 $f_n(A)$
德·摩根	2048	1061	0.5181
蒲丰	4040	2048	0.5069
K. 皮尔逊	12000	6019	0.5016
K. 皮尔逊	24000	12012	0.5005
维尼	30000	14994	0.4998

事件的频率稳定性是一个客观存在,它不断地为人们的实践所证实. 例如,多年医学研究表明,初生婴儿性别的数量比约为男∶女=1.06∶1;我国人群中各血型人数比约为 O∶A∶B=36.5%∶27.5%∶32.3%(见上海医科大学《实用内科学》编辑委员会,《实用内科学》(第 8 版),人民卫生出版社,1988 年). 又如,统计表明,汉语文献中,99%左右的用字出自 3000 余个常用汉字中,而其他汉字的使用频率约占 1%. 英语也有类似情况,字母 E,T,A 出现的频率要明显高于其他字母. 因此,在实际生活中,人们常用统计频率作为概率的近似值.

1.2.2　概率的公理化定义及基本性质

上面我们用频率的稳定值来定义概率. 但在实际问题中,有时不可能作大量重复试验,而且,一切事件的频率稳定值各等于多少,也是无法一一加以检

验的.因此,为了理论分析及实际计算的需要,我们从频率的三条性质出发,将其略加改造,总结出三条公理,用以定义概率,这就是概率的公理化定义.

定义 1.2.2 设 Ω 为一个随机试验的样本空间,对 Ω 中任一事件 A,规定一个实数 P(A).如果这样的集函数 $P(\cdot)$满足以下三条件,则称 P(A)为事件 A 发生的概率:

(1)非负性:$P(A)\geqslant 0$;

(2)规范性:$P(\Omega)=1$;

(3)可列可加性:设 $A_1,A_2,\cdots$是可列个两两不相容事件,则

$$P(\bigcup_{k=1}^{\infty}A_k)=\sum_{k=1}^{\infty}P(A_k). \tag{1.1}$$

由概率的上述三条公理,可以推出概率的一些基本性质如下:

1) $P(\varnothing)=0$.

证明 由于$\varnothing=\varnothing\cup\varnothing\cup\cdots$,由(1.1)式得

$$P(\varnothing)=P(\varnothing)+P(\varnothing)+\cdots,$$

而 $P(\varnothing)\geqslant 0$,故必有 $P(\varnothing)=0$.

2)设 $A_1,A_2,\cdots,A_n$ 为有限个两两不相容事件,则有

$$P(\bigcup_{i=1}^{n}A_i)=\sum_{i=1}^{n}P(A_i). \tag{1.2}$$

这一条叫概率的有限可加性.

证明 令 $A_{n+1}=A_{n+2}=\cdots=\varnothing$,由(1.1)式有

$$P(\bigcup_{i=1}^{n}A_i)=P(\bigcup_{i=1}^{\infty}A_i)=\sum_{i=1}^{\infty}P(A_i)=\sum_{i=1}^{n}P(A_i).$$

3) $P(\overline{A})=1-P(A)$. (1.3)

证明 因为 $A\cup\overline{A}=\Omega$,$A\overline{A}=\varnothing$,由(1.2)式得

$$1=P(\Omega)=P(A\cup\overline{A})=P(A)+P(\overline{A}),$$

即得

$$P(\overline{A})=1-P(A).$$

4)若 $B\subset A$,则 $P(A-B)=P(A)-P(B)$,且有

$$P(A)\geqslant P(B). \tag{1.4}$$

证明 因为 $A=B\cup(A-B)$且 $B(A-B)=\varnothing$,由(1.2)式得

$$P(A)=P(B)+P(A-B),$$

从而

$$P(A-B)=P(A)-P(B);$$

又因为 $P(A-B)\geqslant 0$,故得 $P(A)\geqslant P(B)$.

5)对于任意事件 A,有 $P(A)\leqslant 1$.

证明　由 $A\subset\Omega$ 及(1.4)式知 $P(A)\leqslant P(\Omega)=1$.

6)设 A,B 是任两个事件,则

$$P(A\cup B)=P(A)+P(B)-P(AB).\tag{1.5}$$

证明　易知 $A\cup B=A\cup(B-AB)$ 且 $A(B-AB)=\varnothing$, $AB\subset B$,由(1.2)及(1.4)式得

$$P(A\cup B)=P(A)+P(B-AB)=P(A)+P(B)-P(AB).$$

这个式子可以推广到更多事件上去,例如

$$\begin{aligned}&P(A\cup B\cup C)\\&=P(A)+P(B)+P(C)-P(AB)-P(BC)\\&\quad-P(AC)+P(ABC).\end{aligned}$$

一般地,对任意 n 个事件 $A_1,A_2,\cdots,A_n$ 有

$$\begin{aligned}P\left(\bigcup_{i=1}^{n}A_i\right)=&\sum_{i=1}^{n}P(A_i)-\sum_{1\leqslant i<j\leqslant n}P(A_iA_j)+\sum_{1\leqslant i<j<k\leqslant n}P(A_iA_jA_k)\\&-\cdots+(-1)^{n-1}P(A_1A_2\cdots A_n).\end{aligned}\tag{1.6}$$

这一条通常叫概率的加法公式.

例 1.2.1　已知 $P(AB)=0.5$, $P(C)=0.2$, $P(AB\bar{C})=0.4$,求 $P(\overline{AB\cup\bar{C}})$.

解　$P(\overline{AB\cup\bar{C}})=1-P(AB\cup\bar{C})$

$=1-[P(AB)+P(\bar{C})-P(AB\bar{C})]$

$=1-(0.5+0.8-0.4)=0.1.$

例 1.2.2　某城市共发行 A,B,C 三种报纸,调查表明居民家庭中订购 C 报的占 30%,同时订购 A,B 两报的占 10%,同时订购 A,C 及 B,C 两报的各占 8%,5%,三报都订的占 3%.今在该城中任找一户,问该户(1)只订 A、B 两报;(2)只订 C 报的概率各为多少?

解 设 A,B,C 分别表示居民订购 A,B,C 报,由题设知

P(只订 A 及 B 报的)$=P(AB-C)=P(AB-ABC)$

$=P(AB)-P(ABC)=0.1-0.03=0.07$;

P(只订 C 报的)$=P(C-(A\cup B))=P(C-C(A\cup B))$

$=P(C)-P(AC\cup BC)=P(C)-[P(AC)+P(BC)-P(ABC)]$

$=0.3-(0.08+0.05-0.03)=0.2.$

1.3 等可能概型

等可能概型是指在一次试验中,样本空间的每个样本点被取到的可能性相等的随机试验类型,这是一种最简单的概率类型.

1.3.1 古典概型

在概率论的发展史上,人们最早研究的随机试验是"抛硬币、掷骰子"之类问题的概率计算.这些试验的共同特点是:

(i)试验的全部可能的结果是有限个,即样本空间是一个有限集;

(ii)每次试验中,各样本点出现的可能性相同,即每个基本事件发生的概率相等.

我们称具有以上两个特点的随机试验所对应的概率模型为古典概型.例如,掷一枚均匀的骰子,每一面出现的概率都是$\frac{1}{6}$;一袋中装有 n 个大小相同的小球,从中任取一球,则每个球被取到的概率都是$\frac{1}{n}$.

定理 1.3.1 在古典概型中,设样本空间 Ω 有 n 个样本点,A 是 Ω 中事件且 A 中有 k 个样本点,则事件 A 发生的概率为

$$P(A)=\frac{k}{n}. \tag{1.7}$$

证明 设 $\Omega=\{\omega_1,\omega_2,\cdots,\omega_n\}$,由题设知 $P(\{\omega_1\})=P(\{\omega_2\})=\cdots=P(\{\omega_n\})$.由于各基本事件是两两互斥的,于是有

$$1=P(\Omega)=P(\bigcup_{i=1}^{n}\{\omega_i\})=\sum_{i=1}^{n}P(\{\omega_i\})=nP(\{\omega_i\}),$$

即得

$$P(\{\omega_i\}) = \frac{1}{n}, \quad i = 1,2,\cdots,n.$$

由于事件 A 中有 k 个样本点，不妨记 $A=\{\omega_{i_1},\omega_{i_2},\cdots,\omega_{i_k}\}$，则

$$P(A) = \sum_{j=1}^{k} P(\{\omega_{i_j}\}) = \frac{k}{n}.$$

例 1.3.1　把一枚质地均匀的骰子抛掷两次，设 A 表示"点数和等于 10"，B 表示"第一次出现奇数点"，求 $P(A)$，$P(B)$.

解　试验的样本空间 $\Omega=\{(1,1),(1,2),\cdots,(6,6)\}$ 共 $6\times 6=36$ 个样本点，且每个样本点出现是等可能的. 又由题设，知

$$A = \{(4,6),(5,5),(6,4)\},$$

即 A 中有三个样本点；

$$B = \{(1,1),(3,1),\cdots,(5,6)\},$$

即 B 中共 $3\times 6=18$ 个样本点，从而

$$P(A) = \frac{3}{36} = \frac{1}{12}, \quad P(B) = \frac{18}{36} = \frac{1}{2}.$$

在求 $P(A)$时，如果样本空间取 $\Omega^* =\{2,3,4,\cdots,12\}$，即一切两次点数之和，则不能用古典概型公式计算了，因为各样本点的出现不是等可能的. 所以，在计算这一类概率时，如何正确确定样本空间是重要的.

在计算古典概率时，所使用的基本工具是排列组合计算法，所使用的基本模型是"摸球"模型. 以下我们分别举例说明.

1. 样本空间点数以排列计算

设一袋中有 n 个编好号码的小球，从中抽取 r 次，每次一球. 抽取方法分两种：(i)有放回抽取，即每次取出一球记下号码后放回袋中，混合后再进行下次抽取. 这时样本点总数为 n^r 个. (ii)不放回抽取，即每次取出一球后不再放回又抽取下一球. 这时样本点总数为 $P_n^r= n(n-1)\cdots(n-r+1)$. 显然，前一种抽取时，$r$ 可以大于 n；而后一种抽取时有 $r\leqslant n$.

例 1.3.2　某市的电话号码是 7 位数，某人忘记了他朋友的电话号码的后四位，于是随便拨号. 求他拨一次号就拨通电话的概率.

解　这显然是一种有放回抽样. 由于此人记得前三位数，所以只考虑后四位数. 每位数有 10 种取法，故样本点总数为 10^4，设 A 表示"拨到正确号码"，则 A 中只有一个样本点. 于是

$$P(A) = \frac{1}{10^4} = 0.0001.$$

这个事件的概率很小，我们称之为“小概率事件”．实践表明，小概率事件在一次试验中是几乎不可能发生的．

例 1.3.3 一袋中有 7 个白球和 5 个红球，从中摸取两次，每次一球．设 A 表示“两次都取到红球”，B 表示“至少一次取到红球”．请在(1)有放回抽样，(2)不放回抽样条件下求 P(A)，P(B)．

解 显然袋中有 12 个球．

(1)有放回抽样时，样本点总数为 $n=12\times12$，A 中样本点数为 $k=5\times5$，于是 $P(A)=\dfrac{5\times5}{12\times12}=0.1736$．

又设 C 表示“恰有一次取到红球”，则 $B=A\cup C$ 且 A 与 C 不相容，而 C 中样本点数为 $2(5\times7)$ 个，从而

$$P(B)=P(A)+P(C)=\frac{5\times5+2(5\times7)}{12\times12}=0.6597.$$

显然 $\overline{B}$ 表示“两次都取得白球”，故下面的计算更简单：

$$P(B)=1-P(\overline{B})=1-\frac{7\times7}{12\times12}=0.6597.$$

(2)不放回抽样时，样本点总数为 $P_{12}^2=12\times11$，A 中样本点数为 5×4，故

$$P(A)=\frac{5\times4}{12\times11}=0.1515,$$

$$P(B)=1-P(\overline{B})=1-\frac{7\times6}{12\times11}=0.6818.$$

例 1.3.4 从 0，1，…，7 共八个数中任取四个随机地排成一个四位数，问它正好是一个偶数的概率是多少？

解 由于零不能放在第一位上，故样本点总数为

$$P_8^4-P_7^3=1470;$$

又设 A 为所求事件，则易知 A 中点数为

$$P_7^3+3\times6\times6\times5=750$$

(零作尾共 P_7^3 个，2，4，6 作尾，零不作头有 $3\times6\times6\times5$ 个)．故

$$P(A)=750/1470=0.5102.$$

2. 样本空间点数以组合计算

一袋中装有 N 个小球，其中 m 个红球，余下为白球．从袋中任取出 $n(n\leqslant N)$ 个小球，问恰有 $k(k\leqslant m)$ 个红球的概率是多少？

这个模型不要求摸球的顺序，故用组合式计算. 所有可能的取法共有 C_N^n 种，设变量 X 表示“取得的 n 个球中红球的数量”，则对应的事件可表为“$X=k$”，其概率为

$$P(X=k)=\frac{C_m^k C_{N-m}^{n-k}}{C_N^n}. \tag{1.8}$$

X 取值的概率情况称为超几何分布. 显然，X 可能的取值为 $0,1,\cdots,m$.

例 1.3.5　一只箱中共装有 100 件某产品，其中有 8 件次品，余下为正品. 今从中任取出 5 件，求(1)至多一件次品，(2)至少两件次品的概率.

解　设 X 表示取得的次品数量，A，B 分别表示(1)，(2)所述的事件，则

$$P(A)=P(X=0 \text{ 或 } X=1)=\frac{C_8^0 C_{92}^5+C_8^1 C_{92}^4}{C_{100}^5}=0.95,$$

又显然 $B=\overline{A}$，故 $P(B)=1-P(A)=0.05$.

例 1.3.6　桥牌比赛中，四人从 52 张牌中各分得 13 张，求四张 A 集中在一人手中的概率.

解　把 52 张牌平均分成四组，易知样本点总数为 $C_{52}^{13}C_{39}^{13}C_{26}^{13}C_{13}^{13}$. 又设 B 为所求事件，要 B 发生，可考虑从四人中任选出一人拿 4 张 A 再配上 9 张其他牌，然后把其余 39 张牌平均分成三组. 从而得到

$$P(B)=\frac{C_4^1 C_4^4 C_{48}^9 C_{39}^{13} C_{26}^{13} C_{13}^{13}}{C_{52}^{13} C_{39}^{13} C_{26}^{13} C_{13}^{13}}=\frac{4C_{48}^9}{C_{52}^{13}}=0.0106.$$

亦可以这样考虑：4 张 A 集中在特定一人手中的概率为 $C_4^4 \cdot C_{48}^9/C_{52}^{13}$，从而 4 张 A 集中在一人手中的概率为

$$P(B)=4C_4^4\frac{C_{48}^9}{C_{52}^{13}}=0.0106.$$

1.3.2　几何概率

在概率论的发展初期，人们就认识到，仅假定样本空间为有限集是不够的，有时需要处理有无穷多个样本点的情形. 我们先看下面两个例子.

例 1.3.7　用计算机在[0,1]区间上任打出一个随机数 x，求 x 小于$\frac{1}{3}$的概率.

例 1.3.8　随机地在单位圆内任掷一点 M，求 M 点到原点距离小于$\frac{1}{2}$的

概率.

以上两个例子都具有“等可能性”的性质.在前一例中,我们认为随机数 x 在[0,1]上任何一处出现的机会均等,其概率应只与区间$\left[0,\frac{1}{3}\right]$的长度有关,应该等于$\frac{1}{3}$;后一例中,我们亦认为单位圆中每一点被掷到的机会均等,只要 M 点落入以原点为圆心,以$\frac{1}{2}$为半径的小圆内,对应的事件就会发生,其概率应该为小圆面积与大圆面积之比,即为$\frac{1}{4}$.

联系于这些随机试验的样本空间 Ω,都是欧氏空间的一个区域,其样本点具有“均匀分布”的性质(此处我们暂不作精确的数学定义).设区域 $A\subset\Omega$,如果样本点落入 A 中,我们就说事件 A 发生了.这样可作以下定义.

定义 1.3.1 设 Ω 为欧氏空间的一个区域,以 $m(\Omega)$表示 Ω 的度量(一维为长度,二维为面积,三维为体积等).$A\subset\Omega$ 是 Ω 中一个可以度量的子集,定义

$$P(A)=\frac{m(A)}{m(\Omega)} \tag{1.9}$$

为事件 A 发生的概率,它叫**几何概率**.

例 1.3.9 设电台每到整点均报时,一人早上醒来后打开收音机,求他等待时间不超过 10 分钟就能听到电台报时的概率.

解 显然样本空间 $\Omega=[0,60]$(单位:分钟).设 A 表示“等待时间不超过 10 分钟”,则 $A=[50,60]$.从而

$$P(A)=\frac{m(A)}{m(\Omega)}=\frac{10}{60}=\frac{1}{6}.$$

例 1.3.10 某货运码头仅能容一船卸货,而甲、乙两船在码头卸货时间分别为 1 小时和 2 小时.设甲、乙两船在 24 小时内随时可能到达,求它们中任何一船都不需等待码头空出的概率.

解 设 x,y 分别为甲、乙两船的到达时刻,则(x,y)为一个样本点,从而样本空间

$$\Omega=\{(x,y)\mid 0\leqslant x\leqslant 24,0\leqslant y\leqslant 24\}\quad(\text{单位:小时}).$$

又设 A 为所求事件,则易知

$$A=\{(x,y)\in\Omega\mid x-y>2\text{ 或 }y-x>1\},$$

如图 1.2 中阴影部分所示.于是

$$P(A)=\frac{m(A)}{m(\Omega)}=\frac{\frac{1}{2}\times 23^2+\frac{1}{2}\times 22^2}{24\times 24}=0.8793.$$

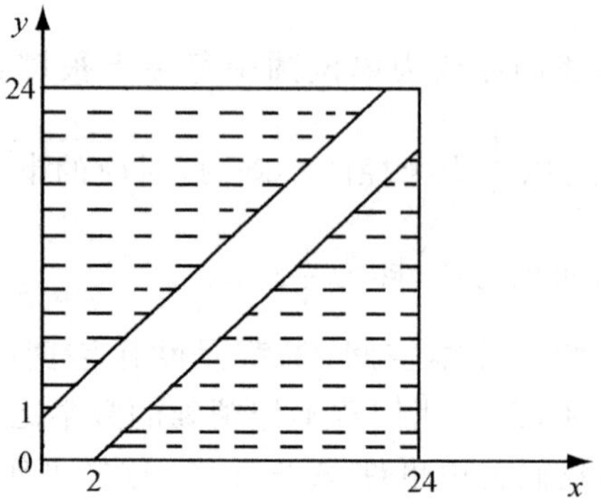

图 1.2

例 1.3.11　从区间[0,1]中任取三个随机数,求三数和不大于 1 的概率.

解　设 x,y,z 分别表此三数,则易知样本空间

$$\Omega=\{(x,y,z)\mid 0\leqslant x\leqslant 1,0\leqslant y\leqslant 1,0\leqslant z\leqslant 1\}.$$

这是三维空间中一个棱长为 1 的正方体. 设 A 表示"三数和不大于 1",则有

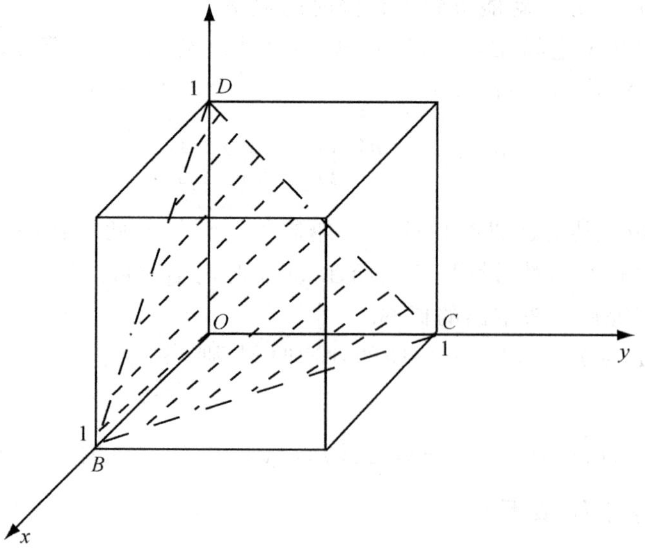

图 1.3

$$A=\{(x,y,z)\in\Omega\mid x+y+z\leqslant 1\}.$$

A 中样本点组成如图 1.3 中锥体 $O\text{-}BCD$，于是有

$$P(A)=\frac{m(A)}{m(\Omega)}=\frac{1}{3}\times\frac{1}{2}\times 1=\frac{1}{6}.$$

1.4 条件概率

1.4.1 条件概率的定义

在自然界及人类的活动中，有许多事物是互相联系、互相影响的. 在概率论中，除了要考虑随机事件 A 发生的概率 P(A)外，常常还需要考虑在事件 B 已经发生条件下事件 A 发生的概率，我们记为 $P(A|B)$. 一般而言，这两个概率是不相同的，请看下面的例子.

例 1.4.1 一箱产品共有 100 件，其中 5 件不合格，且这 5 件不合格品中有 3 件次品，2 件废品. 今从箱中任取一件，求

(1)取得废品的概率；

(2)已知取得的是不合格品，求它是废品的概率.

解 设 A 表示"取得废品"，B 表示"取得不合格品"，则有

(1) $P(A)=\frac{C_2^1}{100}=\frac{1}{50}$；

(2)由于已经取得不合格品，故废品只能在 5 件不合格品中取得，从而

$$P(A\mid B)=\frac{2}{5}.$$

从上例可见 $P(A|B)\neq P(A)$. 产生两式不等的原因是，当事件 B 发生后，可供选择的样本点的范围缩小了，样本空间由 Ω 变成 B，故这时再发生事件 A 的可能性就可能起了变化. 下面我们从古典概型出发导出条件概率的定义.

设在 n 次试验中，事件 B 及事件 AB 各发生 n_B 及 n_{AB} 次，于是在事件 B 发生条件下，事件 A 发生的频率

$$f_n(A\mid B)=\frac{n_{AB}}{n_B}=\frac{n_{AB}/n}{n_B/n}=\frac{f_n(AB)}{f_n(B)}.$$

当 $n\to\infty$ 时，频率就会接近于概率，故可得

$$P(A\mid B)=\frac{P(AB)}{P(B)}.$$

由此出发，我们可以给出条件概率的一般定义.

定义 1.4.1　设 A, B 为同一随机试验中的两个事件，且 $P(B)>0$，称

$$P(A \mid B) = \frac{P(AB)}{P(B)} \tag{1.10}$$

为在事件 B 发生条件下事件 A 发生的概率，简称**条件概率**.

不难验证，条件概率满足概率的公理化三条件，即

(i)　$P(A|B) \geqslant 0$；

(ii)　$P(\Omega|B)=1$；

(iii) 设可列个事件 $A_1, A_2, \cdots$ 两两不相容，则

$$P\left(\bigcup_{i=1}^{\infty} A_i \mid B\right) = \sum_{i=1}^{\infty} P(A_i \mid B).$$

前两条易于证明，这里我们只验证第(iii)条.

证明　因为当 $i \neq j$ 时，$A_i A_j = \varnothing$，从而 $(A_iB)(A_jB) = \varnothing$，即 A_1B，A_2B，…也两两不相容. 于是

$$P\left(\bigcup_{i=1}^{\infty} A_i \mid B\right) = \frac{P\left(\bigcup_{i=1}^{\infty} A_iB\right)}{P(B)} = \frac{\sum_{i=1}^{\infty} P(A_iB)}{P(B)} = \sum_{i=1}^{\infty} P(A_i \mid B).$$

例 1.4.2　设一批产品中一、二、三等品各占 60%，30%，10%. 从中随意抽取一件，发现不是三等品，求此件产品是一等品的概率.

解　设 A_i 表示"取出的产品是 i 等品"，$i=1,2,3$，则 A_1, A_2, A_3 两两不相容. 所求概率为

$$P(A_1|(A_1 \cup A_2)) = \frac{P(A_1(A_1 \cup A_2))}{P(A_1 \cup A_2)} = \frac{P(A_1)}{P(A_1)+P(A_2)}$$

$$= \frac{0.6}{0.6+0.3} = \frac{2}{3}.$$

此外，由条件(ii)及(iii)易知，设 A 为任一事件，有

$$P(A \mid B) + P(\overline{A} \mid B) = 1. \tag{1.11}$$

此式在计算条件概率时较为有用.

1.4.2　乘法公式

设 $P(A)>0$，$P(B)>0$，由条件概率的定义(1.10)式立刻可得

$$P(AB) = P(A)P(B \mid A) = P(B)P(A \mid B). \tag{1.12}$$

此式称为概率的乘法公式.这个公式可以推广到多个事件上去,比如,当 $P(AB)>0$ 时有

$$P(ABC)=P(A)P(B\mid A)P(C\mid AB). \tag{1.13}$$

一般地,设 $A_1,A_2,\cdots,A_n$ 是 n 个事件($n\geqslant 2$),且 $P(A_1A_2\cdots A_{n-1})>0$,则有

$$P(A_1A_2\cdots A_n)=P(A_1)P(A_2\mid A_1)\cdots P(A_n\mid A_1A_2\cdots A_{n-1}). \tag{1.14}$$

例 1.4.3　已知 $P(A)=0.6$,$P(C)=0.2$,$P(AC)=0.1$,$P(B|\overline{C})=0.7$,且 $A\subset B$,求 $P((A\cup\overline{B})|\overline{C})$.

解　由 $A\subset B$ 知 $A\overline{B}=\varnothing$,从而 $(A\overline{C})(\overline{B}\,\overline{C})=\varnothing$.于是

$$P((A\cup\overline{B})\mid\overline{C})=\frac{P(A\overline{C}\cup\overline{B}\overline{C})}{P(\overline{C})}=\frac{P(A\overline{C})+P(\overline{B}\,\overline{C})}{1-P(C)},$$

其中

$$P(A\overline{C})=P(A-AC)=P(A)-P(AC)=0.5,$$

$$P(\overline{B}\,\overline{C})=P(\overline{C})P(\overline{B}|\overline{C})=(1-P(C))(1-P(B|\overline{C}))$$

$$=0.8\times 0.3=0.24,$$

代入上式得

$$P((A\cup\overline{B})\mid\overline{C})=\frac{0.5+0.24}{0.8}=0.925.$$

例 1.4.4　签筒中放有 10 支签,其中只有一支是“好”签.10 人依次随机地从中取走一签,求第 i($i=1,2,\cdots,10$)人抽得“好”签的概率.

解　设 A_i 表示“第 i 人抽得‘好’签”,于是

$$P(A_1)=\frac{1}{10}\quad 且\ A_2\subset\overline{A}_1;$$

$$P(A_2)=P(\overline{A}_1A_2)=P(\overline{A}_1)P(A_2|\overline{A}_1)=\frac{9}{10}\cdot\frac{1}{9}=\frac{1}{10};$$

$$P(A_3)=P(\overline{A}_1\overline{A}_2A_3)=P(\overline{A}_1)P(\overline{A}_2|\overline{A}_1)P(A_3|\overline{A}_1\overline{A}_2)$$

$$=\frac{9}{10}\cdot\frac{8}{9}\cdot\frac{1}{8}=\frac{1}{10};$$

……

易知

$$P(A_{10})=P(\overline{A}_1)P(\overline{A}_2|\overline{A}_1)\cdots P(\overline{A}_9|\overline{A}_1\cdots\overline{A}_8)P(A_{10}|\overline{A}_1\cdots\overline{A}_9)$$
$$=\frac{9}{10}\cdot\frac{8}{9}\cdot\cdots\cdot\frac{1}{2}\cdot 1=\frac{1}{10}.$$

此题表明,抽到“好”签的概率与抽签顺序无关.

1.4.3　全概率与贝叶斯公式

我们先考查一个例子.

例 1.4.5　某厂使用甲、乙、丙三个产地的同型号电子元件用于生产电视机,其来自三地的元件数量各占 24%,30%,46%,且它们的合格率分别为 94%,96%,98%.

(1)若任取一元件,问取到的是合格品的概率是多少?

(2)若查出某一元件不合格,问该元件最有可能来自何地?

在第(1)问中,我们虽不知元件产自何地,但知道必是甲、乙、丙三地之一,合格率的大小与产地有关;而第(2)问则是已知结果而追溯原因,并要求对此作出决策.为此,我们可以引出解决这两类问题的方法,这就是全概率公式、贝叶斯(Bayes)公式及贝叶斯决策.

定义 1.4.2　设某随机试验的样本空间为 Ω, $A_1,A_2,\cdots,A_n$ 为 Ω 中一组事件.如果

(1) $A_1,A_2,\cdots,A_n$ 两两不相容;

(2) $\bigcup\limits_{i=1}^{n}A_i=\Omega$,

则称 $A_1,A_2,\cdots,A_n$ 为样本空间 Ω 的一个**划分**,或是一个**完备事件组**.

定理 1.4.1　设 $A_1,A_2,\cdots,A_n$ 构成样本空间 Ω 的一个划分,且 $P(A_i)>0\quad(i=1,2,\cdots,n)$, B 是任一事件,则

(1) **(全概率公式)**

$$P(B)=\sum_{i=1}^{n}P(A_i)P(B\mid A_i);\tag{1.15}$$

(2) **(贝叶斯公式)**　若 $P(B)>0$,则

$$P(A_i\mid B)=\frac{P(A_i)P(B\mid A_i)}{\sum\limits_{j=1}^{n}P(A_j)P(B\mid A_j)},\quad i=1,2,\cdots,n.\tag{1.16}$$

证明　(1)如图 1.4,由于 $\bigcup\limits_{i=1}^{n}A_i=\Omega$ 且 $i\neq j$ 时 $A_iA_j=\varnothing$,故得

$$B = B\Omega = B(\bigcup_{i=1}^{n} A_i) = \bigcup_{i=1}^{n} A_iB,$$

且$(A_iB)(A_jB)=\varnothing(i\neq j)$. 于是

$$P(B) = P(\bigcup_{i=1}^{n} A_iB) = \sum_{i=1}^{n} P(A_iB)$$

$$= \sum_{i=1}^{n} P(A_i)P(B \mid A_i).$$

(2)由条件概率公式、乘法公式及(i)可得

$$P(A_i \mid B) = \frac{P(A_iB)}{P(B)} = \frac{P(A_i)P(B \mid A_i)}{\sum_{j=1}^{n} P(A_j)P(B \mid A_j)}.$$

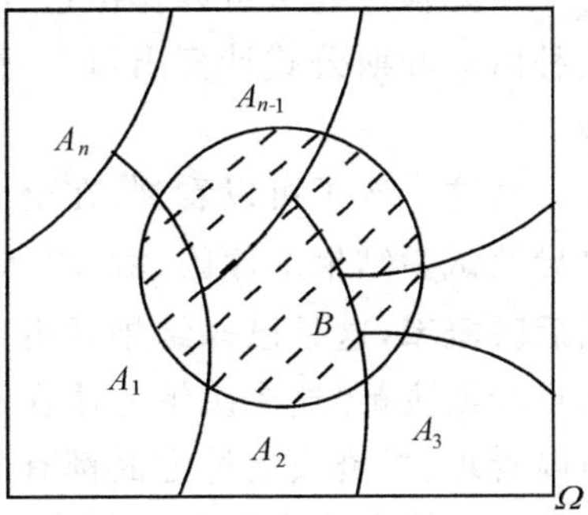

图 1.4　样本空间的划分

由定理 1.4.1 可得例 1.4.5 的解如下.

例 1.4.5 的解　设 A_1,A_2,A_3 分别表电子元件来自甲、乙、丙三地，则 A_1,A_2,A_3 构成Ω的一个划分. 又设B表示“取得的元件为合格品”，则易知 $P(A_1)=0.24, P(A_2)=0.3, P(A_3)=0.46; P(B|A_1)=0.94, P(B|A_2)=0.96, P(B|A_3)=0.98$. 于是

(1)　$P(B)=\sum_{i=1}^{3} P(A_i)P(B|A_i)$

$=0.24\times0.94+0.3\times0.96+0.46\times0.98$

$=0.9644$；

(2)　$$P(A_1|\overline{B}) = \frac{P(A_1)P(\overline{B} \mid A_1)}{\sum_{j=1}^{3} P(A_j)P(\overline{B} \mid A_j)}$$

$$=\frac{0.24\times0.06}{0.24\times0.06+0.3\times0.04+0.46\times0.02}$$

$$=\frac{0.0144}{0.0356}=0.4045;$$

$$P(A_2|\overline{B})=\frac{P(A_2)P(\overline{B}|A_2)}{P(\overline{B})}=\frac{0.3\times0.04}{0.0356}=0.3371;$$

$$P(A_3|\overline{B})=\frac{0.46\times0.02}{0.0356}=0.2584.$$

由计算结果知 $P(A_1|\overline{B})>P(A_2|\overline{B})>P(A_3|\overline{B})$.

于是检查人员可以作出这样的判断：这个不合格零件最有可能来自甲地. 这种由贝叶斯公式计算出概率，再由最大概率来作出判断的方法叫**贝叶斯决策**.

从这个例子可以看到，在全概率公式中，构成划分的事件 $A_1, A_2, \cdots, A_n$ 是导致试验结果的原因，故 $P(A_i)$ 叫**先验概率**；而在贝叶斯公式中，$P(A_i \mid B)$ 叫**后验概率**，这是已知结果后再追溯原因出在何处，由此修正先验概率，并作出贝叶斯决策. 这个决策方法在随机信号处理、模式识别等新兴学科中以及在风险管理、投资决策等方面都有广泛的应用.

在应用全概率及贝叶斯公式时，有时常使用某事件及其逆事件 A 及 $\overline{A}$ 作为 Ω 的划分. 请看下例.

例 1.4.6　设机器正常时，生产合格品的概率为 95%，当机器有故障时，生产合格品的概率为 50%，而机器的无故障率为 95%. 某天上班时，工人生产的第一件产品是合格品，问能以多大把握判断该机器是正常的？

解　设 A 表示"机器正常"，B 表示"生产合格品"，由题设有 $P(A)=0.95$，$P(B \mid A)=0.95$，$P(B \mid \overline{A})=0.5$，由于 $A, \overline{A}$ 构成样本空间 Ω 的划分，从而

$$P(A \mid B) = \frac{P(A)P(B \mid A)}{P(A)P(B \mid A) + P(\overline{A})P(B \mid \overline{A})}$$

$$= \frac{0.95 \times 0.95}{0.95 \times 0.95 + 0.05 \times 0.5} = 97.3\%.$$

即能以 97.3% 的概率保证该日机器是正常的.

有时，完成一个过程须分两步，则完成第一步时的一切可能的情况构成样本空间的划分. 下面再举一例.

例 1.4.7　有甲、乙两个口袋，各装有 3 红 2 白球及 2 红 5 白球. 今从甲袋中任取 3 球放入乙袋，再从乙袋中先后各任取出一球(不放回)，求第一次取出红球而第二次取出白球的概率.

解　设 A_i 表示"从甲袋中取出的 3 球中有 i 个红球"$(i=1,2,3)$，则它们构成样本空间 Ω 的一个划分. 又设 B_j 表示"从乙袋中第 j 次取出一球是红的"$(j=1,2)$，我们可以把 $B_1\overline{B}_2$ 看成是一个事件，由全概率公式有

$$P(B_1\overline{B}_2) = \sum_{i=1}^{3} P(A_i)P(B_1\overline{B}_2 \mid A_i).$$

再利用超几何分布及乘法公式可得

$$P(A_1) = \frac{C_3^1 C_2^2}{C_5^3} = \frac{3}{10}, \quad P(A_2) = \frac{C_3^2 C_2^1}{C_5^3} = \frac{6}{10},$$

$$P(A_3) = \frac{C_3^3 C_2^0}{C_5^3} = \frac{1}{10};$$

$$P(B_1 \overline{B}_2 \mid A_1) = \frac{3}{10} \cdot \frac{7}{9},\ P(B_1 \overline{B}_2 \mid A_2) = \frac{4}{10} \cdot \frac{6}{9},$$

$$P(B_1 \overline{B}_2 \mid A_3) = \frac{5}{10} \cdot \frac{5}{9}.$$

把数据代入,可得

$$P(B_1 \overline{B}_2) = \frac{3}{10} \cdot \frac{3}{10} \cdot \frac{7}{9} + \frac{6}{10} \cdot \frac{4}{10} \cdot \frac{6}{9} + \frac{1}{10} \cdot \frac{5}{10} \cdot \frac{5}{9} = 0.2578.$$

1.5 事件的独立性

1.5.1 独立性

从条件概率的例子中,我们知道,一般地有 $P(A|B) \neq P(A)$. 但有时事件 B 发生与否与 A 无关,这时就会有 $P(A|B) = P(A)$,由此可以引出事件独立性的概念. 我们先看一个例子.

例 1.5.1 10 件产品中有 4 件正品,连续取两次,每次取一件,作有放回抽样. 设 B、A 分别表示第一、二次取得正品,则 $P(A)=0.4$,$P(A|B)=0.4$,故 $P(A|B)=P(A)$.

这个例子说明,当事件 B 对事件 A 没有任何影响时,事件 A 与事件 $A|B$ 是等价的. 当 $P(B)>0$ 且 $P(A|B)=P(A)$时,有

$$P(A) = P(A \mid B) = \frac{P(AB)}{P(B)},$$

即

$$P(AB) = P(A)P(B).$$

我们可由此定义事件的独立性.

定义 1.5.1 设 A,B 为同一样本空间中的两事件,若

$$P(AB) = P(A)P(B), \tag{1.17}$$

则称 A 与 B 互相独立.

由上述定义,不难证明下面的定理.

定理 1.5.1 设两事件 A,B 互相独立,则

$$A 与 \overline{B},\quad \overline{A} 与 B,\quad \overline{A} 与 \overline{B}$$

各对事件也分别互相独立.

证明　我们只证 A 与$\overline{B}$的独立性,其余类似.

由于 $A\overline{B}=A-AB$　且 $AB\subset A$,故得

$$P(A\overline{B})=P(A-AB)=P(A)-P(AB)=P(A)-P(A)P(B)$$
$$=P(A)(1-P(B))=P(A)P(\overline{B}),$$

故 A 与 $\overline{B}$独立.

一般地,我们有以下定义.

定义 1.5.2　设 $A_1,A_2,\cdots,A_n(n\geqslant 2)$是 n 个事件,若 $A_i,A_j(i\neq j)$是其中任意两个事件,有

$$P(A_iA_j)=P(A_i)P(A_j),$$

则称这 n 个事件两两独立.

定义 1.5.3　设 $A_1,A_2,\cdots,A_n(n\geqslant 2)$ 是 n 个事件,若对其中任意 $k(2\leqslant k\leqslant n)$个事件 $A_{i_1},A_{i_2},\cdots,A_{i_k}$ 有

$$P(A_{i_1}A_{i_2}\cdots A_{i_k})=P(A_{i_1})P(A_{i_2})\cdots P(A_{i_k}),\qquad(1.18)$$

则称这 n 个事件互相独立.

不难知道,这里共有 $C_n^2+C_n^3+\cdots+C_n^n=2^n-n-1$ 个等式.

显然,若 n 个事件互相独立则必然两两独立,但反之则不然.请看下例.

例 1.5.2　把一个均匀的正四面体每个面分别标上号码 1,2,3,4,再抛掷两次.设 A 表示"第一次出现偶数",B 表示"第二次出现奇数",C 表示"两次同奇或同偶",则样本空间

$$\Omega=\{(1,1),(1,2),\cdots,(4,4)\},$$

共计 $4\times 4=16$ 个样本点.于是

$$P(A)=P(B)=P(C)=\frac{8}{16}=\frac{1}{2},$$

$$P(AB)=P(AC)=P(BC)=\frac{4}{16}=\frac{1}{4}.$$

可见 $P(AB)=P(A)P(B)$, $P(BC)=P(B)P(C)$, $P(AC)=P(A)P(C)$,即 A,B,C 三事件两两独立.而

$$P(ABC)=P(\varnothing)=0,\ P(A)P(B)P(C)=\left(\frac{1}{2}\right)^3=\frac{1}{8},$$

故

$$P(ABC) \neq P(A)P(B)P(C),$$

即它们不互相独立.

事件的独立性在概率论的理论分析及实际应用中都十分重要. 但在实际应用时,我们通常是根据事件的实际背景而不是由定义来判断其独立性.

例 1.5.3 敌机俯冲时,被一门高射机枪击中的概率为 0.05,现集中 40 门高射机枪,求击中敌机的概率.

解 设 A_i 表示"敌机被第 i 门高射机枪击中",$i=1,2,\cdots,40$;又设 A 表示"敌机被击中",则 $A=\bigcup_{i=1}^{40} A_i$ 且每个 $P(A_i)=0.05$. 于是

$$P(A) = 1 - P(\overline{A}) = 1 - P(\overline{\bigcup_{i=1}^{40} A_i}) = 1 - P(\bigcap_{i=1}^{40} \overline{A_i}).$$

根据实际情况,我们认为诸 A_i 互相独立,故 $\overline{A_i}$ 亦然. 从而有

$$P(A) = 1 - \prod_{i=1}^{40} P(\overline{A_i}) = 1 - (1-0.05)^{40} = 0.8715.$$

这个概率还是相当大的.

例 1.5.4 在例 1.1.7 中,设甲、乙、丙三人击中靶子的概率各为 0.3, 0.5, 0.7,求靶上仅中一弹的概率.

解 沿用例 1.1.7 的记号,设 B 表示"靶上仅中一弹",则

$$B = A_1\overline{A_2}\,\overline{A_3} \cup \overline{A_1}A_2\overline{A_3} \cup \overline{A_1}\,\overline{A_2}A_3,$$

且根据实际情况认为 A_1, A_2, A_3 互相独立. 由概率的有限可加性及独立性,得

$$\begin{aligned}P(B) &= P(A_1\overline{A_2}\,\overline{A_3}) + P(\overline{A_1}A_2\overline{A_3}) + P(\overline{A_1}\,\overline{A_2}A_3) \\ &= P(A_1)P(\overline{A_2})P(\overline{A_3}) + P(\overline{A_1})P(A_2)P(\overline{A_3}) + P(\overline{A_1})P(\overline{A_2})P(A_3) \\ &= 0.3\times0.5\times0.3 + 0.7\times0.5\times0.3 + 0.7\times0.5\times0.7 \\ &= 0.395.\end{aligned}$$

例 1.5.5 若事件 A 与 B 互斥,且 $P(A)>0$, $P(B)>0$,求证:A 与 B 不互相独立.

证明 由 $AB=\varnothing$ 知 $P(AB)=0\neq P(A)P(B)$,故 A 与 B 不互相独立.

这个例子说明,独立性与互斥性是两个不同的概念. 前者表示两事件互不影响,后者表示两者不能同时发生. 初学者应注意其区别.

1.5.2　可靠性问题

在航空、航天及其他科学领域常常会遇到可靠性问题.即一个系统由许多元件组成,只要少量元件有故障,就可能使整个系统出现故障.因此,就产生了可靠性理论研究.一个系统的可靠性可以用可靠度来刻画,它是指系统能正常工作的概率.本书仅讨论可靠度计算的一些最简单的情况,作为独立性应用的例子.

以下,我们总是假定系统中各元件能否正常工作是互相独立的.

设一个系统由 n 个元件构成,A_i 表示"第 i 个元件正常",A 表示"系统正常",记 $p_i = P(A_i)(i=1,2,\cdots,n)$.

(1)串联系统.如图 1.5.

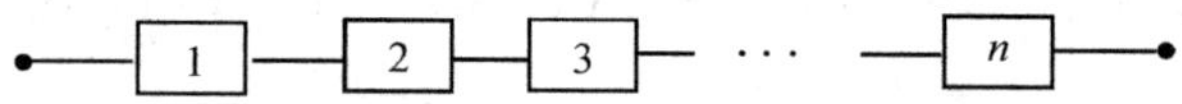

图 1.5

这时 $A=\bigcap_{i=1}^{n} A_i$, 则

$$P(A) = \prod_{i=1}^{n} P(A_i) = \prod_{i=1}^{n} p_i. \tag{1.19}$$

特别地,若每个 $p_i = p$,则

$$P(A) = p^n. \tag{1.20}$$

(2)并联系统.如图 1.6.

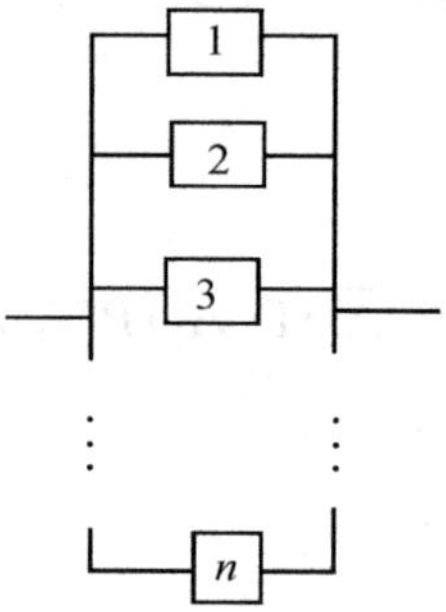

图 1.6

这时 $A=\bigcup_{i=1}^{n} A_i$,则

$$\begin{aligned} P(A) &= 1 - P(\overline{A}) = 1 - P(\overline{\bigcup_{i=1}^{n} A_i}) \\ &= 1 - P(\bigcap_{i=1}^{n} \overline{A}_i) \\ &= 1 - \prod_{i=1}^{n} P(\overline{A}_i) \\ &= 1 - \prod_{i=1}^{n} (1 - p_i). \end{aligned} \tag{1.21}$$

特别地,若每个 $p_i = p$,则

$$P(A) = 1 - (1 - p)^n. \tag{1.22}$$

上述两类式子可以作为公式,以解决更复杂的系统的可靠性问题.

例 1.5.6 一个混联系统如图 1.7 所示:

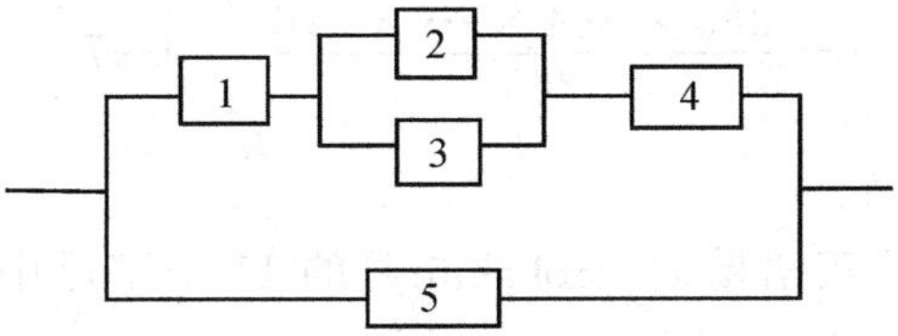

图 1.7

设该系统由 5 个元件组成,每个元件的可靠度为 p,求系统的可靠度.

解 设元件 2 与 3 组成并联系统 Ⅰ,其可靠度为 $1-(1-p)^2=p(2-p)$. 把子系统Ⅰ视为一个元件,它与元件 1,4 组成串联系统Ⅱ,可靠度为 $p^2\cdot p(2-p)$. 而系统Ⅱ与元件 5 组成整个系统,这又是个并联系统,故其可靠度为

$$1-(1-p)[1-p^3(2-p)]=p+2p^3-3p^4+p^5.$$

注 此题亦可用如下作法:

设 A_i 表示"第 i 个元件正常",$i=1,2,3,4,5$,又设 A 表示"系统正常",则

$$\begin{aligned} P(A) &= P[(A_1(A_2\cup A_3)A_4)\cup A_5] \\ &= P(A_1A_2A_4\cup A_1A_3A_4\cup A_5), \end{aligned}$$

然后用概率的加法公式(1.6)展开后用独立性计算其可靠度,读者不妨一试.

除了混联系统之外,还有一类叫桥式系统,见习题 1 第 35 题,我们留给读者去练习.

1.6 综合例题

例 1.6.1(生日问题) 一班上有 50 个同学,求至少两人生日同天的概率.

分析 比照摸球模型,这相当于有放回抽样的情况,即可以把一年 365 天看作 365 个小球(编号),某人在某天出生相当于摸到对应号码的小球. 从而样本点总数为 365^{50}. 设 A 表示"至少两人生日同天",则 $\overline{A}$ 表示"无任何两人生日同天",故 $\overline{A}$ 中应有 P_{365}^{50} 个样本点.

解 由以上分析,所求概率为

$$P(A)=1-P(\overline{A})=1-\frac{P_{365}^{50}}{365^{50}}$$

$$=1-\frac{365\times 364\times\cdots\times 316}{365^{50}}=0.97.$$

这几乎是一个必然事件.

例 1.6.2 从组成英语单词"probability"的 11 个字母中任取出 7 个随机地排成一行,求正好能组成单词"ability"的概率.

分析 这相当于从装有 11 个小球的袋中顺次取出 7 球,作不放回抽样.其样本点总数为 P_{11}^7,然后再求所求事件的样本点数.

解 设 A 表示所求事件,要 A 发生,可以有 $1\times 2\times 2\times 1\times 1\times 1\times 1=4$ 种取法,故

$$P(A)=\frac{4}{P_{11}^7}=2.4\times 10^{-6}.$$

这几乎是一个不可能事件.

例 1.6.3 在(0,1)区间内任取两个随机数 x,y,求两数之积小于$\frac{1}{4}$的概率.

分析 这显然是几何概率,可把两数写成二维点(x,y),则它与平面内区域 $\Omega=(0,1)\times(0,1)$中点一一对应.

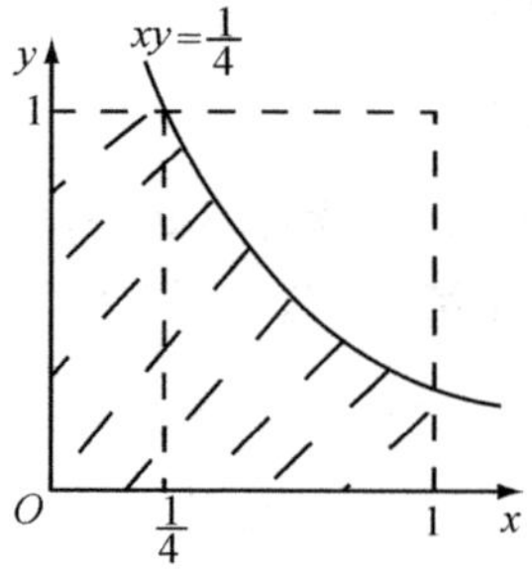

图 1.8

解 如图 1.8,所求概率为阴影部分面积与 Ω 的面积之比,故

$$P\left(XY<\frac{1}{4}\right)=\frac{1}{4}+\int_{\frac{1}{4}}^{1}\frac{\mathrm{d}x}{4x}$$

$$=\frac{1}{4}+\frac{1}{4}\ln x\Big|_{\frac{1}{4}}^{1}=\frac{1}{4}(1+\ln 4)=0.5966.$$

例 1.6.4 某电厂由甲、乙两台机组并联向一城市供电,当一台机组发生故障时,另一台机组能在这段时间满足城市全部用电需求的概率为 85%.设每台机组发生故障的概率为 0.1,且它们是否发生故障互相独立.(1)求保证城市供电的概率;(2)求已知电厂机组发生故障时,供电能满足需求的概率.

分析 这是一道综合性习题.第(1)问是对全概率公式的应用,第(2)问则是条件概率,作为第一步,"有几台机器发生故障"应构成样本空间的划分.同时,在计算时应注意对独立性的应用.

解 设 A_i 表示"有 i 台机器发生故障"，$i=0,1,2$. 则 A_0,A_1,A_2 构成样本空间的划分. 又设 B_1,B_2 分别表甲、乙两台机组出故障，C 表示"能保证城市用电". 由独立性有

$$P(A_0)=P(\overline{B}_1\overline{B}_2)=P(\overline{B}_1)P(\overline{B}_2)=0.9\times0.9=0.81,$$

$$\begin{aligned}P(A_1)&=P(B_1\overline{B}_2\cup\overline{B}_1B_2)\\&=P(B_1)P(\overline{B}_2)+P(\overline{B}_1)P(B_2)\\&=0.1\times0.9+0.9\times0.1=0.18,\end{aligned}$$

$$\begin{aligned}P(A_2)&=P(B_1B_2)=P(B_1)P(B_2)\\&=0.1\times0.1=0.01.\end{aligned}$$

于是

(1) $$\begin{aligned}P(C)&=P(A_0)P(C|A_0)+P(A_1)P(C|A_1)+P(A_2)\cdot P(C|A_2)\\&=0.81\times1+0.18\times0.85+0.01\times0=0.963.\end{aligned}$$

此处，由题意认为 $P(C|A_2)=0$.

(2) $$P(C|A_1\cup A_2)=\frac{P(A_1C\cup A_2C)}{P(A_1\cup A_2)},$$

且 A_1 与 A_2 不相容以及 $P(A_2C)=P(A_2)P(C|A_2)=0$. 从而

$$\begin{aligned}P(C|A_1\cup A_2)&=\frac{P(A_1C)}{P(A_1\cup A_2)}=\frac{P(A_1)P(C|A_1)}{P(A_1)+P(A_2)}\\&=\frac{0.18\times0.85}{0.18+0.01}=0.805.\end{aligned}$$

例 1.6.5 一个袋子中有 8 个红球 2 个白球，一人作"摸球"游戏，规则如下：每次从袋中摸取一球，看到颜色后放回，再向袋中放入两个同色球. 问此人三次摸出球的颜色分别为红、白、白的概率是多少？

分析 本题宜用乘法公式计算.

解 设 A_i 表示"第 i 次取到红球"，则 $\overline{A}_i$ 表示"第 i 次取到白球"，$i=1,2,3$. 于是

$$P(A_1)=\frac{8}{10}=\frac{4}{5},\quad P(\overline{A}_2\mid A_1)=\frac{2}{10+2}=\frac{1}{6},$$

$$P(\overline{A}_3\mid A_1\overline{A}_2)=\frac{2+2}{12+2}=\frac{2}{7}.$$

由乘法公式，

$$P(A_1\overline{A}_2\overline{A}_3)=P(A_1)P(\overline{A}_2\mid A_1)P(\overline{A}_3\mid A_1\overline{A}_2)$$

$$=\frac{4}{5}\cdot\frac{1}{6}\cdot\frac{2}{7}=0.0381.$$

习 题 1

1. 用图形法判断下列等式是否成立：

(1) $A-(B-C)=(A-B)\cup C$；

(2) $(A-B)C=A\overline{B}C$；

(3) $A\cup(\overline{B}\cup C)=(A-B)\cup C$.

2. 用集合形式写出下列随机试验的样本空间及各随机事件：

(1)同时掷两枚骰子，记录其点数. A 表示“点数和大于 10”，B 表示“点数和能被 3 整除”；

(2)在单位圆周上随机地取一点，记录该点坐标. A 表示“该点在第一象限”，B 表示“从原点到该点的射线与 x 轴正向夹角在 $0\sim\frac{\pi}{4}$ 之间”；

(3)一袋中装有 6 个编号为 1 至 6 的小球，从中依次任取出 3 个球. A 表示“最小号码为 4”，B 表示“第二次取到 4 号球”.

3. 在例 1.1.7 中，用事件间的运算关系表示下列事件：

(1)至少一人打中靶；(2)至多两人打中靶；(3)甲、乙未打中，丙打中靶；

(4)三人均打中靶；(5)靶上仅中两弹；(6)至多一人打中靶.

4. 在例 1.1.8 中，试用文字叙述下列事件：

(1) $\bigcup\limits_{i=1}^{n}A_i$；

(2) $\bigcup\limits_{1\leqslant i<j\leqslant n}A_iA_j$；

(3) $(\bigcap\limits_{i=1}^{n}A_i)\cup[\bigcup\limits_{i=1}^{n}(\overline{A}_i\cap(\bigcap\limits_{\substack{k=1\\k\neq i}}^{n}A_k))]$.

5. 设 $P(A)=P(B)=P(C)=\frac{1}{4}$，$P(AB)=P(BC)=0$，$P(AC)=\frac{1}{8}$，求 A，B，C 三事件至少一个发生的概率.

6. 设 $P(A)=0.4$，$P(B)=0.5$，$P(A\cup B)=0.7$，求 $P(A-B)$ 及 $P(B-A)$.

7. 设 $P(A)=0.5$，$P(B)=0.6$ 问：(1)什么条件下，$P(AB)$ 可以取得最大值，最大值是多少？(2)什么条件下 $P(AB)$ 可以取得最小值，其值是多少？

8. 从电话号码簿上任取一电话号码，问后四位数全不相同的概率是多少？(设 10 个数字等可能地出现.)

9. 一电梯开始上升时载有 5 名乘客，且这 5 人等可能地在 8 层楼的任何一层出电梯. 求

(1)每层至多一人离开的概率；

(2)至少有两人在同一层离开的概率；

(3)仅有一层有两人离开的概率.

10. 计算 10 人的生日不同月份的概率.

11. 把 C,C,E,E,I,N,S 这 7 个字母随机地排成一行,求恰好排成英文单词 science 的概率.

12. 随机地从 0,1,2,…,9 这 10 个数字中取出 3 个数排起来组成一个三位数,求恰好能被 5 整除的概率.

13. 100 件产品中有 5 件次品,从中随机地抽取 10 件,求:

(1)不多于一件次品的概率;

(2)至少有两件次品的概率.

14. 在 12 题的 10 个数字中任意取出三个数,设 A 表示“三个数字不含 0 和 5”,B 表示“三个数字不含 0 或不含 5”,C 表示“三个数字含 0 但不含 5”,求这三个事件发生的概率.

15. 把 12 名学生平均分成三组,求:

(1)三名优秀生同在一组的概率;

(2)三名优秀生各在一组的概率.

16. 两人相约在早晨 7 点到 8 点钟在某处见面,先到者等候 10 分钟,过时不候.求两人能见面的概率.(设两人在这段时间内等可能地随时出现.)

17. 在区间$(-1,1)$内随机地取出两个实数 r,s,求此两数使方程 $x^2-2rx+s=0$ 有实根的概率.

18. 设 $P(A)=P(B)=\frac{1}{3}$,$P(A|B)=\frac{1}{6}$,求 $P(\overline{A}|\overline{B})$.

19. 设 $P(A)=0.5$,$P(B)=0.4$,$P(A|\overline{B})=0.6$,求 $P(AB)$,$P(A|A\cup\overline{B})$.

20. 某人有 5 把钥匙,但不知道开房门的是哪一把,只好逐一试开.求:

(1)第三次能打开门锁的概率;

(2)三次内能打开门锁的概率.

21. 空战中甲机先向乙机开火,击落乙机的概率为 0.2;若乙机未被击落,就进行还击,击落甲机的概率是 0.3;若甲机未被击落,再进攻乙机,击落乙机的概率是 0.4,求在这几个回合中,

(1)甲机被击落的概率;

(2)乙机被击落的概率.

22. 某船运输分别由甲、乙、丙三地生产的瓷器,各占总量的 20%,30%,50%,由于质量差异,其破损率分别为 5%,3%,3%.到港后随机地抽取一件.问:

(1)该瓷器已破损的概率是多少?

(2)若发现该瓷器已破损,则最可能是由何地生产的?

23. 用“胎甲蛋白法”普查癌症,已知确有癌症者,查出为阳性的概率为 0.95;未患癌症者,查出为阴性的概率为 0.95.一人生活在低发病区,该地区癌症发病率为 0.0005;另一人生活在高发病区,该区癌症发病率为 0.01.若两人均查出为阳性,问他们真正患有癌症的概率各为多少?

24. 有两箱产品，甲箱中有12件正品8件次品，乙箱中有8件正品4件次品.

(1)从甲箱中任取4件产品，求恰有1件或2件次品的概率；

(2)从甲箱中任取2件产品混入乙箱，再从乙箱中任取一件，求取得次品的概率.

25. 设有两箱同种零件，第一箱内装50件，其中有10件一等品；第二箱中装30件，其中18件一等品. 现从两箱中随意取出一箱，然后从该箱中先后随机地取出两件. 求：

(1)先取出的零件是一等品的概率；

(2)已知第一次取出的是一等品，第二次仍取出一等品的概率.

26. 三人独立地各投篮一次，设命中率各为0.3,0.5,0.7. 求：

(1)至少一人投中的概率；

(2)恰好投中两次的概率.

27. 甲、乙两人各自独立地作同种实验，且已知甲、乙两人实验成功的概率各为0.6，0.8. 求：

(1)只有一人成功的概率；

(2)已知实验成功但它是甲成功且乙未成功的概率.

28. 证明：若 $P(A|B)=P(A|\overline{B})$，则事件 A 与 B 独立.

29. 某地区约有5%的人体内携带有乙肝病毒，求该地区某校一个班的50名学生中至少有一人体内携带有乙肝病毒的概率.

30. 设每个元件的可靠度为0.85，问至少应并联多少个元件才能使系统的可靠度不小于0.9995？（设每个元件正常与否互相独立.）

31. 设有 $2n$ 个元件，每个元件的可靠度为 p，求以下两个系统的可靠度：

(1)

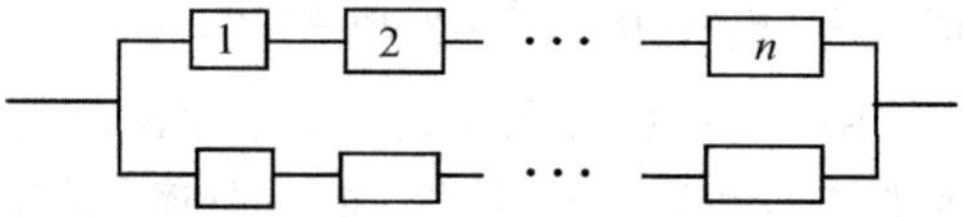

(2)

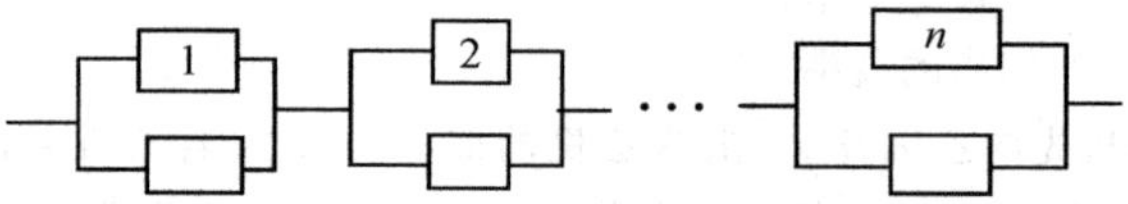

32. 设每个元件的可靠度为 p，求下图所示混联系统的可靠度：

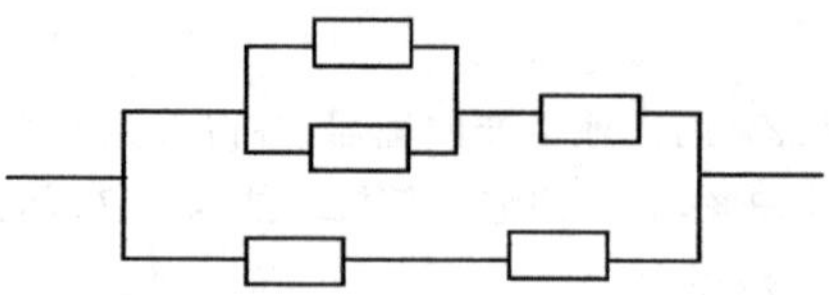

33. 一台电子仪器中有三个易损部件. 使用时，损坏第一、二、三个部件的概率分别为0.1,0.2,0.3，且各个部件是否损坏是独立的. 已知损坏一个部件、两个部件、三个部件时，仪器发生故障的概率分别为0.25,0.6,0.9，求仪器发生故障的概率.

34. 某眼镜店的采购员到镜片公司采购一批每盒内装50片的镜片，他从中取出一盒，再从盒中任取出三片测试,如都合格则接受这批镜片,否则就拒绝接受.设合格镜片被测试为合格的概率为 0.98,而不合格镜片被误测为合格的概率为 0.05,若他取出的这盒中恰有 3 片不合格,求这批镜片被接受的概率.

35. (桥式系统)如下图所示的电路中共有 5 个开关组成桥式系统,每个开关闭合的概率为 p,求灯亮的概率.(提示:以开关 3 的开、闭为划分,使用全概率公式.)

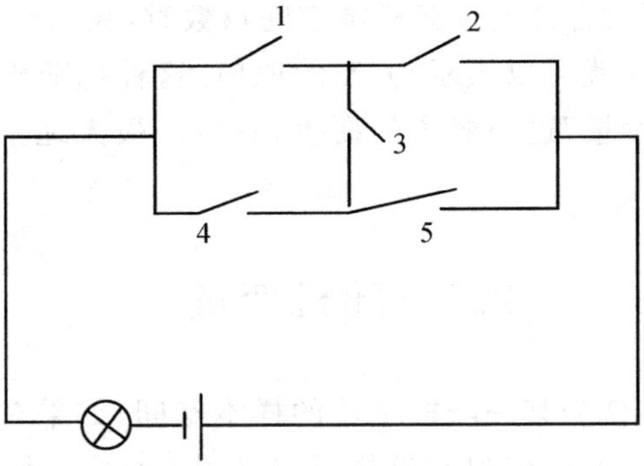

第 2 章　离散型随机变量

在第 1 章讲述用组合公式计算样本空间点数时，我们定义了一个变量 X，于是，所求的随机事件就可以表示为 X 的取值. 这种把随机事件“数字化”的思想就导致了“随机变量”这一概念的诞生，它曾经极大地推动了概率论的发展.

2.1　随机变量

定义 2.1.1　设 Ω 为某一随机试验的样本空间，如果对每一个样本点 $\omega \in \Omega$，有一个实数 $X(\omega)$ 与之对应，这样就定义了一个定义域为 Ω 的实值函数 $X=X(\omega)$，称之为**随机变量**.

通常用大写字母 X,Y,Z 等表示随机变量(有时亦用 ξ,ζ 等希腊字母).

我们称 X 是一个随机函数，它与我们以前在高等数学中学过的函数是有所不同的. 其一，X 的定义域为样本空间，自变量为样本点，而普通函数定义域为实数集；其二，X 的取值有随机性，在未试验之前，我们并不知道此次试验会出现哪个样本点，因此也不知道 X 取值为哪个实数. 概率论的基本任务之一就是研究随机变量取值的统计规律性. 下面看几个例子：

例 2.1.1　掷一枚硬币，设 $\Omega=\{$正面，反面$\}$，定义

$$X=\begin{cases}1, & \omega=\text{正面},\\ 0, & \omega=\text{反面}.\end{cases}$$

于是事件“硬币出现正面”，就表示为 $\{X=1\}$.

例 2.1.2　在例 1.1.2 中，设 X 表示“一小时内传呼台收到的呼叫数”，则 X 可能的取值为 $0,1,2,\cdots$. 而事件“呼叫次数超过 20 次”，就可以表示为 $\{X>20\}$ 或 $\{X\in(20,+\infty)\}$. 相应概率可表示为 $P(X>20)$ 或 $P(X\in(20,+\infty))$.

例 2.1.3　记录炮弹的弹着点到靶心的距离，把这个距离用 X 表示，则事件“到靶心距离在 0.5 米到 3 米之间”可以表示为 $\{0.5\leqslant X\leqslant 3\}$，相应概率可表示为 $P(0.5\leqslant X\leqslant 3)$.

从上述例子中可以看到，有了随机变量 X，则随机试验中可能发生的事件就可以用 X 的取值范围来表示. 一般地，设 $G\subset \mathbf{R}$ 是一实数集(G 不一定是

一个区间)，我们就以{$X\in G$}表示随机事件"X 的取值在 G 内"，相应的概率记为 $P(X\in G)$.

2.2 一维离散型随机变量

2.2.1 一维离散型随机变量的分布律

从 2.1 节我们知道，随机变量 X 实值上是从样本空间 Ω 到实数轴的单值映射. 若 X 可能的取值之集是有限点集或可列点集，我们称 X 是**离散的**.

定义 2.2.1 设随机变量 X 一切可能的取值为 $x_1, x_2, \cdots, x_n, \cdots$，且 X 取各个值的概率为

$$p_k = P(X = x_k), \quad k = 1,2,3,\cdots, \tag{2.1}$$

则称 X 是**离散型随机变量**，称(2.1)式为随机变量 X 的**概率函数**或**概率分布**，亦简称**分布律**.

X 的分布律常用表格表示：

X	x_1	x_2	x_3	$\cdots$	x_k	$\cdots$
p_k	p_1	p_2	p_3	$\cdots$	p_k	$\cdots$

(2.2)

有时亦写成

$$X \sim \begin{bmatrix} x_1 & x_2 & \cdots & x_k & \cdots \\ p_1 & p_2 & \cdots & p_k & \cdots \end{bmatrix}. \tag{2.3}$$

为了计算方便，一般把 $x_k(k=1,2,\cdots)$ 从小到大排列. 用示意图 2.1 表示.

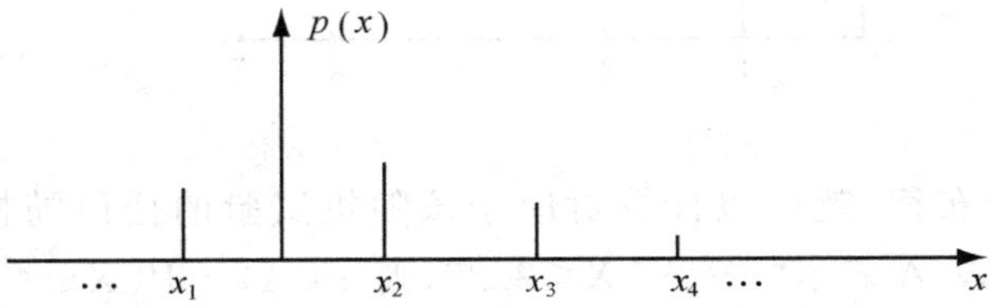

图 2.1 X 的概率分布图

图 2.1 中短线的高度为 X 取值于该点的概率.

易知 X 的分布律有以下性质：

1) $p_k = P(X = x_k) \geqslant 0, k = 1, 2, 3, \cdots$;

2) $\sum\limits_k p_k = 1$.　　　　(2.4)

X 的概率函数一般可用第 1 章的知识求出,请看下面的例子.

例 2.2.1　某人投篮,命中率为 0.7,规则是:投中后或投了 4 次后就停止投篮.设 X 表示“此人投篮的次数”,求 X 的分布律.

解　设 A_i 表示“第 i 次投中篮框”,$i=1,2,3,4$.由题意,可以认为诸 A_i 互相独立.于是

$$p_1 = P(X=1) = P(A_1) = 0.7;$$

$$p_2 = P(X=2) = P(\overline{A}_1 A_2) = 0.3 \times 0.7 = 0.21;$$

$$p_3 = P(X=3) = P(\overline{A}_1\ \overline{A}_2 A_3) = (0.3)^2 \times 0.7 = 0.063;$$

$$p_4 = P(X=4) = P(\overline{A}_1\ \overline{A}_2\ \overline{A}_3 A_4 \cup \overline{A}_1\ \overline{A}_2\ \overline{A}_3\ \overline{A}_4)$$
$$= (0.3)^3 \times 0.7 + (0.3)^4 = 0.027.$$

或者 $p_4 = 1 - \sum\limits_{i=1}^{3} p_i = 1 - (0.7 + 0.21 + 0.063) = 0.027$.从而得 X 的分布律如下:

X	1	2	3	4
p_k	0.7	0.21	0.063	0.027

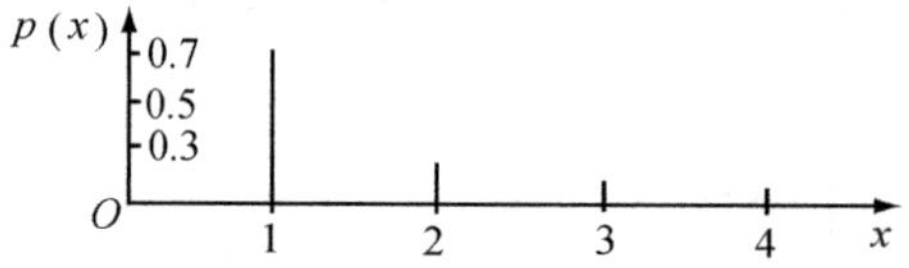

有了 X 的分布律,就可以计算对应于该随机试验的任何随机事件的概率.例如,上例中设 A 表示“$-\infty < X < 3.2$”,则 $P(A) = P(X \in (-\infty, 3.2)) = P(X=1) + P(X=2) + P(X=3) = 0.7 + 0.21 + 0.063 = 0.973$.又如,容易计算 $P(X \leqslant 0) = 0$, $P(X > 2) = 0.09$ 等等.

例 2.2.2　有 7 张外形相同的卡片,分别编为 1,2,…,7 号.今从中任取 3 张,定义三事件 A,B,C 分别表示“3 张卡片中最大号码小于 4,等于 4,大于 4”,再定义一个随机变量 X 如下:

$$X=\begin{cases}0, & \text{当 A 发生}\\1, & \text{当 B 发生,}\\2, & \text{当 C 发生}\end{cases}$$

求 X 的分布律.

解 易知 $P(X=0)=P(A)=\frac{1}{C_7^3}=\frac{1}{35}$, $P(X=1)=P(B)=\frac{C_3^2C_1^1}{C_7^3}=\frac{3}{35}$, $P(X=2)=1-P(X=0)-P(X=1)=\frac{31}{35}$,于是

$$X\sim\begin{bmatrix}0 & 1 & 2\\ \frac{1}{35} & \frac{3}{35} & \frac{31}{35}\end{bmatrix}.$$

这个例子说明,有时随机变量 X 的取值是可以人为任意设定的.

2.2.2 常见的离散型随机变量

以下介绍几种常见的离散型随机变量的概率分布:

1. 几何分布

我们以一个例子加以说明.

例 2.2.3 对某一目标射击,直到首次击中为止. 设每次独立射击的命中率为 $p(0<p<1)$,求射击次数 X 的概率分布.

解 设 A_i 表示"第 i 次射击击中目标",$i=1,2,\cdots$,则对每个 $k\in N$, $P(X=k)=P(\bar{A}_1\cdots\bar{A}_{k-1}A_k)=\prod_{i=1}^{k-1}P(\bar{A}_i)P(A_k)=pq^{k-1}$,这里 $q=1-p$. 于是 X 有分布律如下表:

X	1	2	3	…	k	…
p_k	p	pq	pq^2	…	pq^{k-1}	…

(2.5)

我们称具有上述分布规律的随机变量 X 服从参数为 p 的**几何分布**,记为 $X\sim G(p)$.

2. 超几何分布

定义 2.2.2 设 N,n,m 为正整数,且 $n\leqslant N$, $m\leqslant N$;又设随机变量 X 有分布律为

$$P(X=k)=\frac{C_m^k C_{N-m}^{n-k}}{C_N^n},\quad k=0,1,2,\cdots,n, \tag{2.6}$$

则称 X 服从**超几何分布**，记作 $X \sim H(n,m,N)$，式中 n,m,N 叫分布参数.

这里约定，当 $i<j$ 时，$C_i^j=0$.

由组合数的性质易知

$$\sum_{k=0}^{n} P(X=k)=\frac{\sum_{k=0}^{n} C_m^k C_{N-m}^{n-k}}{C_N^n}=\frac{C_N^n}{C_N^n}=1.$$

这个分布在第 1 章中已作介绍. 比如，上例 2.2.2 就是一种超几何分布的应用. 又如，在例 1.3.5 中，我们有 $X \sim H(5,8,100)$，读者可以自己计算一下 X 的分布律(见习题 2 第 6 题).

3. 二项分布

把一个随机试验重复进行 n 次，如果试验的结果互不影响，则称这样的试验为 n 重独立试验. 如果在 n 重独立试验中，每次试验只有两个可能的结果：事件 A 或 $\overline{A}$ 发生，则称这样的试验为 **n 重伯努利(Bernoulli)试验**，相应的数学模型叫**伯努利概型**.

在这个概型中，我们希望计算的是 n 次试验中事件 A 正好发生 $k(k \leqslant n)$ 次的概率.

定理 2.2.1　在伯努利试验中，若事件 A 发生的概率 $P(A)=p(0<p<1)$，则在 n 次试验中事件 A 正好发生 k 次的概率为

$$P_n(k)=C_n^k p^k q^{n-k}, \tag{2.7}$$

此处 $q=1-p$，$k=0,1,2,\cdots,n$.

证明　设 A_i 表示"在第 i 次试验中事件 A 发生"，则 $P(A_i)=p$，$P(\overline{A_i})=q$. 我们先假设事件 A 在指定的 k 次试验中发生，比如前 k 次试验中 A 发生，后 $n-k$ 次试验中 $\overline{A}$ 发生，则由独立性知相应概率为

$$P(A_1 A_2 \cdots A_k \overline{A}_{k+1} \cdots \overline{A}_n)=\prod_{i=1}^{k} P(A_i) \cdot \prod_{i=k+1}^{n} P(\overline{A}_i)=p^k q^{n-k}.$$

但类似的这种事件共有 C_n^k 个，且彼此不相容，由概率的可加性知

$$P_n(k)=C_n^k p^k q^{n-k}.$$

容易验证

$$\sum_{k=0}^{n} P_n(k)=\sum_{k=0}^{n} C_n^k p^k q^{n-k}=(p+q)^n=1.$$

由于公式(2.7)的右端正好是二项式 $(p+q)^n$ 展开式中的第 $k+1(k=0,1,2,\cdots,n)$ 项，通常称 $P_n(k)$ 为二项概率.

从伯努利概型出发，我们可以相应地定义一个随机变量 X.

定义 2.2.3 设随机变量 X 可能的取值为 0,1,2,…,n，且取这些值的概率为

$$P(X=k)=P_n(k)=C_n^k p^k q^{n-k}, \tag{2.8}$$

这里 $q=1-p$ 且 $k=0,1,2,\cdots,n$，则称 X 服从参数为 n,p 的**二项分布**，记为 $X\sim B(n,p)$.

显然，在 n 重伯努利试验中，设 $P(A)=p$，以 X 表示"事件 A 发生的次数"，则 $X\sim B(n,p)$.

特别地，当 $n=1$ 时，二项分布 $B(1,p)$，称为 **0-1 分布**. 这时 X 可能的取值只有 0 或 1，即有

$$X\sim\begin{bmatrix}0 & 1\\ q & p\end{bmatrix}. \tag{2.9}$$

亦可把 X 的分布律记为

$$P(X=k)=p^k q^{1-k},\quad k=0,1. \tag{2.10}$$

例 2.2.4 掷一枚骰子，定义

$$X=\begin{cases}1, & \text{掷出六点},\\ 0, & \text{未掷出六点},\end{cases}$$

则易知 $X\sim B\left(1,\frac{1}{6}\right)$.

例 2.2.5 抛掷一枚质地不均匀的硬币 8 次，设正面出现的概率为 0.6，求：

(i)正好出现 3 次正面的概率；

(ii)至多出现 2 次正面的概率；

(iii)至少出现 2 次正面的概率.

解 设 X 表示"8 次抛掷中出现正面的次数"，由题设，每次抛掷的结果是独立的，故 $X\sim B(8,0.6)$. 于是

(i) $P(X=3)=C_8^3\cdot(0.6)^3\cdot(0.4)^5=0.1239$；

(ii) $P(X\leqslant 2)=P_8(0)+P_8(1)+P_8(2)$

$=C_8^0\cdot(0.6)^0\cdot(0.4)^8+C_8^1\cdot(0.6)^1\cdot(0.4)^7+C_8^2\cdot(0.6)^2\cdot(0.4)^6$

$=0.0498$；

(iii)　$P(X\geqslant 2)=1-P_8(0)-P_8(1)$

$=1-C_8^0\cdot(0.6)^0\cdot(0.4)^8-C_8^1\cdot(0.6)^1\cdot(0.4)^7$

$=0.9915.$

最可能次数. 在上例中,细心的读者会发现,随机变量 X 取各种值的概率并不相同. 事实上,当 k 从零开始增加时,概率 $P(X=k)$经历了一个从小到大,又从大变小的过程. X 的分布律见表 2.2.1.

表 2.2.1

X	0	1	2	3	4	5	6	7	8
p_k	0.0007	0.0079	0.0413	0.1239	0.2322	0.2787	0.2090	0.0896	0.0168

为了更直观一些,我们把上述概率分布用图 2.2 表示.

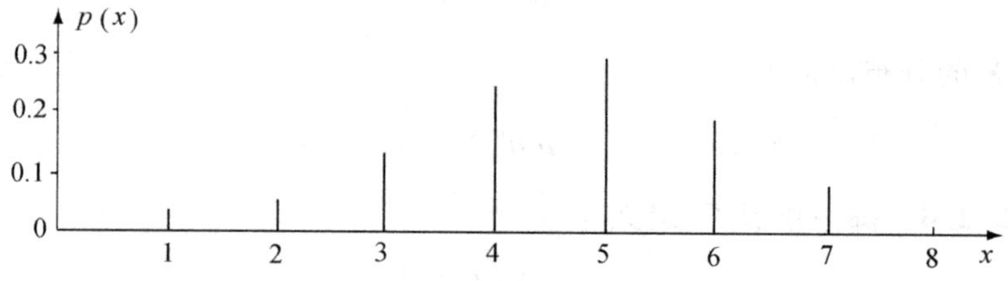

图 2.2　例 2.2.5 的概率分布图

从图 2.2 及表 2.2.1 知,事件“$X=5$”发生的概率最大,我们称之为**最可能事件**,“5 次”为**最可能次数**.

一般地,若 $X\sim B(n,p)$,则当$(n+1)p$是整数时,X 有两个最可能次数$(n+1)p$及$(n+1)p-1$;当$(n+1)p$不是整数时,最可能次数为$[(n+1)p]$(即$(n+1)p$的整数部分). 其证明此处从略(见 2.7 节). 例如,在例2.2.5中,正面最可能出现的次数为$[(8+1)\times 0.6]=[5.4]=5$ 次.

例 2.2.6　一签筒中装有 50 支签,其中 10 支“好”签. 5 人陆续地从中抽得一签,看后放回. 求:

(i)至少一人抽得“好”签的概率;

(ii)为保证 5 人中至少一人抽得“好”签的概率不低于 85%,应在筒中再加入多少支“好”签? 这时最可能有几人抽得“好”签?

解　(i)设 X 表示“5 人中抽得‘好’签的人数”,由于是有放回抽样,每次抽得“好”签的概率均为$\frac{10}{50}=0.2$,且互相独立,故 $X\sim B(5,0.2)$. 于是

$$P(X\geqslant 1)=1-P_5(0)=1-(0.8)^5=0.6723.$$

(ii)设应在筒中装入 k 支“好”签，则每人取得“好”签的概率变为$\frac{10+k}{50+k}$，于是有

$$X\sim B\left(5,\quad \frac{10+k}{50+k}\right),$$

从而得

$$P(X\geqslant 1)=1-P_5(0)=1-\left(1-\frac{10+k}{50+k}\right)^5\geqslant 0.85,$$

即有$\left(\frac{40}{50+k}\right)^5\leqslant 0.15$，解之得 $k\geqslant 8.46$.

即应在筒中再加入 9 支签，这时取得“好”签的概率变为 $p=\frac{10+9}{50+9}=0.322$，最可能次数为$[(n+1)p]=[6\times 0.322]=1$，即最可能只有一人抽得“好”签.

从上例中可以看出，对于“摸球”模型而言，采用有放回抽样与不放回抽样时，相应随机变量服从不同的分布. 一般地，若一袋中装有 N 个小球，其中 m 个红球，余下为白球，从袋中摸取 n 次，每次一球，设 X 表示“摸得红球的个数”，则采取有放回抽样时 $X\sim B\left(n,\frac{m}{N}\right)$；采取不放回抽样时 $X\sim H(n,m,N)$.

4. 泊松(Poisson)分布

我们先看一个实例.

例 2.2.7 某地有 2500 人参加人寿保险，每人在年初向保险公司交付保险费 12 元. 若在这一年内投保人死亡，则由其家属从保险公司领取 2000 元. 设该地人口死亡率为 2‰，求保险公司获利不少于 10000 元的概率.

解 设 X 表示“投保人中死亡的人数”，由题设知 $X\sim B(2500,0.002)$. 若投保人中有 X 人死亡，则保险公司将付出 $2000X$ 元，而这一年公司收入保险费 $12\times 2500=30000$ 元，故知当 $30000-2000X\geqslant 10000$，即 $X\leqslant 10$ 时，保险公司获利将不少于 10000 元. 于是，所求概率为

$$P(X\leqslant 10)=\sum_{k=0}^{10}P_{2500}(k)=\sum_{k=0}^{10}C_{2500}^{k}\cdot(0.002)^k\cdot(0.998)^{2500-k}.$$

这个概率的计算是相当麻烦的，下面我们给出一个近似公式.

定理 2.2.2(泊松定理) 设 $\lambda=np_n>0$，$0<p_n<1$，$n=1,2,\cdots$则对任一

个非负整数 k,有

$$\lim_{n\to\infty} C_n^k p_n^k (1-p_n)^{n-k} = \frac{\lambda^k e^{-\lambda}}{k!}. \tag{2.11}$$

证明 由 $p_n=\frac{\lambda}{n}$,有

$$C_n^k p_n (1-p_n)^{n-k} = \frac{n(n-1)\cdots(n-k+1)}{k!}\left(\frac{\lambda}{n}\right)^k\left(1-\frac{\lambda}{n}\right)^{n-k}$$

$$= \frac{\lambda^k}{k!}\left(1-\frac{\lambda}{n}\right)^n\left(1-\frac{\lambda}{n}\right)^{-k}\cdot\left[1\cdot\left(1-\frac{1}{n}\right)\cdots\left(1-\frac{k-1}{n}\right)\right].$$

当 $n\to\infty$时,对每个固定的 k,

$$\lim_{n\to\infty}\left(1-\frac{\lambda}{n}\right)^n = e^{-\lambda},\ \lim_{n\to\infty}\left(1-\frac{\lambda}{n}\right)^{-k} = 1,$$

$$\lim_{n\to\infty}\left[1\cdot\left(1-\frac{1}{n}\right)\cdots\left(1-\frac{k-1}{n}\right)\right]= 1.$$

从而得$\lim\limits_{n\to\infty} C_n^k p_n^k (1-p_n)^{n-k}=\frac{\lambda^k e^{-\lambda}}{k!}$.

易知上述定理的极限值满足

$$\sum_{k=0}^{\infty}\frac{\lambda^k e^{-\lambda}}{k!} = e^{-\lambda}\sum_{k=0}^{\infty}\frac{\lambda^k}{k!} = e^{-\lambda}.\ e^{\lambda} = 1,$$

于是我们可以就此引入泊松分布的定义.

定义 2.2.4 设随机变量 X 可能的取值为 $0,1,2,\cdots$,且取这些值的概率为

$$P(X=k) = \frac{\lambda^k e^{-\lambda}}{k!},\quad k=0,1,2,\cdots,$$

其中 $\lambda>0$ 为常数,则称 X 服从参数为 λ 的泊松分布,记为 $X\sim P(\lambda)$.

由泊松定理知,当 n 很大而 p 很小($p<0.1$)时,**二项分布 $B(n,p)$ 的概率函数近似地等于泊松分布 $P(\lambda)$ 的概率函数**,即有

$$C_n^k p^k q^{n-k} \approx \frac{\lambda^k e^{-\lambda}}{k!}, \tag{2.12}$$

其中 $\lambda=np$.

在实际问题中,有许多随机变量服从泊松分布. 例如,一段时间内电话交换台收到的呼叫次数,某路口一月内发生车祸的次数,一定量的粮食种子中含

的杂草种子数,一年内发生洪水的次数等等,都可用泊松分布描述.

泊松分布有表可查,见本书附表 2. 例如,设 $X\sim P(4)$,则查表得 $P(X\geqslant 3)=0.761897$. 若要查 $P(X=3)$,则有

$$P(X=3)=P(X\geqslant 3)-P(X\geqslant 4)=0.761897-0.566530=0.195367.$$

实际应用时一般取到小数点后 4 位.

在实际计算时,若 $X\sim B(n,p)$,当 $n\geqslant 10$, $p\leqslant 0.1$ 时均可用泊松分布近似计算其概率,当 $n\geqslant 100$ 且 $np\leqslant 10$ 时效果更佳. 请看下例.

例 2.2.8 某批产品的次品率为 2%,从中随机地抽取 100 个样品,求样品中次品件数 X 的概率分布.

解 显然 $X\sim B(100,0.02)$, X 的分布律为

$$P(X=k)=C_{100}^{k}(0.02)^{k}(0.98)^{100-k},\quad k=0,1,\cdots,100.$$

由于 $n=100$ 较大,而 $np=100\times 0.02=2$,故由泊松定理,近似地有 $X\sim P(2)$. 即有

$$P(X=k)\approx\frac{2^{k}e^{-2}}{k!},\quad k=0,1,\cdots,100.$$

计算结果列表如下:

X 的取值	0	1	2	3	4	5	6	7	…
B(100,0.02)	0.1326	0.2707	0.2734	0.1823	0.0902	0.0353	0.0114	0.0031	…
P(2)	0.1353	0.2707	0.2707	0.1804	0.0902	0.0361	0.0120	0.0034	…

由上表可见,两者的近似程度还是相当好的.

例 2.2.7(续) 在例 2.2.7 中,求保险公司获利不少于 10000 元的概率.

解 沿用例 2.2.7 的记号,由于 $X\sim B(2500,0.002)$,知 $np=2500\times 0.002=5$,故近似地有 $X\sim P(5)$. 从而查表可得

$$P(X\leqslant 10)=1-P(X\geqslant 11)\approx 1-0.0137=0.9863.$$

这个概率还是相当高的.

例 2.2.9 某交通路口多年的统计表明,此处的交通事故发生率为万分之三. 设某天有两万辆汽车通过该路段,求至少发生两次交通事故的概率.

解 设 X 表示"该天出交通事故的次数",则有 $X\sim B(20000,0.0003)$. 由 $np=20000\times 0.0003=6$ 知近似地有 $X\sim P(6)$. 由于 $\lambda=6$ 无法查表,则由泊松分布的定义,

$$P(X\geqslant 2)=1-P(X=0)-P(X=1)=1-\frac{6^0\cdot e^{-6}}{0!}-\frac{6\cdot e^{-6}}{1!}=0.9826.$$

就是说,该天此路段几乎必然要发生两次或两次以上的事故.

2.3 一维分布函数

在处理实际问题中,人们常常关心的是一个随机变量 X 落入某个区间 $(a,b]$ 内概率.例如,参军青年关心的是他的身高是否达到标准,而不关心其身高是否刚好等于某个数字.注意到概率 $P(a<X\leqslant b)=P(X\leqslant b)-P(X\leqslant a)$,为此我们引入分布函数的概念.

定义 2.3.1 设 X 是一随机变量(包括离散及非离散型),对任意 x 是一实数,定义

$$F(x)=P(X\leqslant x),\quad -\infty<x<+\infty. \tag{2.13}$$

称 $F(x)$ 为随机变量 X 的分布函数,有时也记为 $F_X(x)$.

由这个定义知,若 $F(x)$ 是 X 的分布函数,则有

$$P(a<X\leqslant b)=F(b)-F(a). \tag{2.14}$$

这个式子对 $(-\infty,+\infty)$ 内的任何实数 $a,b(a\leqslant b)$ 都是成立的.

例 2.3.1 求例 2.2.1 中随机变量 X 的分布函数.

解 由分布函数的定义及例 2.2.1 的概率分布表:

X	1	2	3	4
p_k	0.7	0.21	0.063	0.027

得 X 的分布函数

$$F(x)=\begin{cases}0, & -\infty<x<1,\\ 0.7, & 1\leqslant x<2,\\ 0.7+0.21=0.91, & 2\leqslant x<3,\\ 0.91+0.063=0.973, & 3\leqslant x<4,\\ 0.973+0.027=1, & 4\leqslant x<+\infty.\end{cases}$$

它的图形如图 2.3 所示.

一般地,若 X 是离散型随机变量,且具有分布律 $p_k=P(X=x_k)$, $k=1,2,\cdots$,则

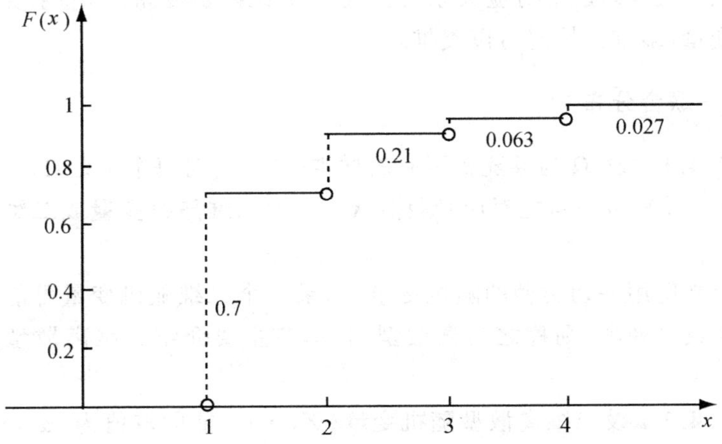

图 2.3

$$F(x)=\sum_{x_k\leqslant x}p_k. \tag{2.15}$$

它的图形类似于图 2.3,是一个阶梯函数,在 x_k 处发生间断,其跳跃度正好是 p_k.

由分布函数的定义并参看图 2.3,可以得到下述定理.

定理 2.3.1(分布函数的性质) 设 $F(x)$是任一随机变量 X(包括离散及非离散型)的分布函数,则

1) $0\leqslant F(x)\leqslant 1$;

2) $F(x)$单调不减,即当 $x_1<x_2$ 时,$F(x_1)\leqslant F(x_2)$;

3) $F(-\infty)=\lim\limits_{x\to-\infty}F(x)=0$, $F(+\infty)=\lim\limits_{x\to+\infty}F(x)=1$;

4) $F(x)$右连续,即对任意实数 x, $F(x+0)=F(x)$.

5) 对每个 x_0, $P(X=x_0)=F(x_0)-F(x_0-0)$.

性质 1),2),3),5)易于证实,而性质 4)的证明超过本书范围,此处从略.

2.4 二维离散型随机变量

在许多情况下,人们常常需要用多个随机变量才能描述某一随机试验的结果. 例如,测量人的身高与体重,测量炮弹弹着点的坐标等,需要用两个变量表示;而测定空中飞行物的位置则需要三个随机变量来表示. 在概率论中,如果一个样本点对应一个实数,则这个对应关系就是一维随机变量;如果一个样本点对应于两个有序实数,那就是二维随机变量. 一般地,若一个样本点对应

于 n 个有序实数,那这个对应关系就代表了 n 维随机变量. 本书主要是介绍二维随机变量,多维的情况可以类推.

2.4.1　联合分布

定义 2.4.1　设 Ω 为某随机试验的样本空间,若对每个 $\omega \in \Omega$,有一对有序实数 $(X(\omega), Y(\omega))$ 与之对应,则称 (X, Y) 为**二维随机变量**或**二维随机向量**.

上述定义适用一切类型的随机变量. 如果一个二维随机变量可能的取值只有有限个或可列个,则称之为**离散型**的. 本节主要介绍二维离散型随机变量.

定义 2.4.2　设二维离散型随机变量 (X, Y) 可能的取值为 (x_i, y_j), $i, j = 1,2,\cdots$,且取这些值的概率为

$$p_{ij} = P(X = x_i, Y = y_j), \quad i,j = 1,2,\cdots, \tag{2.16}$$

则称 p_{ij} 为 (X, Y) 的**联合概率函数**或**联合分布律**(或**联合分布**).

(X, Y) 的联合分布具有以下性质:

1) $p_{ij} \geqslant 0$,　$i,j = 1,2\cdots$;

2) $\sum_{j=1}^{\infty} \sum_{i=1}^{\infty} p_{ij} = 1$.

(X, Y) 的联合分布律常用下列表格形式表示:

X \ Y	y_1	y_2	y_3	$\cdots$
x_1	p_{11}	p_{12}	p_{13}	$\cdots$
x_2	p_{21}	p_{22}	p_{23}	$\cdots$
$\vdots$	$\vdots$	$\vdots$	$\vdots$	

这个分布律亦可用图 2.4 表示. 图中短线的高度表示在 (x_i, y_j) 处概率 p_{ij} 的大小. 总长度应等于 1.

利用上述表格,容易计算所求事件的概率. 一般地,若 G 是平面上点集,则

$$P((X, Y) \in G) = \sum_{(x_i, y_j) \in G} P(X = x_i, Y = y_j)$$

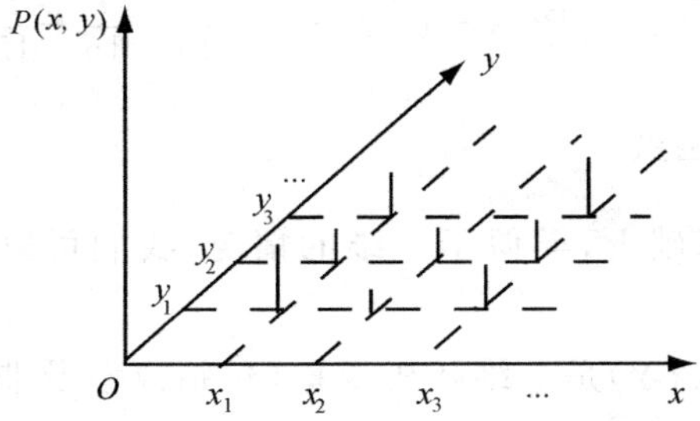

图 2.4 二维离散型随机变量的概率分布

$$=\sum_{(x_i,y_j)\in G} p_{ij}. \tag{2.17}$$

例 2.4.1 一袋中装有 1 个红球,2 个白球,3 个黑球. 从中任取 4 球,以 X, Y 分别表示 4 球中红球及白球的数量. 求:

(1)(X, Y)的联合分布;

(2)计算 $P(|X-Y|=1)$.

解 袋中共 6 个球,且 X 可能的取值为 0,1, Y 可能的取值为 0,1,2. 由上一章的知识,我们有

(1) $P(X=0, Y=0)=P(\varnothing)=0$,

$$P(X=0, Y=1)=\frac{C_2^1C_3^3}{C_6^4}=\frac{2}{15},$$

$$P(X=0, Y=2)=\frac{C_2^2C_3^2}{C_6^4}=\frac{3}{15}, \quad P(X=1, Y=0)=\frac{C_1^1C_3^3}{C_6^4}=\frac{1}{15},$$

$$P(X=1, Y=1)=\frac{C_1^1C_2^1C_3^2}{C_6^4}=\frac{6}{15},$$

$$P(X=1, Y=2)=\frac{C_1^1C_2^2C_3^1}{C_6^4}=\frac{3}{15}.$$

于是,(X, Y)的联合分布可列表如下:

X \ Y	0	1	2
0	0	$\frac{2}{15}$	$\frac{3}{15}$
1	$\frac{1}{15}$	$\frac{6}{15}$	$\frac{3}{15}$

(2)由于事件$\{|X-Y|=1\}=\{(0,1),(1,0),(1,2)\}$,从而

$$P(|X-Y|=1)=P(X=0, Y=1)+P(X=1, Y=0)$$

$$+P(X=1,Y=2)=\frac{2}{15}+\frac{1}{15}+\frac{3}{15}=\frac{6}{15}.$$

2.4.2　联合分布函数

在联合分布律的基础上，类似于一维的情况，我们可以定义二维分布函数.

定义 2.4.3　设(X,Y)是二维随机变量（包括离散及非离散型），对任意(x,y)是一有序实数对，定义

$$F(x,y)=P(X\leqslant x,Y\leqslant y),\quad -\infty<x,y<+\infty,\tag{2.18}$$

称 $F(x,y)$为随机向量(X,Y)的**分布函数**，或称为 X 与 Y 的**联合分布函数**.

如果把(X,Y)看成平面上的随机点，则分布函数 $F(x,y)$可看成随机点(X,Y)落入广义矩形区域 $G=\{(a,b)\mid a\leqslant x,b\leqslant y\}$内的概率，如图 2.5 所示.

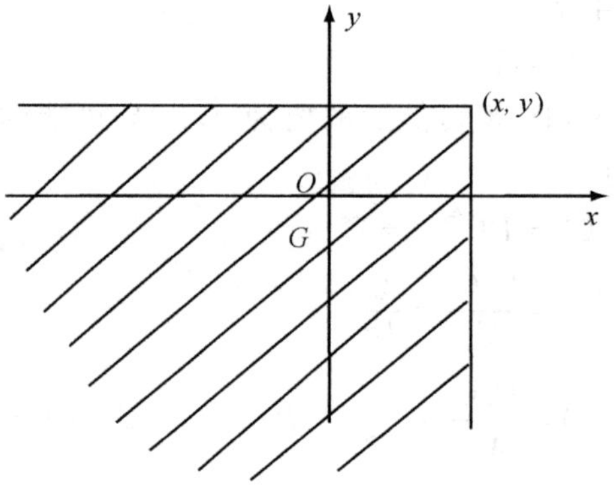

图 2.5

一般地，对任意实数 a,b,c,d 且 $a<b,c<d$，由上述几何解释易知

$$P(a<X\leqslant b,c<Y\leqslant d)$$
$$=F(b,d)-F(b,c)-F(a,d)+F(a,c).\tag{2.19}$$

这个式子适用于一切二维随机变量，读者不妨自己画图验证.

定理 2.4.1（联合分布函数的性质）　设 $F(x,y)$是任一随机向量(X,Y)的分布函数，则

1) $0\leqslant F(x,y)\leqslant 1$；

2) $F(x,y)$分别关于 x 及 y 单调不减，即当 $x_1\leqslant x_2$ 时，$F(x_1,y)\leqslant$

$F(x_2, y)$，当 $y_1 \leqslant y_2$ 时 $F(x, y_1) \leqslant F(x, y_2)$；

3) $F(-\infty, -\infty) = F(-\infty, y) = F(x, -\infty) = 0$，$F(+\infty, +\infty) = 1$；

4) $F(x, y)$关于 x 及 y 都右连续，即对任意实数 x, y 有 $F(x+0, y) = F(x, y)$，$F(x, y+0) = F(x, y)$.

同一维一样，此定理证明从略.

由联合分布函数的定义知，若(X, Y)是离散型的，有分布律 $P(X = x_i, Y = y_j) = p_{ij}$，$i, j = 1, 2, \cdots$，则对任一实数对$(x, y)$，有

$$F(x, y) = \sum_{x_i \leqslant x} \sum_{y_j \leqslant y} p_{ij}. \tag{2.20}$$

例 2.4.2 设 $F(x, y)$是例 2.4.1 中(X, Y)的联合分布函数，求 $F(-1, 0)$，$F(0.2, 1.5)$.

解 由 $F(x, y)$的定义知

$$F(-1, 0) = P(X \leqslant -1, Y \leqslant 0) = P(\varnothing) = 0;$$

$$F(0.2, 1.5) = P(X \leqslant 0.2, Y \leqslant 1.5) = P(X = 0, Y = 0) + P(X = 0, Y = 1) = 0 + \frac{2}{15} = \frac{2}{15}.$$

2.4.3 边缘分布

二维随机变量(X, Y)实质上是由两个随机变量 X 与 Y 联合而成，故我们不仅要研究它们的联合分布，还应研究它们各自的分布情况，这称为边缘分布.

定义 2.4.4 设二维随机变量(X, Y)(包括离散及非离散型)的分布函数为 $F(x, y)$，对任一有序实数对(x, y)，定义

$$F_X(x) = F(x, +\infty), \quad F_Y(y) = F(+\infty, y), \tag{2.21}$$

称 $F_X(x)$，$F_Y(y)$分别为 X 及 Y 的**边缘分布函数**.

对于二维离散型随机变量(X, Y)，若(X, Y)有分布律

$$P(X = x_i, Y = y_j) = p_{ij}, \quad i, j = 1, 2, \cdots,$$

对每个 i, j，记

$$p_{i\cdot} = \sum_{j=1}^{\infty} p_{ij}, \quad p_{\cdot j} = \sum_{i=1}^{\infty} p_{ij}, \tag{2.22}$$

则我们有下列定理.

定理 2.4.2 设二维离散型随机变量(X, Y)有联合分布律 $p_{ij} = P(X =$

$x_i, Y=y_j), i, j=1,2,\cdots$,则对任意两个实数 x, y,有

$$F_X(x)=\sum_{x_i\leqslant x}p_{i\cdot},\ F_Y(y)=\sum_{y_j\leqslant y}p_{\cdot j}. \tag{2.23}$$

证明 由 $F(x,y)$ 及 $F_X(x)$, $F_Y(y)$ 的定义,有

$$F_X(x)=P(X\leqslant x, Y<+\infty)=\sum_{x_i\leqslant x}\sum_{j=1}^{\infty}p_{ij}=\sum_{x_i\leqslant x}p_{i\cdot},$$

$$F_Y(y)=P(X<+\infty, Y\leqslant y)=\sum_{y_j\leqslant y}\sum_{i=1}^{\infty}p_{ij}=\sum_{y_j\leqslant y}p_{\cdot j}.$$

由这个定理并与一维分布函数的(2.15)式比较,我们有以下推论.

推论 在上述定理条件下,X, Y 的边缘分布分别为

$$\begin{aligned}&P(X=x_i)=p_{i\cdot},\quad i=1,2,\cdots,\\&P(Y=y_j)=p_{\cdot j},\quad j=1,2,\cdots.\end{aligned} \tag{2.24}$$

类似于 2.2 节中的(2.2)式,我们亦可列表表示这两个分布律.请看下例.

例 2.4.3 在例 2.4.1 中,求随机变量 X 及 Y 的边缘分布.

解 由(2.11)式知,我们可以把(X, Y)的联合分布律用表格形式列出,再把其中概率按同行、同列相加,得

X \ Y	0	1	2	$p_{i\cdot}$
0	0	$\frac{2}{15}$	$\frac{3}{15}$	$\frac{5}{15}=\frac{1}{3}$
1	$\frac{1}{15}$	$\frac{6}{15}$	$\frac{3}{15}$	$\frac{10}{15}=\frac{2}{3}$
$p_{\cdot j}$	$\frac{1}{15}$	$\frac{8}{15}$	$\frac{6}{15}$	

从而得 X 及 Y 的边缘分布律分别为

X	0	1
$p_{i\cdot}$	$\frac{1}{3}$	$\frac{2}{3}$

Y	0	1	2
$p_{\cdot j}$	$\frac{1}{15}$	$\frac{8}{15}$	$\frac{6}{15}$

2.5 条件分布与随机变量的独立性

一般情况下,随机向量(X, Y)中两个随机变量 X 与 Y 的取值之间是互有影响的,由此可以引入条件分布的概念.

设(X,Y)是二维离散型随机变量,其联合分布为

$$P(X=x_i,Y=y_j)=p_{ij},\quad i,j=1,2,\cdots.$$

若对某个 y_j 有 $P(Y=y_j)>0$,由条件概率公式,有

$$P(X=x_i\mid Y=y_j)=\frac{P(X=x_i,Y=y_j)}{P(Y=y_j)}=\frac{p_{ij}}{p_{\cdot j}}.$$

由此可以定义条件分布如下.

定义 2.5.1 设(X,Y)是二维离散型随机变量,若对固定的 $j(j=1,2,\cdots)$,有 $P(Y=y_j)>0$,称

$$P(X=x_i\mid Y=y_j)=\frac{p_{ij}}{p_{\cdot j}},\quad i=1,2,\cdots \tag{2.25}$$

为在 $\boldsymbol{Y=y_j}$ **条件下 X 的条件分布.**

类似地,若对固定的 $i,(i=1,2,\cdots)$,有 $P(X=x_i)>0$,称

$$P(Y=y_j\mid X=x_i)=\frac{p_{ij}}{p_{i\cdot}},\quad j=1,2,\cdots \tag{2.26}$$

为在 $\boldsymbol{X=x_i}$ **条件下 Y 的条件分布.**

应注意的是,对于不同的事件“$Y=y_j$”或“$X=x_i$”,实际对应着多个条件分布律,彼此之间是不尽相同的.

由上述定义易知,条件分布有以下性质:

1) $0\leqslant P(X=x_i\mid Y=y_j)\leqslant 1$, $0\leqslant P(Y=y_j\mid x=x_i)\leqslant 1$;

2) $\displaystyle\sum_{i=1}^{\infty}\frac{p_{ij}}{p_{\cdot j}}=\frac{1}{p_{\cdot j}}\sum_{i=1}^{\infty}p_{ij}=1,\quad \sum_{j=1}^{\infty}\frac{p_{ij}}{p_{i\cdot}}=\frac{1}{p_{i\cdot}}\sum_{j=1}^{\infty}p_{ij}=1.$

例 2.5.1 在例 2.4.1 中,求条件概率 $P(X=1\mid Y=2)$,$P(Y=1\mid X=0)$,并写出当 $X=1$ 时 Y 的条件分布律.

解 在例 2.4.1 中,记 $p_{ij}=P(X=i,Y=j)$,$i=0,1,j=0,1,2$,由例 2.4.3的结论,我们有

$$P(X=1\mid Y=2)=\frac{p_{12}}{p_{\cdot 2}}=\frac{\frac{3}{15}}{\frac{6}{15}}=\frac{1}{2};$$

$$P(Y=1\mid X=0)=\frac{p_{01}}{p_{0\cdot}}=\frac{\frac{2}{15}}{\frac{5}{15}}=\frac{2}{5}.$$

又当 $X=1$ 时，$P(Y=j|X=1)=\frac{p_{1j}}{p_{1\cdot}}$，$j=0,1,2$. 由此可求得当事件“$X=1$”已经发生时，$Y$ 的条件分布律为

$Y\|X=1$	0	1	2
p_k	$\frac{1}{10}$	$\frac{6}{10}$	$\frac{3}{10}$

读者可以类似地求出其他条件分布律(见习题 2 第 17 题).

一般地，设二维离散型随机变量(X,Y)有分布律 $p_{ij}=P(X=x_i,Y=y_j)$ $(i,j=1,2,\cdots)$，事件“$X=x_i$”的发生对事件“$Y=y_j$”发生的概率是有影响的，这在上例中就可以看到. 但是，若事件“$X=x_i$”与 $Y=y_j$”互相独立，由第一章的知识我们有

$$P(Y=y_j \mid X=x_i)=P(Y=y_j),$$

即有$\frac{p_{ij}}{p_{i\cdot}}=p_{\cdot j}$，从而 $p_{ij}=p_{i\cdot}\ p_{\cdot j}$. 由此我们可以定义两随机变量 X 与 Y 的独立性.

定义 2.5.2 设二维离散型随机变量(X,Y)有联合分布律

$$P(X=x_i,Y=y_j)=p_{ij} \quad (i,j=1,2,\cdots).$$

且对一切 i,j，均有

$$p_{ij}=p_{i\cdot}\ p_{\cdot j} \tag{2.27}$$

则称随机变量 X 与 Y **互相独立**.

由此我们可以得出以下两个定理.

定理 2.5.1 设 X,Y 是两个独立的离散型随机变量，$G_1,G_2\subset R$ 是实数轴上两个任意集合(它们可以相同)则

$$P(X\in G_1,Y\in G_2)=P(X\in G_1)\cdot P(Y\in G_2). \tag{2.28}$$

证明 设(X,Y)有联合分布 $p_{ij}=P(X=x_i,Y=y_j)$ $(i,j=1,2,\cdots)$，则 $p_{ij}=p_{i\cdot}\ p_{\cdot j}$ 对一切 i,j 成立. 不失一般性，我们可设 $G_1=\{x_1,x_2,\cdots,x_r\}$，$G_2=\{y_1,y_2,\cdots,y_s\}$，则

$$P(X\in G_1,Y\in G_2)=\sum_{j=1}^{s}\sum_{i=1}^{r}p_{ij}=\sum_{j=1}^{s}\sum_{i=1}^{r}p_{i\cdot}\ p_{\cdot j}$$

$$= \left(\sum_{i=1}^{r} p_{i\cdot}\right)\left(\sum_{j=1}^{s} p_{\cdot j}\right) = P(X \in G_1)P(Y \in G_2).$$

由此可得以下推论.

推论 若二维离散型随机变量(X,Y)的联合分布函数为$F(x,y)$,边缘分布函数为$F_X(x)$,$F_Y(y)$,且X与Y独立,则对任意实数x,y有

$$F(x,y) = F_X(x) \cdot F_Y(y). \tag{2.29}$$

证明 由定理2.5.1及分布函数的定义,有

$$F(x,y) = P(X \leqslant x,\ Y \leqslant y) = P(X \leqslant x) \cdot P(Y \leqslant y)$$
$$= F_X(x) \cdot F_Y(y).$$

由于上述性质,在概率论中一般把(2.29)式作为两个随机变量(包括离散及非离散型)互相独立的定义.

定义2.5.3 对二维随机变量(X,Y),若对任意实数x,y均有

$$F(x,y) = F_X(x) \cdot F_Y(y), \tag{2.30}$$

则称X与Y独立.

可以证明,在离散型条件下,这个定义与定义2.5.2等价.但此定义适用于一切随机变量.

例2.5.2 设随机变量X与Y独立,下表列出二维随机变量(X,Y)的联合分布律及边缘分布律中部分数值,请将其余数值填入下表空白处.

X \ Y	y_1	y_2	y_3	$p_{i\cdot} = P(X = x_i)$
x_1		$\frac{1}{8}$		
x_2	$\frac{1}{8}$			
$P(Y = y_j) = p_{\cdot j}$	$\frac{1}{6}$			1

解 由边缘分布的性质,显然$p_{11} = p_{\cdot 1} - \frac{1}{8} = \frac{1}{6} - \frac{1}{8} = \frac{1}{24}$.又由独立性,$\frac{1}{24} = p_{11} = p_{1\cdot} \cdot p_{\cdot 1} = p_{1\cdot} \cdot \frac{1}{6}$, 故$p_{1\cdot} = \frac{1}{4}$,而$p_{11} + p_{12} + p_{13} = p_{1\cdot}$. 即$\frac{1}{24} + \frac{1}{8} + p_{13} = \frac{1}{4}$,得$p_{13} = \frac{1}{12}$.再由$p_{1\cdot} + p_{2\cdot} = 1$得$p_{2\cdot} = 1 - p_{1\cdot} = \frac{3}{4}$,从$p_{1\cdot} \cdot p_{\cdot 2}$

$=p_{12}=\frac{1}{8}$，得 $p_{\cdot 2}=\frac{1}{2}$，由 $p_{1\cdot}\cdot p_{\cdot 3}=p_{13}=\frac{1}{12}$得 $p_{\cdot 3}=\frac{1}{3}$，由此得到 $p_{22}=p_{2\cdot}\cdot p_{\cdot 2}=\frac{3}{4}\cdot\frac{1}{2}=\frac{3}{8}$，$p_{23}=p_{2\cdot}\cdot p_{\cdot 3}=\frac{3}{4}\cdot\frac{1}{3}=\frac{1}{4}$. 由此可以填出下表：

X \ Y	y_1	y_2	y_3	$p_{i\cdot}$
x_1	$\frac{1}{24}$	$\frac{1}{8}$	$\frac{1}{12}$	$\frac{1}{4}$
x_2	$\frac{1}{8}$	$\frac{3}{8}$	$\frac{1}{4}$	$\frac{3}{4}$
$p_{\cdot j}$	$\frac{1}{6}$	$\frac{1}{2}$	$\frac{1}{3}$	1

2.6　随机变量函数的分布

设 X 是一个随机变量，$Y=g(X)$是 X 的函数，一般地，Y 也是一个随机变量. X 是离散型的，Y 也是离散型的. 本章希望由 X 的分布情况推得 Y 的分布. 二维情况与之类似.

2.6.1　一维随机变量函数的分布

我们先看一个例子.

例 2.6.1　在例 2.2.1 中，设 $Y=\sin\frac{\pi X}{2}$，求 Y 的分布律.

解　从例 2.2.1 中知 X 可能的取值为 1，2，3，4，而 $Y=\sin\frac{\pi X}{2}$，故 Y 可能的取值为 −1，0，1. 于是，

$$P(Y=-1)=P\left\{\sin\frac{\pi X}{2}=-1\right\}=P(X=3)=0.063;$$

$$P(Y=0)=P\left\{\sin\frac{\pi X}{2}=0\right\}=P(X=2\text{ 或 }X=4)$$

$$=P(X=2)+P(X=4)=0.21+0.027=0.237;$$

$$P(Y=1)=P\left\{\sin\frac{\pi X}{2}=1\right\}=P(X=1)=0.7.$$

从而 Y 有分布律

$$Y\sim\begin{bmatrix}-1 & 0 & 1\\ 0.063 & 0.237 & 0.7\end{bmatrix}.$$

从这个例子,我们可以总结出求 $Y=g(X)$ 的分布的一般方法是:

设 X 有分布律 $P(X=x_k)=p_k, k=1,2,\cdots$,则随机变量 $Y=g(X)$ 的分布律为

Y	$g(x_1)$	$g(x_2)$	$\cdots$
p_k	p_1	p_2	$\cdots$

(2.31)

若有若干个 $g(x_i)$ 的值相等,则应把它们合并,相应的概率相加.

2.6.2 二维随机变量函数的分布

设 (X, Y) 是二维离散型随机变量,有联合分布律 $p_{ij}=P(X=x_i, Y=y_j)$ $(i,j=1,2,\cdots)$,设 $Z=g(X, Y)$ 是 (X, Y) 的函数,则 Z 也是离散型的,其可能的取值是 $z_{ij}=g(x_i, y_j)$ $(i,j=1,2,\cdots)$. 类似于一维,我们可以写出 Z 的分布律为

Z	$\cdots$	$g(x_i, y_j)$	$\cdots$
p_k	$\cdots$	p_{ij}	$\cdots$

$i=1,2,\cdots$

$j=1,2,\cdots$

(2.32)

同样,若有若干个 $g(x_i, y_j)$ 的值相等,应把它们合并为一项,把相应的概率相加.

例 2.6.2 在例 2.4.1 中,设(i) $Z=XY$ (ii) $W=X+Y$ 求 Z 及 W 的概率分布.

解 我们可以把例 2.4.1 的联合分布律写成以下形式:

(X, Y)	$(0,0)$	$(0,1)$	$(0,2)$	$(1,0)$	$(1,1)$	$(1,2)$
p_{ij}	0	$\frac{2}{15}$	$\frac{3}{15}$	$\frac{1}{15}$	$\frac{6}{15}$	$\frac{3}{15}$

(i)显然 Z 可能的取值为 0,1,2. 由此可得分布律

Z	0	1	2
p_k	$\frac{6}{15}$	$\frac{6}{15}$	$\frac{3}{15}$

(ii) W 可能的取值为 0,1,2,3. 类似可得 W 的分布律

W	1	2	3
p_k	$\frac{3}{15}$	$\frac{9}{15}$	$\frac{3}{15}$

其中由于 $P(W=0)=P(X=0, Y=0)=0$ 而未列出.

上述方法对于多个随机变量的函数依然适用. 以下,我们将讨论离散型随机变量的可加性问题.

2.6.3 随机变量的可加性

设互相独立的随机变量 X, Y 都服从某种分布,若它们的和 $X+Y$ 也服从同一种分布(参数有所不同),我们就说该分布具有**可加性**. 此概念可以推广到多个随机变量的和. 下面首先介绍一个定理.

定理 2.6.1(离散型卷积公式)　设 X, Y 为互相独立的离散型随机变量,其可能的取值均为 $0,1,2,\cdots$,则 $Z=X+Y$ 有分布律

$$P(Z=k)=\sum_{i=0}^{k} P(X=i) P(Y=k-i), \quad k=0,1,2\cdots. \tag{2.33}$$

证明　显然 Z 可能的取值为 $0,1,2,\cdots$. 对每个 $k=0,1,2,\cdots$,有

$$\begin{aligned}
P(Z=k) &= P(X+Y=k) \\
&= P\left(\left\{\begin{matrix}X=0\\Y=k\end{matrix}\right. \cup \left\{\begin{matrix}X=1\\Y=k-1\end{matrix}\right. \cup \cdots \cup \left\{\begin{matrix}X=k\\Y=0\end{matrix}\right.\right) \\
&= \sum_{i=0}^{k} P(X=i, Y=k-i) \\
&= \sum_{i=0}^{k} P(X=i) P(Y=k-i).
\end{aligned}$$

由这个定理可以证明下面的定理.

定理 2.6.2(二项分布的可加性)　设 X, Y 相互独立,且 $X \sim B(m, p)$, $Y \sim B(n, p)$则 $Z=X+Y \sim B(m+n, p)$.

证明　由二项分布的概率公式及上述定理,得

$$\begin{aligned}
P(Z=k) &= \sum_{i=0}^{k} P(X=i) P(Y=k-i) \\
&= \sum_{i=0}^{k} C_m^i p^i q^{m-i} \cdot C_n^{k-i} p^{k-i} q^{n-k+i} = \sum_{i=0}^{k} C_m^i C_n^{k-i} p^k q^{m+n-k} \\
&= C_{m+n}^k p^k q^{m+n-k}, \quad k=0,1,2,\cdots, m+n.
\end{aligned}$$

这里，$q=1-p$，$\sum_{i=0}^{k}C_m^iC_n^{k-i}=C_{m+n}^k$为组合公式. 于是得到$Z\sim B(m+n,p)$.

由归纳法容易得到以下推广.

定理 2.6.3 设 $X_1,\cdots,X_n$ 是 n 个互相独立的随机变量，且对每个 $i=1,2,\cdots n$，$X_i\sim B(n_i,p)$，令 $Z=\sum\limits_{i=1}^{n}X_i$，则 $Z\sim B(\sum\limits_{i=1}^{n}n_i,p)$.

由此可得如下推论.

推论 设 $X_1,\cdots,X_n$ 是独立同分布的随机变量，且每个 $X_i\sim B(1,p)$ $(i=1,2,\cdots n)$，记 $Z=\sum\limits_{i=1}^{n}X_i$，则 $Z\sim B(n,p)$.

利用定理 2.6.1，我们还可以证明泊松分布亦具有可加性. 即有下面定理.

定理 2.6.4 设 $X\sim P(\lambda_1)$，$Y\sim P(\lambda_2)$且 X 与 Y 独立，则

$$Z=X+Y\sim P(\lambda_1+\lambda_2).$$

此定理请读者自证，并请把它推广到 n 个随机变量(见习题 2 第 24 题).

例 2.6.3 分处两城的甲、乙两汽车经销商场均出售某同牌号的汽车，历史记录表明其月销量分别服从参数为 2，3 的泊松分布(单位：十辆). 由于两商场都在同一仓库提货，问该仓库每月应准备多少辆该牌号的汽车，才能以不小于 96%的概率保证顾客的需求？

解 设 X,Y 分别表甲、乙两商场的该牌号汽车销量，则 $X\sim P(2)$，$Y\sim P(3)$，且由题意知 X 与 Y 独立. 于是有

$$Z=X+Y\sim P(2+3)=P(5).$$

设仓库的库存量为 n，则 $P(Z\leqslant n)\geqslant 0.96$，故

$$P(Z>n)=\sum_{r=n+1}^{\infty}\frac{5^re^{-5}}{r!}\leqslant 0.04.$$

查表知 $n+1\geqslant 10$，$n\geqslant 9$. 即该仓库每月至少应准备 90 辆该牌号的汽车.

2.7 综合例题

例 2.7.1 一汽车沿一街道行驶，需要通过三个设有红绿灯的路口，每个信号灯彼此独立，且红绿灯信号显示时间相等. 以 X 表示该汽车首次遇到红灯时已通过的路口个数. 求(1) X 的分布律，(2) X 的分布函数.

分析 显然 X 可能的取值为 0，1，2，3. 汽车在每个道口可能遇绿灯亦可能遇红灯，当第一次遇到红灯时，汽车就会停止，在此之前应都是绿灯. 故应先

设出事件,再应用独立性求解.

解　设 A_i 表示"汽车在第 i 个路口遇到红灯",$i=1,2,3$. 则每个 $P(A_i)=\frac{1}{2}$. 于是

$$P(X=0)=P(A_1)=\frac{1}{2},$$

$$P(X=1)=P(\overline{A}_1 A_2)=\frac{1}{2}\cdot\frac{1}{2}=\frac{1}{4},$$

$$P(X=2)=P(\overline{A}_1\ \overline{A}_2 A_3)=\left(\frac{1}{2}\right)^3=\frac{1}{8},$$

$$P(X=3)=P(\overline{A}_1\ \overline{A}_2\ \overline{A}_3)=\left(\frac{1}{2}\right)^3=\frac{1}{8}.$$

从而知

$$X\sim\begin{bmatrix}0 & 1 & 2 & 3\\ \frac{1}{2} & \frac{1}{4} & \frac{1}{8} & \frac{1}{8}\end{bmatrix}.$$

由此得 X 的分布函数为

$$F(x)=\begin{cases}0, & x<0,\\ \frac{1}{2}, & 0\leqslant x<1,\\ \frac{1}{2}+\frac{1}{4}=\frac{3}{4}, & 1\leqslant x<2,\\ \frac{1}{2}+\frac{1}{4}+\frac{1}{8}=\frac{7}{8}, & 2\leqslant x<3,\\ 1, & x\geqslant 3.\end{cases}$$

例 2.7.2　设一大型设备在任何长度为 t 的时间内发生故障的次数 $N(t)$ 服从参数为 λt 的泊松分布.

(1)求相继两次故障时间间隔 T 的分布函数;

(2)已知设备已无故障工作了 6 小时,求再无故障工作 6 小时的概率.

分析　由题设知 $N(t)\sim P(\lambda t)$,事件"$N(t)=k$"表示在长度为 t 时间出 k 次故障. 对第(1)问,当 $t>0$ 时,事件"$T>t$"表示机器在时间区间$[0,t]$的无故障,即等价于"$N(t)=0$". 而第(2)问是一个条件概率. 由此可得以下解.

解 (1)对每个 $k=0,1,2,\cdots$有 $P(N(t)=k)=\frac{(\lambda t)^k e^{-\lambda t}}{k!}$. 设任意 $t>0$，T 的分布函数

$$F(t)=P(T\leqslant t)=1-P(T>t)=1-P(N(t)=0)$$
$$=1-\frac{(\lambda t)^0 e^{-\lambda t}}{0!}=1-e^{-\lambda t}.$$

显然，当 $t\leqslant 0$ 时，$F(t)=P(T\leqslant t)=0$，从而

$$F(t)=\begin{cases}1-e^{-\lambda t}, & t>0,\\ 0, & t\leqslant 0.\end{cases}$$

是 T 的分布函数.（在第 3 章中我们将知道，T 服从指数分布.）

(2)所求概率

$$p=P(T\geqslant 12 \mid T\geqslant 6)=\frac{P(T\geqslant 12, T\geqslant 6)}{P(T\geqslant 6)}$$

$$=\frac{P(T\geqslant 12)}{P(T\geqslant 6)}=\frac{1-F(12)}{1-F(6)}=\frac{e^{-12\lambda}}{e^{-6\lambda}}=e^{-6\lambda}.$$

例 2.7.3(最可能次数) 设 $X\sim B(n,p)$，求 X 的最可能次数.

分析 记 $p_n(k)=P(X=k)=C_n^k p^k q^{n-k}$，$k=0,1,2,\cdots,n$. 我们可以讨论比值$\frac{p_n(k)}{p_n(k-1)}$，随着 k 从 0 开始增加，该比值从大于 1 转为小于 1 时，表示 $p_n(k)$的值由上升转为下降，其"转折点"应是 $p_n(k)$最大之时.

解 由于

$$\frac{p_n(k)}{p_n(k-1)}=\frac{C_n^k p^k q^{n-k}}{C_n^{k-1} p^{k-1} q^{n-k+1}}=\frac{(n-k+1)p}{kq}=1+\frac{(n+1)p-k}{kq},$$

故当 $k<(n+1)p$ 时，$p_n(k)>p_n(k-1)$；当 $k>(n+1)p$ 时，$p_n(k)<p_n(k-1)$. 当$(n+1)p=k$ 为正整数时，易知有 $p_n(k)=p_n(k-1)$，此时该两项为最大值. 当$(n+1)p$ 不为整数时，取 $k=[(n+1)p]$，这时 $p_n(k)$最大.

于是，二项分布 $B(n,p)$的最可能次数是：

(1)若$(n+1)p$ 不是正整数，为 $[(n+1)p]$；

(2)若$(n+1)p$ 是正整数，为$(n+1)p$ 及$(n+1)p-1$.

例 2.7.4 设某种动物生下 k 个蛋的概率服从参数为$\lambda(\lambda>0)$的泊松分

布，若每个蛋能发育成小动物的概率为 p，且彼此独立. 求证：该动物恰有 r 个后代的概率服从参数为 λp 的泊松分布.

分析 设 X 表示“该动物产下蛋的数量”，Y 表示“k 个蛋中发育成小动物的数量”，由题设易知，$X \sim P(\lambda)$，$Y \sim B(k, p)$. 于是我们可以写出 X 及 Y 的概率分布. 再设 Z 表示“发育成小动物的数量”，则事件“$Z=r$”可分解为 X 与 Y 的不同取值，由此可求出 Z 的概率分布.

解 设 X，Y，Z 同分析所示，则 $P(X=k)=\dfrac{\lambda^k e^{-\lambda}}{k!}$，$P(Y=r)=C_k^r p^r q^{k-r}$. 于是，对每个非负整数 r，事件“$Z=r$”$=\bigcup\limits_{k=r}^{\infty}(X=k$ 且 $Y=r)$，诸事件两两不相容. 于是

$$P(Z=r)=\sum_{k=r}^{\infty}P(X=k, Y=r)=\sum_{k=r}^{\infty}P(X=k)P(Y=r \mid X=k)$$

$$=\sum_{k=r}^{\infty}\frac{\lambda^k e^{-\lambda}}{k!}\cdot\frac{k!}{r!(k-r)!}\cdot p^r q^{k-r}$$

$$=\frac{p^r\lambda^r e^{-\lambda}}{r!}\sum_{k=r}^{\infty}\frac{\lambda^{k-r}q^{k-r}}{(k-r)!} \quad (\text{记 } m=k-r)$$

$$=\frac{p^r\lambda^r e^{-\lambda}}{r!}\sum_{m=0}^{\infty}\frac{(\lambda q)^m}{m!}$$

$$=\frac{p^r\lambda^r e^{-\lambda}}{r!}e^{\lambda q}=\frac{(\lambda p)^r e^{-\lambda p}}{r!}.$$

从而得 $Z \sim P(\lambda p)$

例 2.7.5 设 ξ, ζ 是相互独立且服从同一分布的两个随机变量，已知 ξ 的分布律为 $P(\xi=i)=\dfrac{1}{3}$，$i=1,2,3$. 又设 $X=\max\{\xi,\zeta\}$，$Y=\min\{\xi,\zeta\}$，

(1)写出(X，Y)的联合分布律；

(2)写出 X，Y 的边缘分布律，问 X 与 Y 独立吗?

(3)设 $Z=2X+Y$，$W=XY$，写出 Z，W 的分布律.

分析 显然 X，Y 可能的取值均为 1，2，3. 可由 X，Y 的定义及 ξ, ζ 的独立性求出(X，Y)的联合分布律.

解 (1)记 $p_{ij}=P(X=i, Y=j)$，$i, j=1,2,3$. 显然，$Y \leqslant X$，故 $P(X<Y)=0$，即当 $i<j$ 时，$p_{ij}=0$. 又

$$p_{ii}=P(X=i,Y=i)=P(\xi=i,\zeta=i)=P(\xi=i)P(\zeta=i)$$
$$=\frac{1}{3}\cdot\frac{1}{3}=\frac{1}{9},\quad i=1,2,3;$$

当 $i>j$ 时，

$$p_{ij}=P(X=i,Y=j)=P(\xi=i,\zeta=j)+P(\xi=j,\zeta=i)$$
$$=P(\xi=i)P(\zeta=j)+P(\xi=j)P(\zeta=i)=\frac{1}{3}\cdot\frac{1}{3}+\frac{1}{3}\cdot\frac{1}{3}=\frac{2}{9}.$$

从而得联合分布律

X \ Y	1	2	3
1	$\frac{1}{9}$	0	0
2	$\frac{2}{9}$	$\frac{1}{9}$	0
3	$\frac{2}{9}$	$\frac{2}{9}$	$\frac{1}{9}$

(2)由上述联合分布律易得 X 及 Y 的边缘分布律

X	1	2	3
$p_{i\cdot}$	$\frac{1}{9}$	$\frac{3}{9}$	$\frac{5}{9}$

Y	1	2	3
$p_{\cdot j}$	$\frac{5}{9}$	$\frac{3}{9}$	$\frac{1}{9}$

显然 X 与 Y 不独立. 例如，$\frac{2}{9}=p_{31}\neq p_{3\cdot}\cdot p_{\cdot 1}=\frac{5}{9}\cdot\frac{5}{9}$.

(3)为了直观、简捷，我们列出下面两表以求出 Z，W 可能的取值：

X \ Z \ Y	1	2	3
1	3	4	5
2	5	6	7
3	7	8	9

Z=2X+Y

X \ W \ Y	1	2	3
1	1	2	3
2	2	4	6
3	3	6	9

W=XY

由此易推知 Z，W 分别有分布律

Z	3	4	5	6	7	8	9
p_k	$\frac{1}{9}$	0	$\frac{2}{9}$	$\frac{1}{9}$	$\frac{2}{9}$	$\frac{2}{9}$	$\frac{1}{9}$

W	1	2	3	4	6	9
p_k	$\frac{1}{9}$	$\frac{2}{9}$	$\frac{2}{9}$	$\frac{1}{9}$	$\frac{2}{9}$	$\frac{1}{9}$

当然，上表中“$Z=4$”一栏可以取消. 用类似方法可以顺利地做出习题 2 第 22 及 23 题.

例 2.7.6 农耕时节，由甲、乙、丙三台水泵独立地向农田灌水，当一台水泵有故障时，另两台水泵能全部满足提灌需要的概率为 80%，而当两台水泵有故障时，由剩下的一台水泵保证供水的概率为 30%. 已知每台水泵发故障的概率为 8%. 求：(1)能保证灌溉的概率；(2)已知水泵有故障时，能保证灌溉的概率.

分析 这是一道综合性习题，发故障的水泵台数服从二项分布，而第(1)问要求用全概率公式，第(2)问则是一个条件概率，可用乘法公式展开. 这也是对第 1 章知识的复习.

解 (1)设 A_i 表示“有 i 台水泵发故障”. $i=0,1,2,3$. 又设 X 表示“发故障的水泵台数”，则 $X\sim B(3,0.08)$. 于是，

$$P(A_0)=P(X=0)=C_3^0\cdot(0.08)^0\cdot(0.92)^3=0.7787,$$

$$P(A_1)=P(X=1)=C_3^1\cdot(0.08)\cdot(0.92)^2=0.2031,$$

$$P(A_2)=P(X=2)=C_3^2\cdot(0.08)^2\cdot(0.92)=0.0177,$$

$$P(A_3)=P(X=3)=C_3^3\cdot(0.08)^3\cdot(0.92)^0=0.0005.$$

设 C 表示“可以保证灌溉”，则由全概率公式，

$$\begin{aligned}P(C)&=\sum_{i=0}^{3}P(A_i)P(C\mid A_i)\\&=1\times0.7787+0.8\times0.2031+0.3\times0.0177+0\times0.0005\\&=0.9465.\end{aligned}$$

(2) $P(C|A_1\cup A_2\cup A_3)=\dfrac{P(A_1C\cup A_2C\cup A_3C)}{P(A_1\cup A_2\cup A_3)}$ 且诸 A_i 不相容，故

$$\text{上式}=\frac{P(A_1C)+P(A_2C)+P(A_3C)}{P(A_1)+P(A_2)+P(A_3)}$$

$$=\frac{P(A_1)P(C|A_1)+P(A_2)P(C|A_2)+P(A_3)P(C|A_3)}{P(A_1)+P(A_2)+P(A_3)}$$

$$=\frac{0.2031\times0.8+0.0177\times0.3}{0.2031+0.0177+0.0005}=0.7582.$$

注 显然 $P(C|A_3)=0$；且 A_i 不宜设成“第 i 台水泵有故障”，读者可以

自己体会一下.

习 题 2

1. 一袋中装有 5 只球,编号为 1,2,3,4,5.从袋中同时取出 3 只球,设 X 表示"3 只球中最大号码",Y 表示"3 只球号码之和",写出 X 及 Y 的概率分布.

2. 某射手有 5 发子弹,他向靶子连续射击,直到击中靶子或者子弹用尽为止.设每次射击击中靶子的概率为 0.9,求耗用子弹数的概率分布.问此人最多耗用 3 颗子弹的概率是多少?

3. 一袋中装有 3 只白球,5 只红球.某人从袋中任意摸出 4 只球,求摸得的红球个数 X 的概率分布.

4. 一批产品共 20 个,其中有 4 个次品,按两种方式抽样:

(1)不放回抽样,抽取 6 个,求抽得次品数 X 的概率分布;

(2)放回抽样,也抽取 6 个,求抽得次品数 Y 的概率分布.

5. 甲、乙两人独立地轮流投篮,直至某人投中为止.让甲先投,若甲投中的概率为0.4,乙投中的概率为 0.6,求甲、乙投篮次数 X,Y 的概率分布.

6. 写出例 1.3.5 中 X 的分布律.

7. 设随机变量 X 的概率分布为

$$p_k = P(X = k) = \frac{ak}{18}, \quad k = 1,2,3,\cdots,9.$$

(1)求系数 a;

(2)求概率 $P(X=1$ 或 $X=4)$;

(3)求 $P\left(-1<X\leqslant\frac{7}{2}\right)$.

8. 某社区有 10 部公用电话,设任一时刻 t,每部公用电话被使用的概率为 0.85.问在同一时刻

(1)恰有 8 部电话被使用的概率是多少?

(2)至少有 8 部电话被使用的概率是多少?

(3)至多有 8 部电话被使用的概率是多少?

(4)至少有一部电话未被使用的概率是多少?

(5)为了保证任一时刻至少有一部电话未被使用的概率不小于 90%,问应再安装几部公用电话?这时最可能有几部电话未被使用?

9. 设随机变量 $X\sim P(\lambda)$,问 k 为何值时,概率 $P(X=k)$最大?最大值为多少?

10. 一工厂生产的产品次品率为 0.5%,任取出 1000 件该产品,用泊松定理计算:

(1)至少有两件次品的概率;

(2)不超过 5 件次品的概率;

(3)能以不小于 90%的概率保证次品件数不超过几件?

(4)这 1000 件产品中最可能有几件次品?

11. 电话站为 300 个家庭电话用户服务,设任一时刻每部家庭电话被使用的概率为

0.01,求在某一时刻恰有4部家庭电话被使用的概率.要求先用二项分布计算,再用泊松分布作近似计算,并求出相对误差.

12. 设随机变量 X 服从参数为 p 的几何分布.

(1)设 r 是任一非负整数,求 $P(X>r)$;

(2)设 r,t 是任意非负整数,求证:

$$P(X>r+t\mid X>r)=P(X>t).$$

几何分布的这个性质叫做**无记忆性**.

13. 请写出第1题中 X 及第3题中 X 的分布函数.

14. 一袋中放有3个黑球,2个白球,2个红球.从中任取出4个球,以 X 表示其中黑球的个数,Y 表示其中红球的个数.

(1)写出 X 与 Y 的联合分布律;

(2)写出 X 及 Y 的边缘分布律;

(3)计算条件概率 $P(X=1\mid Y=2)$, $P(Y=1\mid X=2)$;

(4)写出在 $Y=2$ 条件下,X 的分布律.

15. 把一枚均匀骰子独立地抛掷两次,以 X 表示第一次出现的点数,Y 表示两次出现的点数的最大值.求:

(1)(X,Y)的联合分布;

(2)概率 $P(X=Y)$;

(3)概率 $P(X^2<Y)$;

(4)X,Y 各自的边缘分布;

(5)问本题中 X 与 Y 独立吗?

16. 甲、乙两个水平相当的棋手共下三盘围棋,设 X 表示"甲获胜的盘数",Y 表示"甲输赢盘数之差的绝对值".设每盘结果互相独立,求:

(1)(X,Y)的联合分布;

(2)X 及 Y 的边缘分布.

(注:围棋是没有和棋的.)

17. 在例2.4.1中,请写出 $X=0$ 时 Y 的条件分布律以及当 $Y=1$ 及 $Y=2$ 时 X 的条件分布律.

18. 已知二维随机变量(X,Y)有联合分布

X \ Y	0	1	2
0	$\frac{1}{9}$	$\frac{1}{18}$	$\frac{1}{6}$
1	α	β	$\frac{1}{3}$

问 α,β 取何值时,X 与 Y 相互独立?

19. 已知随机变量 X 可能的取值是 $-1,0,1,2$,且取这些值的概率依次为 $\frac{1}{2a},\frac{3}{4a},\frac{5}{6a}$,

$\frac{7}{8a}$. 试确定常数 a 并计算概率 $P(X<1 \mid X\neq 0)$.

20. 设 $X\sim B(3,0.4)$求下列随机变量函数的分布：

(1) $Y=\frac{X(3-X)}{2}$；

(2) $Z=\sin\frac{\pi X}{2}$.

21. 设

$$X\sim\begin{bmatrix}-1 & 0 & 1 & 2\\ 0.2 & 0.3 & 0.4 & 0.1\end{bmatrix}$$

(1)写出 $Y=X^2$ 的分布律及分布函数；

(2)写出 $Z=\cos\frac{\pi X}{2}$的分布律.

22. 在例 2.7.5 中，设 $U=\sin\frac{\pi XY}{4}$，写出 U 的分布律.

23. 在第 14 题中，设 $Z=XY$，$W=\cos\frac{\pi(X+Y)}{2}$，请分别写出 Z 及 W 的分布律.

24. 证明定理 2.6.4，并把该结论推广到 n 个随机变量.

25. 设 $X_1,\cdots,X_n$ 是 n 个独立同分布的随机变量，且每个 $X_i\sim B(1,p)$($i=1,2,\cdots,n$)，记$\overline{X}=\frac{1}{n}\sum\limits_{i=1}^{n}X_i$，试求$\overline{X}$的概率分布，并以此说明$\overline{X}$不再服从二项分布.

第 3 章 连续型随机变量

在第 2 章中，我们介绍了离散型随机变量，它的一个主要特点是其值域为有限或可列集.但是，有些随机变量是非离散的，它可能取值于某一区间内的一切值.例如例 2.1.3 中，"炮弹弹着点到靶心的距离"，就属于这种情况.又如测量的误差，水位的高低，温度的变化等等，也都是这样.在非离散的随机变量中，最普遍、最重要的是连续型随机变量，这就是本章所要着重讨论的.

3.1 一维连续型随机变量及其分布

3.1.1 一维概率密度

定义 3.1.1 设 X 是随机变量，如果存在一个非负函数 $f(x)$，使得对任意实数 $a, b(a<b)$有

$$P(a < X \leqslant b) = \int_a^b f(x)\mathrm{d}x, \tag{3.1}$$

则称 X 为**连续型随机变量**，$f(x)$叫 X 的**概率密度函数**，简称密度函数或密度.图 3.1 是其几何解释.

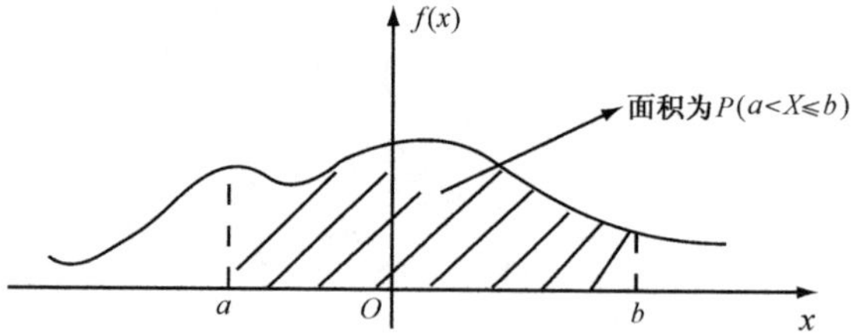

图 3.1

显然，密度函数有以下性质：

1) $f(x) \geqslant 0$；

2) $\displaystyle\int_{-\infty}^{+\infty} f(x)\mathrm{d}x = 1.$ $\quad$ (3.2)

这两个条件反映了密度函数的本质.即是说，如果一个函数满足上述两条，那么它一定是某个随机变量的密度.

密度函数并不唯一，它允许在个别点处 $f(x)$取不同的值，但由积分的性

质,这并不影响计算概率. 此外,由 3.1 式易知,对任意实数 c,有 $P(X=c)=\lim\limits_{\varepsilon\to 0^+}\int_{c-\varepsilon}^{c} f(x)\mathrm{d}x=\int_{c}^{c} f(x)\mathrm{d}x=0.$

即是说,连续型随机变量取单个值的概率为零,这是它与离散型随机变量的一个重要区别. 由此,3.1 式可推广成

$$
\begin{aligned}
P(a<X\leqslant b)&=P(a\leqslant X\leqslant b)=P(a\leqslant X<b)\\
&=P(a<X<b)=\int_a^b f(x)\mathrm{d}x.
\end{aligned}
\tag{3.3}
$$

更一般地,我们有如下定理.

定理 3.1.1 若随机变量 X 是连续型的,其密度函数为 $f(x)$,则对于任意集合 $G\subset R$,只要 $f(x)$ 在 G 上可积,则

$$
P(X\in G)=\int_G f(x)\mathrm{d}x. \tag{3.4}
$$

这个定理的证明超过本书范围,故略.

例 3.1.1 设随机变量 X 的密度函数为

$$
f(x)=\begin{cases} Ax(x+1), & 0\leqslant x\leqslant 1,\\ 0, & \text{其他}. \end{cases}
$$

(1)求系数 A;(2)计算概率 $P\left(-1<X<\dfrac{1}{2}\right)$.

解 (1)由密度函数的性质 2)知

$$
1=\int_{-\infty}^{+\infty} f(x)\mathrm{d}x=\int_0^1 Ax(x+1)\mathrm{d}x=\frac{5}{6}A,
$$

故 $A=\dfrac{6}{5}$.

(2) $P(-1<X<0.5)=\displaystyle\int_{-1}^{0} 0\mathrm{d}x+\int_0^{\frac{1}{2}}\frac{6}{5}x(x+1)\mathrm{d}x=\frac{1}{5}.$

3.1.2 一维连续型分布函数

上一章中我们已定义了一维分布函数,由此易知,若随机变量 X 是连续型的,其概率密度函数为 $f(x)$,则 X 的分布函数为

$$
F(x)=P(X\leqslant x)=\int_{-\infty}^{x} f(t)\mathrm{d}t,\quad -\infty<x<+\infty. \tag{3.5}
$$

$F(x)$与其密度 $f(x)$关系的几何解释见图 3.2.

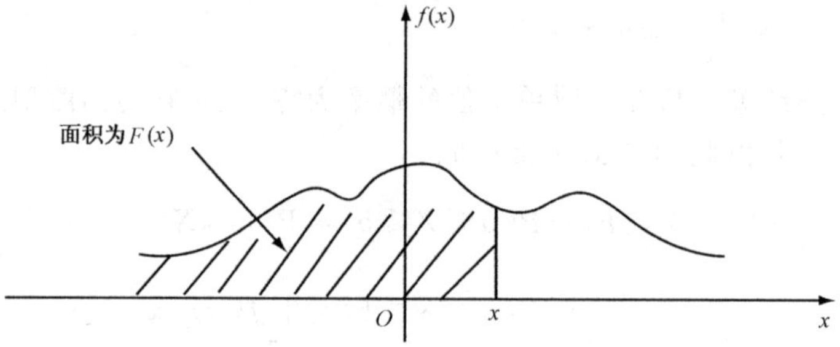

图 3.2

由积分上限函数的性质易知,尽管密度函数 $f(x)$可以不连续,但对连续型随机变量 X 而言,其分布函数一定连续并唯一. 而且我们有如下定理.

定理 3.1.2　设随机变量 X 有密度函数 $f(x)$,分布函数 $F(x)$,则在 $f(x)$的连续点处

$$\frac{\mathrm{d}}{\mathrm{d}x}F(x)=f(x). \tag{3.6}$$

例 3.1.2　一质点 M 在区间[3,7]上随机游动,对每个 $x\in(3,7]$,该质点落入区间$(3,x]$内的概率与该区间长度的平方成正比. 以 X 表该点到原点的距离. (1)求 X 的分布函数;(2)求 X 的密度函数;(3)计算概率 $P(4\leqslant X\leqslant 5)$.

解　(1)由题意,对每个 $x\in(3,7]$可设 $P(3\leqslant X\leqslant x)=\lambda(x-3)^2$,且有 $P(3\leqslant X\leqslant 7)=1$($3\leqslant X\leqslant 7$ 是一个必然事件). 于是,取 $x=7$ 得 $16\lambda=1$, $\lambda=\frac{1}{16}$. 从而

$$F(x)=\begin{cases}0, & x<3,\\ \frac{1}{16}(x-3)^2, & 3\leqslant x<7,\\ 1, & x\geqslant 7.\end{cases}$$

(2) 由$\frac{\mathrm{d}F(x)}{\mathrm{d}x}=f(x)$知 X 有密度函数

$$f(x)=\begin{cases}\frac{1}{8}(x-3), & 3\leqslant x<7,\\ 0, & \text{其他}.\end{cases}$$

(3) 由(2.14)式知

$$P(4\leqslant X\leqslant 5)=F(5)-F(4)=\frac{1}{16}[(5-3)^2-(4-3)^2]=\frac{3}{16}.$$

这个概率亦可通过对密度的积分计算,即

$$P(4\leqslant X\leqslant 5)=\int_4^5 \frac{1}{8}(x-3)\,dx=\frac{3}{16}.$$

例 3.1.3 设随机变量 X 的密度函数为

$$f(x)=\begin{cases}0, & x<0 \text{ 或 } x\geqslant 1,\\ 2x, & 0\leqslant x<\frac{1}{2},\\ 6-6x, & \frac{1}{2}\leqslant x<1.\end{cases}$$

求分布函数 $F(x)$.

解 $f(x)$的图形如图 3.3 所示,它在 $x=\frac{1}{2}$处有一间断点. 由(3.5)式,当 $x<0$ 时,$F(x)=\int_{-\infty}^{x} 0\,dx=0$.

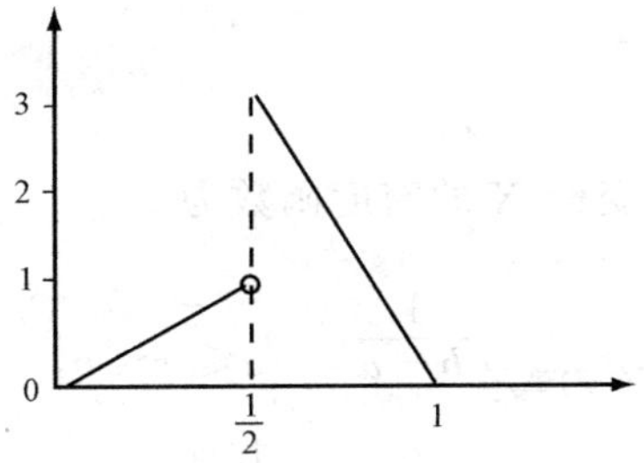

图 3.3

当 $0\leqslant x<\frac{1}{2}$时,$F(x)=\int_{-\infty}^{0} 0\,dx+\int_0^x 2t\,dt=x^2$.

当$\frac{1}{2}\leqslant x<1$ 时,$F(x)=\int_{-\infty}^{0} 0\,dx+\int_0^{\frac{1}{2}} 2t\,dt+\int_{\frac{1}{2}}^{x}(6-6t)\,dt=6x-3x^2-2$,

从而得

$$F(x)=\begin{cases}0, & x<0,\\ x^2, & 0\leqslant x<\frac{1}{2},\\ 6x-3x^2-2, & \frac{1}{2}\leqslant x<1,\\ 1, & x\geqslant 1.\end{cases}$$

$F(x)$的图形如图 3.4 所示,可见其是一个连续函数.

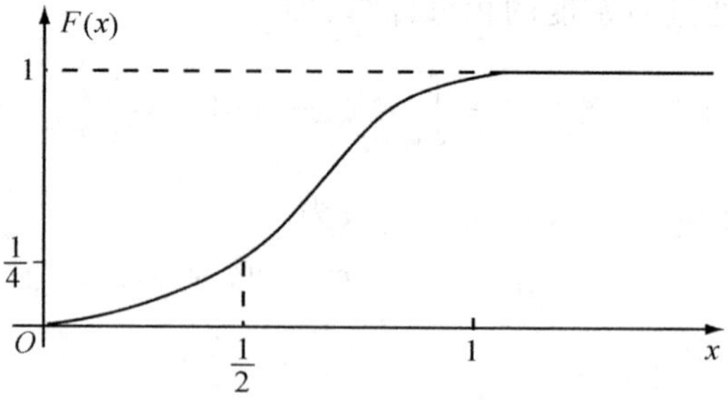

图 3.4

3.2　几种常用的连续型随机变量

由于密度函数反映了连续型随机变量取值的统计规律性，因此，本质上不同的密度函数对应着不同的随机变量. 以下介绍几种常用的随机变量.

3.2.1　均匀分布

定义 3.2.1　设随机变量 X 的密度函数为

$$f(x)=\begin{cases}\dfrac{1}{b-a}, & a\leqslant x\leqslant b,\\ 0, & \text{其他},\end{cases} \tag{3.7}$$

则称随机变量 X 在区间 $[a,b]$ 上服从**均匀分布**，记为 $X\sim U(a,b)$，其中 a,b 为分布参数，且 $a<b$.

若随机变量 X 在区间 $[a,b]$ 上服从均匀分布，则 X 落入该区间中任一相等长度的子区间内的概率相同，即 X 落入任何子区间的概率仅与该区间的长度成正比，而与其位置无关. 事实上，对于任一个长度为 l 的子区间 $[c,c+l]\subset[a,b]$，有 $P(c\leqslant X\leqslant c+l)=\int_c^{c+l}\frac{1}{b-a}\mathrm{d}x=\frac{l}{b-a}$.

均匀分布的分布函数是：

$$F(x)=\begin{cases}0, & x<a,\\ \displaystyle\int_a^x\frac{\mathrm{d}x}{b-a}=\frac{x-a}{b-a}, & a\leqslant x<b,\\ 1, & x\geqslant b.\end{cases} \tag{3.8}$$

其密度及分布函数图像见图 3.5 及图 3.6.

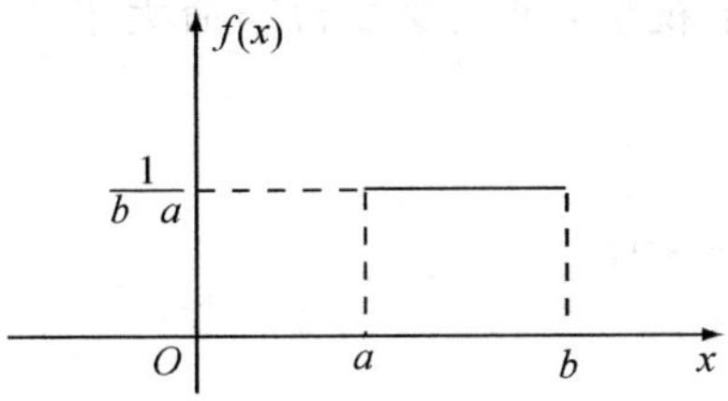

图 3.5

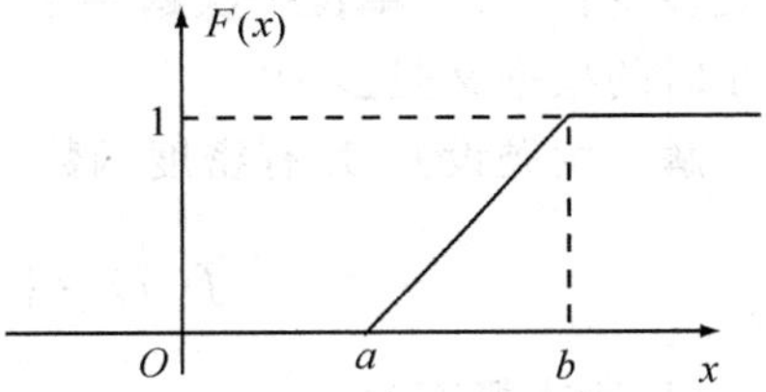

图 3.6

均匀分布常见于下列情形：某一事件等可能地在某一时间段发生；进行数值计算时由于“四舍五入”引起的随机误差；在刻度盘上读数引起的取整误差等等，均可以认为是服从均匀分布.

例 3.2.1 测量一个工件的长度，要求准确到毫米，即若以厘米为单位计，小数点后第一位数字是按“四舍五入”的原则得到. 求由此产生的测量误差 X 的密度函数，并求某次测量中，其误差的绝对值小于 0.03 的概率.

解 由题意，可以认为测量误差 X 在区间$[-0.05,0.05]$上均匀分布（单位：cm）故知 X 的概率密度为

$$f(x)=\begin{cases}\dfrac{1}{0.05-(-0.05)}=10, & -0.05\leqslant x\leqslant 0.05,\\ 0, & \text{其他},\end{cases}$$

所求概率为

$$P(|X|<0.03)=\int_{-0.03}^{0.03}f(x)\mathrm{d}x=10\times 0.06=0.6.$$

3.2.2 指数分布

定义 3.2.2 设随机变量 X 的密度函数为

$$f(x)=\begin{cases}\lambda e^{-\lambda x}, & x>0,\\ 0, & x\leqslant 0.\end{cases}\tag{3.9}$$

则称随机变量 X 服从参数为 λ 的指数分布，记为 $X\sim e(\lambda)$. 其中 $\lambda>0$ 是一常数.

用积分的方法，易知指数分布的分布函数为

$$F(x)=\begin{cases}1-e^{-\lambda x}, & x>0,\\ 0, & x\leqslant 0.\end{cases}\tag{3.10}$$

指数分布常用于描述元件的使用寿命，随机服务系统的服务时间等等.

例 3.2.2 多年统计表明，某厂生产的电视机的寿命 $X\sim e(0.2)$（单位：

万小时).(1)某人购买了一台该厂生产的电视机,问其寿命超过 4 万小时的概率是多少?(2)某单位一次购买了 10 台这种电视机,问至少 2 台寿命大于 4 万小时的概率又是多少?

解 由题设知 X 有密度函数

$$f(x)=\begin{cases}0.2\mathrm{e}^{-0.2x}, & x>0,\\ 0, & x\leqslant 0.\end{cases}$$

(1)所求概率为

$$P(X>4)=\int_4^{+\infty}0.2\mathrm{e}^{-0.2x}\mathrm{d}x=-\mathrm{e}^{-0.2x}\Big|_4^{+\infty}=\mathrm{e}^{-0.8}=0.4493.$$

(2)设 Y=“10 台电视机中寿命大于 4 万小时的台数”,则 Y 服从二项分布,即有 $Y\sim B(10,0.4493)$.于是

$$\begin{aligned}P(Y\geqslant 2)&=1-P_{10}(0)-P_{10}(1)\\&=1-\mathrm{C}_{10}^{0}\cdot(0.4493)^{0}\cdot(0.5507)^{10}\\&\quad-\mathrm{C}_{10}^{1}\cdot(0.4493)^{1}\cdot(0.5507)^{9}\\&=0.9765.\end{aligned}$$

3.2.3 Γ 函数及 Γ 分布

指数分布的一个重要性质是“无记忆性”,即当元件运行了时间 t 后如果仍正常,则从 t 开始其寿命同新的一样.用式子表示就是(证明留作习题(习题 3 第 7 题))

$$P(X>t+\tau\mid X>t)=P(X>\tau). \tag{3.11}$$

而若要求寿命与使用(或存活)时间有关,则可用 Γ 分布来描述.这里,我们先复习一下微积分中的 Γ 函数:

定义 3.2.3 设 $\alpha>0$,定义一个关于 α 的函数为

$$\Gamma(\alpha)=\int_0^{+\infty}x^{\alpha-1}\mathrm{e}^{-x}\mathrm{d}x,$$

它叫 Γ(Gamma)函数.当 $\alpha>0$ 时,$\Gamma(\alpha)$是收敛的.

Γ 函数有以下性质:

1)对每个 $\alpha>0$,$\Gamma(\alpha+1)=\alpha\Gamma(\alpha)$;

2)$\Gamma(1)=1$,$\Gamma\left(\frac{1}{2}\right)=\sqrt{\pi}$;

3)若 n 为正整数,则 $\Gamma(n)=(n-1)!$

以上性质均可在微积分书籍上查到,本书不证.一般地,Γ 函数可以通过查表计算其数值.

定义 3.2.4 若随机变量 X 的密度函数为

$$f(x)=\begin{cases}\dfrac{\beta^{\alpha}}{\Gamma(\alpha)}x^{\alpha-1}\mathrm{e}^{-\beta x}, & x>0,\\ 0, & x\leqslant 0.\end{cases}\tag{3.12}$$

这里 $\alpha,\beta>0$ 是常数,则称 X 服从参数为 α,β 的 Γ 分布,记为 $X\sim\Gamma(\alpha,\beta)$.

Γ 分布的密度函数如图 3.7 所示. 可以证明,若以 Γ 分布来描述元件寿命,随时间 t 的增加,当 $0<\alpha<1$ 时元件失效的概率呈下降趋势,而当 $\alpha>1$ 时则正相反. 当 $\alpha=1$ 时则有 $\Gamma(1,\beta)=e(\beta)$,即参数为 $1,\beta$ 的 Γ 分布就是参数为 β 的指数分布.

事实上,由 3.12 式知,设 $\alpha=1$,随机变量 X 有密度

$$f(x)=\frac{\beta^1}{\Gamma(1)}x^0\mathrm{e}^{-\beta x}=\beta\mathrm{e}^{-\beta x},\quad x>0$$

这正好是指数分布的密度.

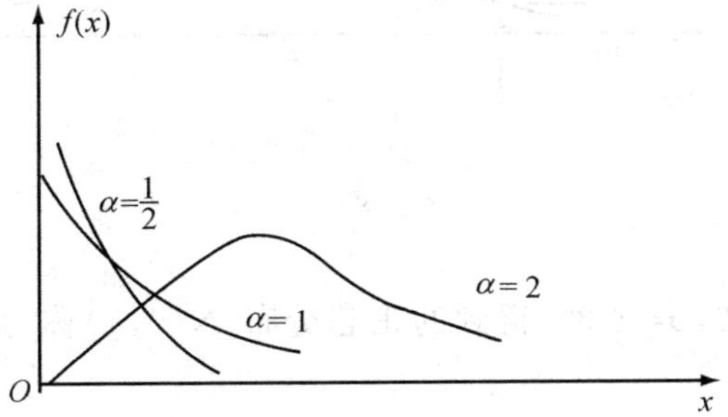

图 3.7

例 3.2.3 某厂生产的电子元件其寿命 $X\sim\Gamma(2,1)$(单位:万小时),随机地取出一个元件,求该元件寿命大于 2 万小时的概率.

解 由 $X\sim\Gamma(2,1)$知当 $x>0$ 时,X 有密度

$$f(x)=\frac{1}{\Gamma(2)}x^{2-1}\mathrm{e}^{-x}=x\mathrm{e}^{-x},$$

从而 $P(X>2)=\int_2^{+\infty}x\mathrm{e}^{-x}\mathrm{d}x=-x\mathrm{e}^{-x}\Big|_2^{+\infty}+\int_2^{+\infty}\mathrm{e}^{-x}\mathrm{d}x=3\mathrm{e}^{-2}=0.4060.$

3.2.4 正态分布

定义 3.2.5 若随机变量 X 的密度函数为

$$f(x)=\frac{1}{\sqrt{2\pi}\,\sigma}\mathrm{e}^{-\frac{(x-\mu)^2}{2\sigma^2}},\quad -\infty<x<+\infty,\tag{3.13}$$

则称随机变量 X 服从参数为 μ,σ^2 的**正态分布**,记为 $X\sim N(\mu,\sigma^2)$,其中 $\mu\in$

R，$\sigma>0$ 为常数.

正态分布的密度函数图像见图 3.8. 由高等数学知识不难知曲线对称于直线 $x=\mu$，且在 $x=\mu$ 处有最大值 $\frac{1}{\sqrt{2\pi}\sigma}$；在 $x=\mu\pm\sigma$ 处有拐点；当 $x\to\infty$ 时，曲线以 x 轴为渐近线. 从图中还可以看出，当 σ 较大时，曲线较平坦；当 σ 较小时，曲线则较陡峭. 当 μ 取不同值时，图像将会发生平移.

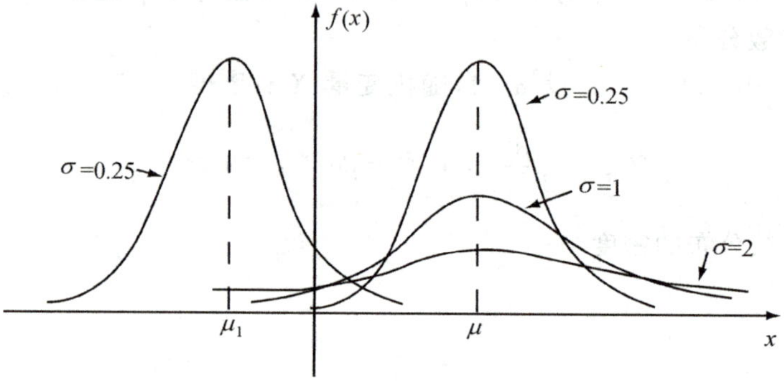

图 3.8

特别地，当 $\mu=0,\sigma=1$ 时，得到的正态分布 $N(0,1)$ 称为标准正态分布，它的密度函数记为

$$\varphi(x)=\frac{1}{\sqrt{2\pi}}e^{-\frac{x^2}{2}},-\infty<x<+\infty. \tag{3.14}$$

其分布函数记为

$$\Phi(x)=\frac{1}{\sqrt{2\pi}}\int_{-\infty}^{x}e^{-\frac{t^2}{2}}dt. \tag{3.15}$$

函数 $\Phi(x)$ 有以下性质：

(i) $\Phi(0)=0.5$；

(ii) $\Phi(-x)=1-\Phi(x)$.

本书附录表 1 中列有 $\Phi(x)$ 的值，且由性质(ii)，只给出 $x\geqslant 0$ 时的值.

一般正态分布 $N(\mu,\sigma^2)$ 与标准正态分布 $N(0,1)$ 有如下关系.

定理 3.2.1　设随机变量 $X\sim N(\mu,\sigma^2)$，分布函数设为 $F(x)$，则对每个 $x\in R$ 有

$$F(x)=\Phi\left(\frac{x-\mu}{\sigma}\right). \tag{3.16}$$

证明　由分布函数的定义知

$$F(x)=P(X\leqslant x)=\int_{-\infty}^{x}\frac{1}{\sqrt{2\pi}\,\sigma}e^{-\frac{(t-\mu)^2}{2\sigma^2}}dt.$$

设$\frac{t-\mu}{\sigma}=u$,则得

$$F(x)=\int_{-\infty}^{\frac{x-\mu}{\sigma}}\frac{1}{\sqrt{2\pi}}e^{-\frac{u^2}{2}}du=\Phi\left(\frac{x-\mu}{\sigma}\right).$$

由此可得如下推论.

推论 若 $X\sim N(\mu,\sigma^2)$,对每个 $a,b\in R$,$a<b$,有

$$P(a<X\leqslant b)=\Phi\left(\frac{b-\mu}{\sigma}\right)-\Phi\left(\frac{a-\mu}{\sigma}\right). \tag{3.17}$$

正态分布是概率论与数理统计中最常用也是最重要的一种概率分布,它在解决实际问题中有着广泛的应用.经验表明,当一个变量受到大量微小的、互相独立的随机因素影响时,这个变量往往服从或近似地服从正态分布.

例 3.2.4 设 $X\sim N(0,1)$,查附表可以求得

$$P(X\leqslant 0.8)=\Phi(0.8)=0.7881;$$

$$\begin{aligned}P(X>-0.4)&=1-P(X\leqslant -0.4)\\&=1-\Phi(-0.4)=\Phi(0.4)=0.6554;\end{aligned}$$

$$\begin{aligned}P(|X-1|\leqslant 2)&=P(-2\leqslant X-1\leqslant 2)=P(-1\leqslant X\leqslant 3)\\&=\Phi(3)-\Phi(-1)=\Phi(3)+\Phi(1)-1\\&=0.9987+0.8413-1=0.84.\end{aligned}$$

例 3.2.5 设 $X\sim N(1,16)$,查附表可以求得

$$\begin{aligned}P(X\leqslant 0.8)&=\Phi\left(\frac{0.8-1}{4}\right)=\Phi(-0.05)=1-\Phi(0.05)\\&=1-0.5199=0.4801;\end{aligned}$$

$$\begin{aligned}P(X>-0.4)&=1-P(X\leqslant -0.4)=1-\Phi\left(\frac{-0.4-1}{4}\right)\\&=1-\Phi(-0.35)=\Phi(0.35)=0.6368;\end{aligned}$$

$$\begin{aligned}P(|X-1|\leqslant 2)&=P(-2\leqslant X-1\leqslant 2)=P(-1\leqslant X\leqslant 3)\\&=\Phi\left(\frac{3-1}{4}\right)-\Phi\left(\frac{-1-1}{4}\right)\\&=\Phi(0.5)-\Phi(-0.5)\end{aligned}$$

$$=2\Phi(0.5)-1$$

$$=2\times 0.6915-1=0.3830.$$

例 3.2.6　设对某型工件长度的测量误差 $X\sim N(0,0.25)$(单位:mm),

(1)对此工件测量一次,求误差的绝对值不大于 0.98mm 的概率.

(2)对此工件独立测量 50 次,求至少有 2 次测量误差的绝对值大于 0.98mm 的概率(利用泊松分布作近似计算).

解　(1)这里 $\mu=0,\sigma=0.5$. 所求概率为

$$p=P(|X|\leqslant 0.98)=P(-0.98\leqslant X\leqslant 0.98)$$

$$=\Phi\left(\frac{0.98}{0.5}\right)-\Phi\left(-\frac{0.98}{0.5}\right)$$

$$=2\Phi(1.96)-1=2\times 0.975-1=0.95;$$

(2) 设 Y 表示"50 次测量中误差的绝对值大于 0.98mm 的次数",又由(1)知 $P(|X|>0.98)=1-0.95=0.05$,则有 $Y\sim B(50,0.05)$. 由 $\lambda=np=50\times 0.05=2.5$,及泊松定理知 Y 近似地$\sim P(2.5)$. 从而查表知

$$P(Y\geqslant 2)=0.7127.$$

例 3.2.7　设 $X\sim N(\mu,\sigma^2)$,求 $P(|X-\mu|\leqslant k\sigma)$. 此处 k 为常数.

解　$P(|X-\mu|\leqslant k\sigma)=P(\mu-k\sigma\leqslant X\leqslant \mu+k\sigma)$

$$=\Phi\left(\frac{\mu+k\sigma-\mu}{\sigma}\right)-\Phi\left(\frac{\mu-k\sigma-\mu}{\sigma}\right)$$

$$=\Phi(k)-\Phi(-k)$$

$$=2\Phi(k)-1.$$

特别地,当 $k=3$ 时,查表可得 $P(\mu-3\sigma\leqslant X\leqslant \mu+3\sigma)=2\times 0.9987-1=0.9974$. 这就是说,随机变量 X 几乎总是落在$(\mu-3\sigma,\mu+3\sigma)$之内,因此在应用中,常把$(\mu-3\sigma,\mu+3\sigma)$看作是 X 的实际取值区间,这就是"**3σ 原则**".

3.3　二维连续型随机变量及其分布

3.3.1　二维联合密度及联合分布函数

定义 3.3.1　设(X,Y)为二维随机变量,如果存在一个非负函数 $f(x,y)$,使得任意实数 $a<b,c<d$ 有

$$P(a<X\leqslant b, c<Y\leqslant d)=\int_a^b\int_c^d f(x,y)\,\mathrm{d}y\,\mathrm{d}x, \tag{3.18}$$

则称(X, Y)为二维连续型随机变量. $f(x,y)$称为(X, Y)的联合概率密度函数,简称联合密度.

显然,联合概率密度函数有以下性质:

1) $f(x,y)\geqslant 0$;

2) $\int_{-\infty}^{+\infty}\int_{-\infty}^{+\infty} f(x,y)\,\mathrm{d}x\mathrm{d}y=1.$ $\quad(3.19)$

上述两个条件也反映了联合密度的本质特征. 类似于一维,我们有下述定理:

定理 3.3.1 若二维随机变量(X, Y)是连续型的,其联合密度为 $f(x,y)$,则对于平面上任意集合 $G\subset R^2$,若 $f(x,y)$在 G 上可积,则

$$P((X,Y)\in G)=\iint_G f(x,y)\,\mathrm{d}x\mathrm{d}y. \tag{3.20}$$

此定理的证明超过了本书范围,此处从略.

二维连续型随机变量的联合分布函数的表现形式是

$$F(x,y)=\int_{-\infty}^{x}\int_{-\infty}^{y} f(u,v)\,\mathrm{d}v\mathrm{d}u. \tag{3.21}$$

类似于一维,我们有如下定理.

定理 3.3.2 设二维随机变量(X, Y)有联合密度 $f(x,y)$,分布函数 $F(x,y)$,则

(1) $F(x,y)$为连续函数,且在 $f(x,y)$的连续点处,

$$\frac{\partial^2 F(x,y)}{\partial x\partial y}=f(x,y); \tag{3.22}$$

(2)对于任意一条平面曲线 L,有

$$P((X,Y)\in L)=0. \tag{3.23}$$

例 3.3.1 如图 3.9, G 表示由曲线 $y=x^2$ 及直线 $y=1$ 围成的图形在第一象限内的部分,设(X, Y)有联合密度

$$f(x,y)=\begin{cases}Axy, & (x,y)\in G,\\ 0, & \text{其他}.\end{cases}$$

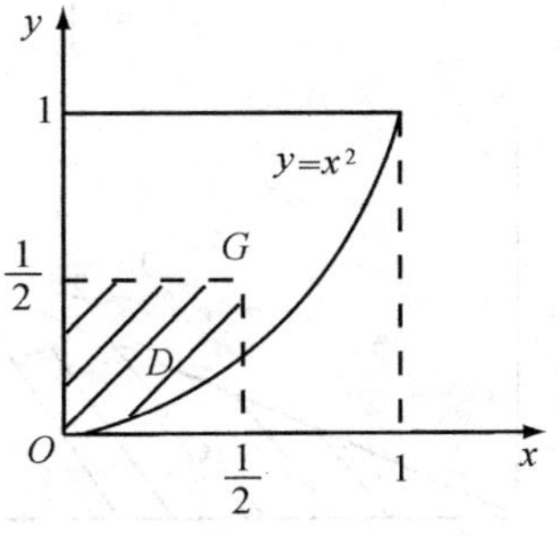

图 3.9

(1)求 A 的值;

(2)计算概率 $P\left\{X\leqslant\frac{1}{2},Y\leqslant\frac{1}{2}\right\}$.

解　(1)由题设,有

$$1=\int_{-\infty}^{+\infty}\int_{-\infty}^{+\infty}f(x,y)\mathrm{d}x\mathrm{d}y=\int_0^1\mathrm{d}x\int_{x^2}^1 Axy\mathrm{d}y$$

$$=A\int_0^1 x\cdot\frac{1}{2}(1-x^4)\mathrm{d}x=\frac{A}{6},$$

故 $A=6$.

(2) $P\left(X\leqslant\frac{1}{2},\ Y\leqslant\frac{1}{2}\right)=\iint\limits_D 6xy\mathrm{d}x\mathrm{d}y$,其中 $D=G\cap\left\{(x,y)\mid x\leqslant\frac{1}{2},y\leqslant\frac{1}{2}\right\}$,从而所求概率为

$$p=\int_0^{\frac{1}{2}}\mathrm{d}x\int_{x^2}^{\frac{1}{2}}6xy\mathrm{d}y=3\int_0^{\frac{1}{2}}x\left(\frac{1}{4}-x^4\right)\mathrm{d}x=\frac{11}{128}.$$

D 的图形如图 3.9 中阴影部分所示.

例 3.3.2　设随机变量(X,Y)的概率密度为

$$f(x,y)=\begin{cases}xy\mathrm{e}^{-(x+y)}, & x\geqslant 0,y\geqslant 0,\\ 0, & \text{其他}.\end{cases}$$

求 $P(X\geqslant 2Y)$.

解　设 $G=\{(x,y)\mid x\geqslant 2y\}$如图 3.10 所示,则

$$P(X\geqslant 2Y)=\iint\limits_G f(x,y)\mathrm{d}x\mathrm{d}y=\int_0^{+\infty}\mathrm{d}x\int_0^{\frac{x}{2}}xy\mathrm{e}^{-(x+y)}\mathrm{d}y$$

$$=\int_0^{+\infty}x\mathrm{e}^{-x}\left[1-\left(\frac{x}{2}+1\right)\mathrm{e}^{-\frac{x}{2}}\right]\mathrm{d}x$$

$$=\int_0^{+\infty}x\mathrm{e}^{-x}\mathrm{d}x-\int_0^{\infty}\frac{x^2}{2}\mathrm{e}^{-\frac{3x}{2}}\mathrm{d}x-\int_0^{+\infty}x\mathrm{e}^{-\frac{3x}{2}}\mathrm{d}x$$

$$=1-\frac{8}{27}-\frac{4}{9}=\frac{7}{27}.$$

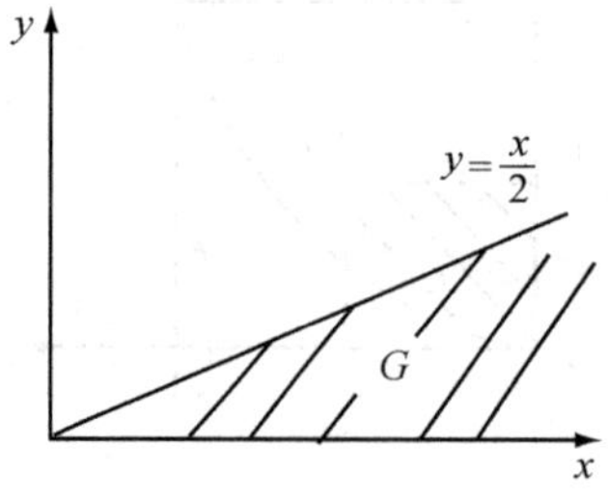

图 3.10

(最后的三个广义积分可用 Γ 函数容易地解出,读者不妨试试.)

以上,我们仅就二维的情况给出连续型随机向量的密度及分布函数,类似地有 ***n* 维随机变(向)量**.对于 n 维的情况,亦有类似的内容,读者不妨自行推广.

3.3.2 二维均匀分布及二维正态分布

定义 3.3.2 设 G 为平面上某区域，定义二维随机变量(X，Y)的联合密度为

$$f(x,y)=\begin{cases}\dfrac{1}{G\text{的面积}}, & (x,y)\in G,\\ 0, & \text{其他},\end{cases} \tag{3.24}$$

则称(X，Y)在区域 G 上服从**(二维)均匀分布**.

二维均匀分布所代表的概率类型实质上就是第 1 章中所述的几何概率. 类似地，我们可以定义三维以及更高维上的均匀分布.

例 3.3.3 如图 3.11，设 $G=\{(x,y)\mid y\leqslant \sin x, 0\leqslant x\leqslant \pi, y\geqslant 0\}$，随机变量(X，Y)在 G 上均匀分布，求 Y 大于 $\frac{2}{\pi}X$ 的概率.

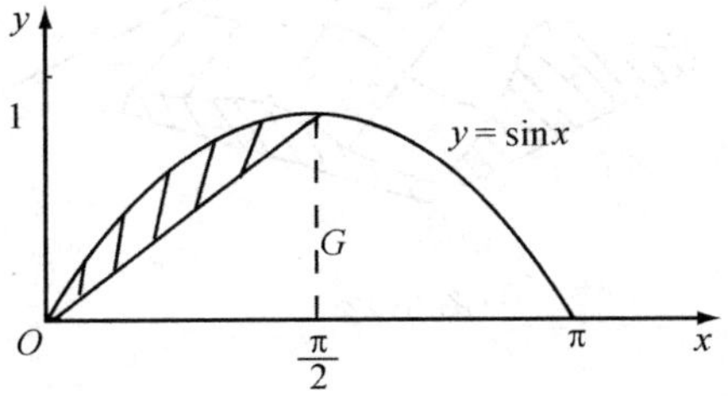

图 3.11

解 G 的面积 $=\int_0^{\pi}\sin x\mathrm{d}x=2$，故得(X，Y)的联合密度

$$f(x,y)=\begin{cases}\dfrac{1}{2}, & (x,y)\in G,\\ 0, & \text{其他}.\end{cases}$$

于是，设 $D=G\cap\left\{(x,y)\mid y>\dfrac{2}{\pi}x\right\}$(图 3.11 中阴影部分)，则有

$$P\left\{Y>\frac{2}{\pi}X\right\}=\iint_D f(x,y)\mathrm{d}x\mathrm{d}y=\iint_D \frac{1}{2}\mathrm{d}x\mathrm{d}y$$
$$=\frac{1}{2}\left\{1-\frac{1}{2}\times\frac{\pi}{2}\right\}=\frac{4-\pi}{8}.$$

定义 3.3.3 若二维随机变量(X，Y)的密度函数为

$$f(x,y)=\frac{1}{2\pi\sigma_1\sigma_2\sqrt{1-r^2}}\cdot\exp\left\{-\frac{1}{2(1-r^2)}\right.$$

$$\cdot\left[\frac{(x-\mu_1)^2}{\sigma_1^2}-2r\frac{(x-\mu_1)(y-\mu_2)}{\sigma_1\sigma_2}+\frac{(y-\mu_2)^2}{\sigma_2^2}\right]\Bigg\},$$

$$-\infty<x,y<+\infty. \tag{3.25}$$

则称(X,Y)服从参数为 $\mu_1,\mu_2,\sigma_1^2,\sigma_2^2,r$ 的**二维正态分布**,记为$(X,Y)\sim N(\mu_1,\mu_2,\sigma_1^2,\sigma_2^2,r)$.其中,$\mu_1,\mu_2\in\mathbf{R}$,$\sigma_1>0,\sigma_2>0,|r|<1$.图 3.12 给出了它的联合密度函数表示的曲面 $z=f(x,y)$.

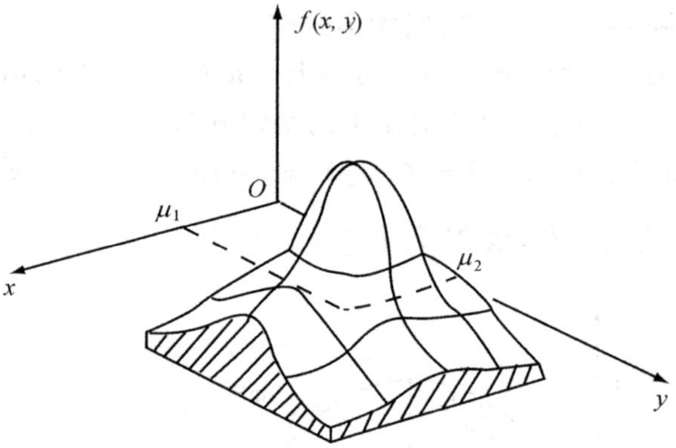

图 3.12

3.3.3　边缘分布

和离散型一样,二维连续型随机变量也有其边缘分布.设(X,Y)有联合密度 $f(x,y)$,由定义 2.4.3 易知,X 及 Y 的边缘分布函数分别为

$$F_X(x)=F(x,+\infty)=\int_{-\infty}^{x}\left[\int_{-\infty}^{+\infty}f(t,y)\,dy\right]dt,$$

$$F_Y(y)=F(+\infty,y)=\int_{-\infty}^{y}\left[\int_{-\infty}^{+\infty}f(x,u)\,dx\right]du.$$

再与(3.5)式比较,我们有以下定理.

定理 3.3.3　设二维连续型随机变量(X,Y)的联合密度为 $f(x,y)$,则 X 的边缘密度为

$$f_X(x)=\int_{-\infty}^{+\infty}f(x,y)\,dy,\quad -\infty<x<+\infty, \tag{3.26}$$

Y 的边缘密度为

$$f_Y(y)=\int_{-\infty}^{+\infty}f(x,y)\,dx,\quad -\infty<y<+\infty. \tag{3.27}$$

显然,在 $f_X(x),f_Y(y)$的连续点处,$\frac{dF_X(x)}{dx}=f_X(x),\frac{dF_Y(y)}{dy}=f_Y(y)$.

例 3.3.4　在例 3.3.1 中，求

(1) X 及 Y 的边缘密度；

(2) 计算概率 $P\left\{X\leqslant\frac{1}{2}\right\}$ 及 $P\left\{Y>\frac{1}{2}\right\}$.

解　(1) 由例 3.3.1 的定义知

当 $0\leqslant x\leqslant 1$ 时，$f_X(x)=\int_{-\infty}^{+\infty}f(x,y)\mathrm{d}y=\int_{x^2}^{1}6xy\mathrm{d}y=3x(1-x^4)$，故得

$$f_X(x)=\begin{cases}3x(1-x^4), & 0\leqslant x\leqslant 1,\\ 0, & \text{其他}.\end{cases}$$

当 $0\leqslant y\leqslant 1$ 时，$f_Y(y)=\int_{-\infty}^{+\infty}f(x,y)\mathrm{d}x=\int_{0}^{\sqrt{y}}6xy\mathrm{d}x=3y^2$，故得

$$f_Y(y)=\begin{cases}3y^2, & 0\leqslant y\leqslant 1,\\ 0, & \text{其他}.\end{cases}$$

$$(2)\ P\left\{X\leqslant\frac{1}{2}\right\}=\int_{-\infty}^{\frac{1}{2}}f_X(x)\mathrm{d}x=\int_{0}^{\frac{1}{2}}3x(1-x^4)\mathrm{d}x=\frac{47}{128};$$

$$P\left\{Y>\frac{1}{2}\right\}=\int_{\frac{1}{2}}^{+\infty}f_Y(y)\mathrm{d}y=\int_{\frac{1}{2}}^{1}3y^2\mathrm{d}y=\frac{7}{8}.$$

关于二维正态分布，我们有下列定理.

定理 3.3.4　设 $(X,Y)\sim N(\mu_1,\mu_2,\sigma_1^2,\sigma_2^2,r)$，则 X 及 Y 的边缘分布有 $X\sim N(\mu_1,\sigma_1^2)$，$Y\sim N(\mu_2,\sigma_2^2)$.

证明　对任意 $x\in\mathbf{R}$，有

$f_X(x)=\int_{-\infty}^{+\infty}f(x,y)\mathrm{d}y$，其中 $f(x,y)$ 如(3.25)所示. 记 $t=\dfrac{x-\mu_1}{\sigma_1}$，并对积分变量 y 作变换 $s=\dfrac{y-\mu_2}{\sigma_2}$，则 $\mathrm{d}y=\sigma_2\mathrm{d}s$，从而得

$$\begin{aligned}f_X(x)&=\int_{-\infty}^{+\infty}\frac{1}{2\pi\sigma_1\sqrt{1-r^2}}\exp\left\{-\frac{t^2-2rts+s^2}{2(1-r^2)}\right\}\mathrm{d}s\\&=\frac{1}{\sqrt{2\pi}\sigma_1}\mathrm{e}^{-\frac{t^2}{2}}\int_{-\infty}^{+\infty}\frac{1}{\sqrt{2\pi}\sqrt{1-r^2}}\exp\left\{-\frac{(s-rt)^2}{2(1-r^2)}\right\}\mathrm{d}s\\&=\frac{1}{\sqrt{2\pi}\sigma_1}\mathrm{e}^{-\frac{(x-\mu_1)^2}{2\sigma_1^2}}.\end{aligned}$$

上式中最后一个等式成立是因为被积函数正好是正态分布 $N(rt,1-r^2)$ 的密度，积分值为 1. 于是 $f_X(x)$ 是 $N(\mu_1,\sigma_1^2)$ 的密度，故 $X\sim N(\mu_1,\sigma_1^2)$.

同理可得 $Y\sim N(\mu_2,\sigma_2^2)$.

这个定理说明，随机向量 (X,Y) 的联合密度一般不能由其两个边缘密度

唯一确定．因为不论 r 取何值，二维正态分布中的两个边缘密度都是相同的，而联合密度则不相同．

3.4　条件分布与随机变量的独立性

3.4.1　条件分布

引入连续型条件分布要比离散型复杂一些，这是由于对连续型随机变量 (X, Y)，$P(X=x)=0$，$P(Y=y)=0$，故不能直接应用条件概率公式．下面我们用极限形式给出定义．

定义 3.4.1　设 (X, Y) 是连续型的，若对任意正数 h，$P(y-h<Y\leqslant y+h)>0$，且对每个实数 x，极限

$$\lim_{h\to 0^+} P(X\leqslant x\mid y-h<Y\leqslant y+h) = \lim_{h\to 0^+}\frac{P(X\leqslant x,\ y-h<Y\leqslant y+h)}{P(y-h<Y\leqslant y+h)} \tag{3.28}$$

存在，则称此极限为 $Y=y$ 条件下 X 的分布函数，记为 $F_{X\mid Y}(x\mid y)$．

类似地可定义 $F_{Y\mid X}(y\mid x)$．

条件分布实质上是一维随机变量的分布，随着条件“$Y=y$”及“$X=x$”的不同，相应地有多个分布．

定理 3.4.1　设 (X, Y) 有联合密度 $f(x, y)$，则有

$$\begin{aligned} F_{X\mid Y}(x\mid y) &= \int_{-\infty}^{x}\frac{f(u, y)}{f_Y(y)}\mathrm{d}u,\\ F_{Y\mid X}(y\mid x) &= \int_{-\infty}^{y}\frac{f(x, v)}{f_X(x)}\mathrm{d}v. \end{aligned} \tag{3.29}$$

其中 $f_X(x)$，$f_Y(y)$ 为 X 及 Y 的边缘密度．

证明　不妨设在 (x, y) 点，$f(x, y)$ 连续，$f_Y(y)>0$ 连续．由(3.28)式及分布函数的性质知

$$\begin{aligned} F_{X\mid Y}(x\mid y) &= \lim_{h\to 0^+}\frac{F(x, y+h)-F(x, y-h)}{F_Y(y+h)-F_Y(y-h)}\\ &= \lim_{h\to 0^+}\frac{[F(x, y+h)-F(x, y-h)]/2h}{[F_Y(y+h)-F_Y(y-h)]/2h}\\ &= \frac{\partial F(x, y)}{\partial y}\Big/\frac{\mathrm{d}F_Y(y)}{\mathrm{d}y} = \frac{\int_{-\infty}^{x} f(u, y)\mathrm{d}u}{f_Y(y)}. \end{aligned}$$

另一个等式类似可证．

若把(3.29)的两个等式分别对 x 及 y 求导,则可得下列推论.

推论 分别记 $f_{X|Y}(x|y)$,$f_{Y|X}(y|x)$为在条件 $Y=y$ 及条件 $X=x$ 下的 X 及 Y 的条件密度,则有

$$f_{X|Y}(x|y)=\frac{f(x,y)}{f_Y(y)},\ f_{Y|X}(y|x)=\frac{f(x,y)}{f_X(x)}. \tag{3.30}$$

例 3.4.1 在例 3.3.1 中,试求

(1) X 及 Y 的条件密度 $f_{X|Y}(x|y)$,$f_{Y|X}(y|x)$;

(2) 当事件"$X=\frac{1}{2}$"发生时, Y 的条件密度、条件分布函数及概率 $P\left\{Y\leqslant\frac{1}{2}\middle|X=\frac{1}{2}\right\}$;

(3) 条件概率 $P\left\{Y\leqslant\frac{1}{2}\middle|X\leqslant\frac{1}{2}\right\}$.

解 (1)由例 3.3.4,我们已求得 X 及 Y 的边缘密度 $f_X(x)$,$f_Y(y)$. 从而,当 $0<y\leqslant1$ 时,

$$f_{X|Y}(x|y)=\frac{f(x,y)}{f_Y(y)}=\frac{6xy}{3y^2}=\frac{2x}{y},\quad 0\leqslant x\leqslant\sqrt{y};$$

当 $0\leqslant x<1$ 时,

$$f_{Y|X}(y|x)=\frac{f(x,y)}{f_X(x)}=\frac{6xy}{3x(1-x^4)}=\frac{2y}{1-x^4},\quad x^2\leqslant y\leqslant1.$$

(2)当事件"$X=\frac{1}{2}$"发生时, Y 的条件密度为

$$f_{Y|X}\left(y\middle|\frac{1}{2}\right)=\frac{2y}{1-\left(\frac{1}{2}\right)^4}=\frac{32}{15}y,\quad \frac{1}{4}\leqslant y\leqslant1.$$

即

$$f_{Y|X}\left(y\middle|\frac{1}{2}\right)=\begin{cases}\frac{32}{15}y, & \frac{1}{4}\leqslant y\leqslant1,\\ 0, & \text{其他},\end{cases}$$

相应地可得条件分布函数

$$F_{Y|X}\left(y\middle|\frac{1}{2}\right)=\begin{cases}0, & y<\frac{1}{4},\\ \int_{\frac{1}{4}}^{y}\frac{32}{15}t\,dt=\frac{16}{15}y^2-\frac{1}{15}, & \frac{1}{4}\leqslant y\leqslant1,\\ 1, & y>1.\end{cases}$$

于是

$$P\left\{Y\leqslant\frac{1}{2}\,\middle|\,X=\frac{1}{2}\right\}=\int_{-\infty}^{\frac{1}{2}}f_{Y|X}\left(y\,\middle|\,\frac{1}{2}\right)\mathrm{d}y=\int_{\frac{1}{4}}^{\frac{1}{2}}\frac{32}{15}y\mathrm{d}y=\frac{3}{15}.$$

(3) $$P\left\{Y\leqslant\frac{1}{2}\,\middle|\,X\leqslant\frac{1}{2}\right\}=\frac{P\left\{X\leqslant\frac{1}{2},Y\leqslant\frac{1}{2}\right\}}{P\left\{X\leqslant\frac{1}{2}\right\}},$$

由例 3.3.1 及例 3.3.4 已经算出

$$P\left\{X\leqslant\frac{1}{2},Y\leqslant\frac{1}{2}\right\}=\frac{11}{128},P\left\{X\leqslant\frac{1}{2}\right\}=\frac{47}{128},$$

代入上式得

$$P\left\{Y\leqslant\frac{1}{2}\,\middle|\,X\leqslant\frac{1}{2}\right\}=\frac{11}{128}\bigg/\frac{47}{128}=\frac{11}{47}.$$

请读者注意(2),(3)两种概率的不同算法.

由(3.30)式知,若已知(X,Y)的边缘密度及条件密度,则联合密度

$$f(x,y)=f_X(x)f_{Y|X}(y|x)=f_Y(y)f_{X|Y}(x|y). \tag{3.31}$$

这一点与概率的乘法公式类似,以下举一例.

例 3.4.2　设随机变量 X 在(0,1)上均匀分布,且对每个 $x\in(0,1)$,当 $X=x$时,$Y\sim e\left(\frac{x}{2}\right)$,求概率 $P(X\geqslant Y)$.

解　由题设可得 X 的密度

$$f_X(x)=\begin{cases}1, & 0<x<1,\\ 0, & \text{其他}.\end{cases}$$

且当 $x\in(0,1)$时,Y 的条件密度

$$f_{Y|X}(y|x)=\begin{cases}\frac{x}{2}\mathrm{e}^{-\frac{xy}{2}}, & y>0,\\ 0, & \text{其他}.\end{cases}$$

从而(X,Y)的联合密度

$$f(x,y)=f_X(x)f_{Y|X}(y|x)=\begin{cases}\frac{x}{2}\mathrm{e}^{-\frac{xy}{2}}, & 0<x<1,y>0,\\ 0, & \text{其他}.\end{cases}$$

于是所求概率

$P(X\geqslant Y)=\iint\limits_G f(x,y)\mathrm{d}x\mathrm{d}y$,其中 $G=\{(x,y)\mid x\geqslant y,y>0,0<x<1\}$(如图 3.13),从而

$$P(X\geqslant Y)=\int_0^1\mathrm{d}x\int_0^x\frac{x}{2}\mathrm{e}^{-\frac{xy}{2}}\mathrm{d}y$$

$$=1-\int_0^1 e^{-\frac{x^2}{2}}dx=1-\sqrt{2\pi}\int_0^1\frac{1}{\sqrt{2\pi}}e^{-\frac{x^2}{2}}dx$$

$$=1-\sqrt{2\pi}(\Phi(1)-\Phi(0))$$

$$=1-\sqrt{2\pi}(0.8413-0.5)$$

$$=0.1445.$$

本题的积分是先化为 N(0,1)的密度积分后再查表求解，这亦是值得读者注意之处.

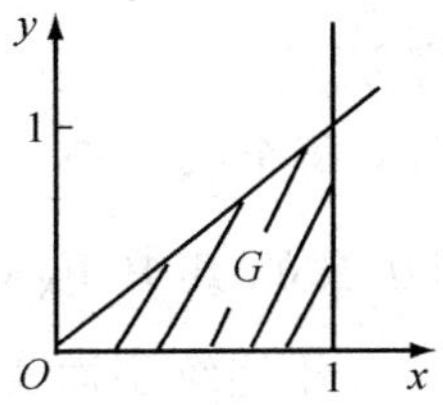

图 3.13

3.4.2 独立性

在定理 2.5.1 的推论中我们知道，若二维离散型随机变量(X, Y)的 X 与 Y 相互独立，则 $F(x,y)=F_X(x)\cdot F_Y(y)$，由此可导致独立性的一般定义如下.

定义 3.4.2 设随机变量 X, Y 的联合分布函数为 $F(x,y)$，边缘分布函数为 $F_X(x)$，$F_Y(y)$，若对任意实数 x, y 有

$$F(x,y)=F_X(x)\cdot F_Y(y), \tag{3.32}$$

则称 X 与 Y 相互独立.

这个定义适用于一切二维随机变量. 但对连续型随机变量，我们有

定理 3.4.2 设二维连续型随机变量(X, Y)有联合密度 $f(x,y)$，边缘密度 $f_X(x)$，$f_Y(y)$，则 X 与 Y 独立的充要条件是在 $f(x,y)$，$f_X(x)$，$f_Y(y)$的一切公共连续点(x,y)处有

$$f(x,y)=f_X(x)\cdot f_Y(y). \tag{3.33}$$

证明 我们仅就 $f(x,y)$在$\mathbf{R}^2$ 上处处连续的情况给出证明.

(1) 设(3.32)式成立，对此式两边求二阶混合偏导数：

$$f(x,y)=\frac{\partial^2 F(x,y)}{\partial x\partial y}=\frac{\partial F_X(x)}{\partial x}\cdot\frac{\partial^2 F_Y(y)}{\partial y}=f_X(x)f_Y(y).$$

(2) 反之，设(3.33)式成立，对之两边作二重积分：

$$F(x,y)=\int_{-\infty}^{x}\int_{-\infty}^{y}f(u,v)\,dv\,du=\int_{-\infty}^{x}\int_{-\infty}^{y}f_X(u)f_Y(v)\,dv\,du$$

$$=\int_{-\infty}^{x}f_X(u)\,du\cdot\int_{-\infty}^{y}f_Y(v)\,dv=F_X(x)F_Y(y).$$

类似地，下面给出随机变量独立性的一般定义.

定义 3.4.3 对于 n 个随机变量 $X_1,X_2,\cdots,X_n$，称 n 元函数 $F(x_1,\cdots,$

$x_n)=P(X_1\leqslant x_1,X_2\leqslant x_2,\cdots,X_n\leqslant x_n)$为 n 维随机变(向)量$(X_1,\cdots,X_n)$的分布函数.

若对每个$(x_1,\cdots,x_n)\in R^n$,$F(x_1,\cdots,x_n)=\prod\limits_{i=1}^{n}F_{X_i}(x_i)$,则称 $X_1,\cdots,X_n$ 相互独立. 其中 $F_{X_i}(x_i)$为 X_i 的边缘分布函数($i=1,2,\cdots,n$).

对 n 维连续型而言,亦可以证明,$X_1,\cdots,X_n$ 相互独立的充要条件为等式

$$f(x_1,\cdots,x_n)=\prod_{i=1}^{n}f_{X_i}(x_i) \tag{3.34}$$

对诸函数的公共连续点成立. 其中 $f(x_1,\cdots,x_n)$为联合密度,$f_{X_i}(x_i)$为 X_i 的边缘密度.

例 3.4.3 问在例 3.3.1 及例 3.3.2 中的 X 与 Y 是否独立?

解 对例 3.3.1,当$(x,y)\in G$ 时有

$f(x,y)=6xy$,而由例 3.3.4 知这时边缘密度 $f_X(x)=3x(1-x^4)$,$f_Y(y)=3y^2$,显然 $f(x,y)\neq f_X(x)f_Y(y)$,故 X 与 Y 不独立.

而对例 3.3.2,当 $x\geqslant 0$ 时 X 有边缘密度

$$\begin{aligned}f_X(x)&=\int_0^{+\infty}xye^{-(x+y)}\mathrm{d}y=xe^{-x}\cdot\int_0^{+\infty}ye^{-y}\mathrm{d}y=xe^{-x}\cdot\Gamma(2)\\&=xe^{-x};\end{aligned}$$

同理易知,当 $y\geqslant 0$ 时,Y 的边缘密度

$$f_Y(y)=ye^{-y},$$

从而有

$$f(x,y)=f_X(x)\cdot f_Y(y),$$

故知 X 与 Y 独立.

对于二维正态分布,我们有以下定理.

定理 3.4.3 设$(X,Y)\sim N(\mu_1,\mu_2,\sigma_1^2,\sigma_2^2,r)$,则 X 与 Y 独立的充分必要条件是 $r=0$.

证明 当 $r=0$ 时,由二维正态分布的定义及定理 3.3.4 易推得

$$f(x,y)=f_X(x)\cdot f_Y(y),$$

故 X 与 Y 独立.

反之,若 X 与 Y 独立,取 $x=\mu_1,y=\mu_2$,则应有

$$f(\mu_1,\mu_2)=f_X(\mu_1)\cdot f_Y(\mu_2),$$

代入具体表达式,则得

$$\frac{1}{2\pi\sigma_1\sigma_2\sqrt{1-r^2}}=\frac{1}{\sqrt{2\pi}\sigma_1}\cdot\frac{1}{\sqrt{2\pi}\sigma_2},$$

从而$\sqrt{1-r^2}=1$,故得 $r=0$.

从条件概率的角度来看,若 X 与 Y 独立,则事件"$X\leqslant x$"发生的概率应不受 Y 取值的影响,反映到二维连续型随机变量上,则有当 X 与 Y 独立时,其条件密度

$$f_{X|Y}(x|y)=\frac{f(x,y)}{f_Y(y)}=\frac{f_X(x)f_Y(y)}{f_Y(y)}=f_X(x),$$

即这时条件密度就等于边缘密度.同理这时亦有

$$f_{Y|X}(y|x)=f_Y(y).$$

3.5 随机变量函数的分布

3.5.1 一维随机变量函数的分布

本节主要讨论当 X 是连续型随机变量时,其函数 $Y=g(X)$的分布情况,这在实际问题中是常常遇到的.例如在统计物理中,分子运动速度为 X,则分子动能 $Y=\frac{1}{2}mX^2$,这时就需要由 X 的分布求出其函数 Y 的分布.

1. 一般方法

下面我们通过一个实例来加以说明.

例 3.5.1 设随机变量 $X\sim N(\mu,\sigma^2)$,$Y=10^X$,求 Y 的密度函数 $f_Y(y)$.

解 显然 Y 的值域为$(0,+\infty)$.对任意 $y>0$,Y 的分布函数

$$\begin{aligned}F_Y(y)&=P(Y\leqslant y)=P(10^X\leqslant y)\\&=P(X\leqslant\lg y)=\frac{1}{\sqrt{2\pi}\sigma}\int_{-\infty}^{\lg y}e^{-\frac{(x-\mu)^2}{2\sigma^2}}dx,\end{aligned}$$

从而,当 $y>0$ 时,密度

$$f_Y(y)=[F_Y(y)]'=\frac{\lg e}{\sqrt{2\pi}\sigma y}e^{-\frac{(\lg y-\mu)^2}{2\sigma^2}},$$

即得 Y 的密度函数为

$$f_Y(y)=\begin{cases}\dfrac{\lg e}{\sqrt{2\pi}\,\sigma y}e^{-\frac{(\lg y-\mu)^2}{2\sigma^2}}, & y>0,\\ 0, & \text{其他}.\end{cases}$$

从这个例子，我们可以总结出在连续型情况下求 $Y=g(X)$ 的概率密度的一般方法是：

设 X 有密度 $f(x)$，$Y=g(X)$，则

(i) 先确定 Y 的值域 $R(Y)$；

(ii) 对任意 $y\in R(Y)$，求出 Y 的分布函数

$$F_Y(y)=P(Y\leqslant y)=P(g(X)\leqslant y)=P(X\in G(y))$$

$$=\int_{G(y)}f(x)\mathrm{d}x;$$

这里，$G(y)$ 由不等式 $g(X)\leqslant y$ 解出.

(iii) 对 $F_Y(y)$ 求导，可得 $f_Y(Y)$，$y\in R(Y)$；

(iv) 对 $f_Y(y)$ 加以总结，当 $y\notin R(Y)$ 时，取 $f_Y(y)=0$.

以下再举一例.

例 3.5.2 设随机变量 $X\sim U\left(-\dfrac{\pi}{2},\dfrac{\pi}{2}\right)$，$Y=\cos X$，求 Y 的密度函数.

解 由题设知 X 的密度

$$f_X(x)=\begin{cases}\dfrac{1}{\pi}, & -\dfrac{\pi}{2}\leqslant x\leqslant\dfrac{\pi}{2},\\ 0, & \text{其他}.\end{cases}$$

又由 $Y=\cos X$ 知 Y 的值域 $R(Y)=[0,1]$. 对 $y\in[0,1]$，$F_Y(y)=P(Y\leqslant y)$ $=P(\cos X\leqslant y)=P\left(-\dfrac{\pi}{2}\leqslant X\leqslant-\arccos y\text{ 或 }\arccos y\leqslant X\leqslant\dfrac{\pi}{2}\right)=$ $\int_{-\frac{\pi}{2}}^{-\arccos y}\dfrac{1}{\pi}\mathrm{d}x+\int_{\arccos y}^{\frac{\pi}{2}}\dfrac{1}{\pi}\mathrm{d}x=1-\dfrac{2}{\pi}\arccos y$；

从而

$$f_Y(y)=[F_Y(y)]'=\frac{2}{\pi\sqrt{1-y^2}},\qquad 0\leqslant y<1,$$

即有

$$f_Y(y)=\begin{cases}\dfrac{2}{\pi\sqrt{1-y^2}}, & 0\leqslant y<1,\\ 0, & \text{其他}.\end{cases}$$

以上讲的是求随机变量函数分布的一般方法. 而对于函数是严格单调的情形，我们则有以下定理.

定理 3.5.1 设随机变量 X 有密度函数 $f_X(x)$，又函数 $y=g(x)$ 严格单调且其反函数 $g^{-1}(y)$ 有连续导数，则 $Y=g(X)$ 也是连续型随机变量，其密度为

$$f_Y(y)=\begin{cases} f_X(g^{-1}(y))\cdot\left|[g^{-1}(y)]'\right|, & \alpha<y<\beta, \\ 0, & \text{其他}. \end{cases} \tag{3.35}$$

其中，区间 (α,β) 为 Y 的值域.

证明 (1)设 $g(x)$ 严格单增，则 $g^{-1}(y)$ 亦然，从而 $[g^{-1}(y)]'>0$. 于是对任意 $y\in(\alpha,\beta)$，有

$$\begin{aligned} F_Y(y)&=P(Y\leqslant y)=P(g(X)\leqslant y)=P(X\leqslant g^{-1}(y)) \\ &=\int_{-\infty}^{g^{-1}(y)} f_X(x)\,\mathrm{d}x; \end{aligned}$$

对上式求导，得 $f_Y(y)=f_X(g^{-1}(y))\cdot[g^{-1}(y)]'$，当 $\alpha<y<\beta$.

(2)同理，若 $g(x)$ 严格单减，则 $[g^{-1}(y)]'<0$，类似可得

$$f_Y(y)=-f_X(g^{-1}(y))\cdot(g^{-1}(y))'=f_X(g^{-1}(y))\cdot\left|[g^{-1}(y)]'\right|.$$

由(1)，(2)知(3.35)式成立. 其图形如 3.14 所示.

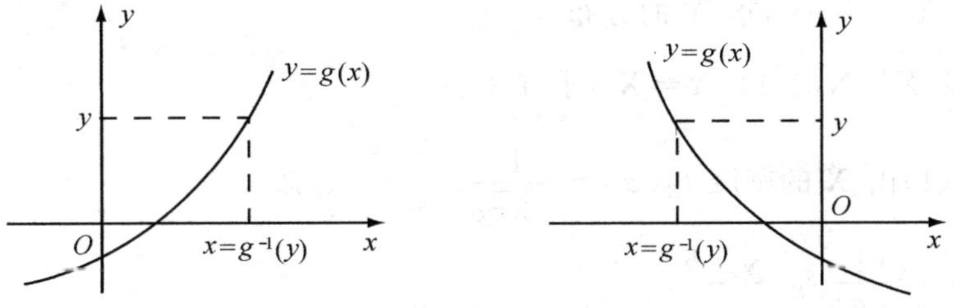

图 3.14

例 3.5.3 用上述定理求例 3.5.1 中 Y 的密度函数 $f_Y(y)$.

解 显然函数 $y=10^x$ 严格单增，值域为 $(0,+\infty)$，反函数为 $x=\lg y$. 由(3.35)式得

$$f_Y(y)=f_X(\lg y)\cdot(\lg y)'=\begin{cases} \dfrac{\lg e}{\sqrt{2\pi}\,\sigma y}e^{-\frac{(\lg y-\mu)^2}{2\sigma^2}}, & 0<y<+\infty, \\ 0, & \text{其他}. \end{cases}$$

这个作法显然要比例 3.5.1 简捷很多.

2. 线性变换及平方变换

由上面介绍的方法，对于 X 的一些特殊的函数，比如线性函数及平方函

数，我们可以推出一些应用型的公式，以简化计算.

定理 3.5.2　设随机变量 X 有密度函数 $f_X(x)$，则

(i) 若 $Y=aX+b$，则有

$$f_Y(y)=\frac{1}{|a|}f_X\left(\frac{y-b}{a}\right),\quad y\in R(Y);\tag{3.36}$$

(ii) 若 $Y=X^2$，则有

$$f_Y(y)=\frac{1}{2\sqrt{y}}[f_X(\sqrt{y})+f_X(-\sqrt{y})],\quad y\in R(Y).\tag{3.37}$$

这里，a,b 为常数且 $a\neq 0$，$R(Y)$ 为 Y 的值域.

证明　(i)的证明留给读者，此处仅证明(ii)如下：

显然 $R(Y)=[0,+\infty)$，取 $y\geqslant 0$，有

$$F_Y(y)=P(X^2\leqslant y)=P(-\sqrt{y}\leqslant X\leqslant\sqrt{y})=\int_{-\sqrt{y}}^{\sqrt{y}}f_X(x)\mathrm{d}x,$$

从而

$$\begin{aligned}f_Y(y)&=[F_Y(y)]'=f_X(\sqrt{y})\cdot(\sqrt{y})'-f_X(-\sqrt{y})\cdot(-\sqrt{y})'\\&=\frac{1}{2\sqrt{y}}[f_X(\sqrt{y})+f_X(-\sqrt{y})].\end{aligned}$$

例 3.5.4　(1)设 $X\sim N(\mu,\sigma^2)$，$Y=aX+b\ (a\neq 0)$求 Y 的密度函数 $f_Y(y)$；若 $Y=\dfrac{X-\mu}{\sigma}$，求 Y 的分布.

(2)设 $X\sim N(0,1)$，$Y=X^2$，求 $f_Y(y)$.

解　(1)由 X 的密度 $f_X(x)=\dfrac{1}{\sqrt{2\pi}\,\sigma}\mathrm{e}^{-\frac{(x-\mu)^2}{2\sigma^2}}$ 易知，

$$\begin{aligned}f_Y(y)&=\frac{1}{|a|}f_X\left(\frac{y-b}{a}\right)\\&=\frac{1}{\sqrt{2\pi}\,\sigma\cdot|a|}\exp\left\{-\frac{[y-(a\mu+b)]^2}{2(a\sigma)^2}\right\},\quad -\infty<y<\infty.\end{aligned}$$

它表明，这时

$$Y\sim N(a\mu+b,a^2\sigma^2),\tag{3.38}$$

即正态分布的线性变换仍是正态的. 特别地，取 $a=\dfrac{1}{\sigma}$，$b=-\dfrac{\mu}{\sigma}$，代入上式可得 $Y\sim N(0,1)$.

(2)当 $X\sim N(0,1)$时，$Y=X^2\geqslant 0$，以 $\varphi(x)$记 X 的密度，则

$$f_Y(y)=\frac{1}{2\sqrt{y}}[\varphi(\sqrt{y})+\varphi(-\sqrt{y})]$$

$$=\frac{1}{2\sqrt{y}}\left[\frac{1}{\sqrt{2\pi}}e^{-\frac{y}{2}}+\frac{1}{\sqrt{2\pi}}e^{-\frac{y}{2}}\right],$$

$$=\frac{1}{\sqrt{2\pi}}y^{-\frac{1}{2}}e^{-\frac{y}{2}},$$

即

$$f_Y(y)=\begin{cases}\dfrac{1}{\sqrt{2\pi}}y^{-\frac{1}{2}}e^{-\frac{y}{2}}, & y>0,\\ 0, & y\leqslant 0.\end{cases}\tag{3.39}$$

我们称具有上述密度函数的随机变量 Y 是**服从自由度为 1 的 χ^2 分布**，记为 $Y\sim\chi^2(1)$. 易知 $\chi^2(1)$分布就是$\Gamma\left(\frac{1}{2},\frac{1}{2}\right)$分布.

本例的两个结论均可作为定理在以后使用，请读者注意这一点. 尤其是第(1)问中，我们通常称变换 $Y=\frac{X-\mu}{\sigma}\sim N(0,1)$为正态分布的**标准化**.

进行线性变换及平方变换时，应注意 Y 的取值范围，否则易于出错. 请读者参阅本章综合例题 3.6.5.

3.5.2 二维随机变量函数的分布

1. 一般方法

设(X,Y)是二维连续型随机变量，其联合密度为 $f(x,y)$. 又设 $Z=g(X,Y)$是(X,Y)的函数，类似于一维，求 Z 的密度$f_Z(z)$的一般方法是：

(i)确定 Z 的值域 $R(Z)$；

(ii)对任意 $z\in R(Z)$，求出 Z 的分布函数

$$F_Z(z)=P(Z\leqslant z)=P(g(X,Y)\leqslant z))$$

$$=P((X,Y)\in G(z))=\iint\limits_{G(z)}f(x,y)\,dx\,dy;$$

此处 $G(z)\subset R^2$由不等式 $g(X,Y)\leqslant z$ 解出.

(iii)求导，$f_Z(z)=[F_Z(z)]'$，$z\in R(Z)$；

(iv)对 $f_Z(z)$加以总结，当 $z\notin R(Z)$时取 $f_Z(z)=0$.

以下我们举例说明.

例 3.5.5 大炮打靶时，炮弹弹着点(X,Y)(以靶心为原点)服从正态分布 $N(0,0,\sigma^2,\sigma^2,0)$，求弹着点到靶心距离 $Z=\sqrt{X^2+Y^2}$的密度函数.

解 由定义 3.3.3 知(X,Y)有联合密度

$$f(x,y)=\frac{1}{2\pi\sigma^2}e^{-\frac{x^2+y^2}{2\sigma^2}},\quad (x,y)\in R^2.$$

显然 Z 的值域 $R(Z)=[0,+\infty)$，对任意 $z\geqslant 0$，有

$$F_Z(z)=P(Z\leqslant z)=P(\sqrt{X^2+Y^2}\leqslant z)$$

$$=\iint\limits_{x^2+y^2\leqslant z^2}\frac{1}{2\pi\sigma^2}e^{-\frac{x^2+y^2}{2\sigma^2}}\,dx\,dy.$$

令 $\begin{cases}x=r\cos\theta,\\ y=r\sin\theta,\end{cases}$ 则

$$F_Z(z)=\frac{1}{2\pi\sigma^2}\int_0^{2\pi}d\theta\int_0^z e^{-\frac{r^2}{2\sigma^2}}r\,dr=\frac{1}{\sigma^2}\int_0^z e^{-\frac{r^2}{2\sigma^2}}r\,dr.$$

从而

$$f_Z(z)=[F_Z(z)]'=\begin{cases}\dfrac{z}{\sigma^2}e^{-\frac{z^2}{2\sigma^2}}, & z\geqslant 0,\\ 0, & \text{其他}.\end{cases}$$

这个分布叫瑞利分布.

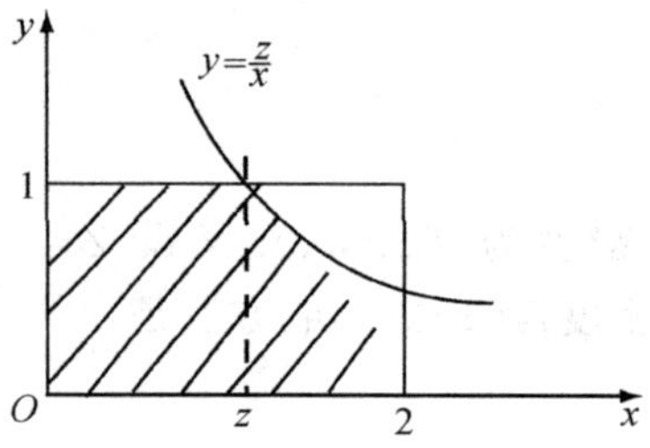

图 3.15

例 3.5.6　设 (X,Y) 在矩形域 $G=[0,2]\times[0,1]$ 上均匀分布，$Z=XY$，求 Z 的密度 $f_Z(z)$.

解　(X,Y) 的联合密度为

$$f(x,y)=\begin{cases}\dfrac{1}{2}, & (x,y)\in G,\\ 0, & \text{其他}.\end{cases}$$

由 $0\leqslant X\leqslant 2$，$0\leqslant Y\leqslant 1$ 易知 Z 的值域 $R(Z)=[0,2]$，从而任取 $z\in R(Z)$ 有

$$F_Z(z)=P(Z\leqslant z)=P(XY\leqslant z)$$

$$=\iint\limits_{\substack{xy\leqslant z\\(x,y)\in G}}\frac{1}{2}dx\,dy=\frac{1}{2}\left[z+\int_z^2\frac{z}{x}dx\right]$$

$$=\frac{1}{2}z+\frac{\ln 2}{2}z-\frac{1}{2}z\ln z\quad（参看图 3.15.），$$

故得

$$f_Z(z)=[F_Z(z)]'=\frac{1}{2}\ln\frac{2}{z},$$

即

$$f_Z(z)=\begin{cases}\dfrac{1}{2}\ln\dfrac{2}{z}, & 0<z\leqslant 2,\\ 0, & 其他.\end{cases}$$

2. 连续型卷积公式及随机变量的可加性

以下我们讨论两个随机变量和的分布.

定理 3.5.3 设二维随机变量(X,Y)的联合密度为 $f(x,y)$，$Z=X+Y$,则 Z 的密度函数为

$$f_Z(z)=\int_{-\infty}^{+\infty}f(x,z-x)\mathrm{d}x,或\ f_Z(z)=\int_{-\infty}^{+\infty}f(z-y,y)\mathrm{d}y. \tag{3.40}$$

当 X 与 Y 独立时,则

$$f_Z(z)=\int_{-\infty}^{+\infty}f_X(x)f_Y(z-x)\mathrm{d}x\ 或\ f_Z(z)=\int_{-\infty}^{+\infty}f_X(z-y)f_Y(y)\mathrm{d}y. \tag{3.41}$$

这个公式叫 X 与 Y 的**卷积公式**.

证明 取 $z\in R(Z)$,则 Z 的分布函数

$$\begin{aligned}F_Z(z)&=P(Z\leqslant z)=P(X+Y\leqslant z)\\&=\iint\limits_{x+y\leqslant z}f(x,y)\mathrm{d}x\mathrm{d}y\\&=\int_{-\infty}^{+\infty}\left\{\int_{-\infty}^{z-x}f(x,y)\mathrm{d}y\right\}\mathrm{d}x(如图\ 3.16),\end{aligned}$$

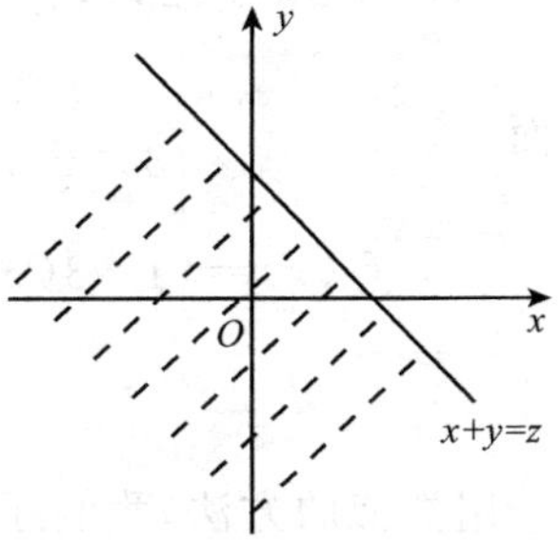

图 3.16

令 $y=u-x$,则 $\mathrm{d}y=\mathrm{d}u$. 故

$$\begin{aligned}F_Z(z)&=\int_{-\infty}^{+\infty}\left\{\int_{-\infty}^{z}f(x,u-x)\mathrm{d}u\right\}\mathrm{d}x\\&=\int_{-\infty}^{z}\left\{\int_{-\infty}^{+\infty}f(x,u-x)\mathrm{d}x\right\}\mathrm{d}u,\end{aligned}$$

从而 $f_Z(z)=[F_Z(z)]'=\int_{-\infty}^{+\infty}f(x,z-x)\mathrm{d}x$. 由 X 与 Y 的对称性,易知上式又可写成

$$f_Z(z)=\int_{-\infty}^{+\infty}f(z-y,y)\mathrm{d}y.$$

例 3.5.7 设 $Y\sim U(0,1)$,而 X 有密度函数

$$f_X(x)=\begin{cases}6x(1-x), & 0\leqslant x\leqslant 1,\\ 0, & 其他,\end{cases}$$

且 X 与 Y 独立. 令 $Z=X+Y$,求 Z 的密度 $f_Z(z)$.

解　Y 的密度函数为 $f_Y(y)=\begin{cases}1, & 0\leqslant y\leqslant 1,\\ 0, & \text{其他}.\end{cases}$

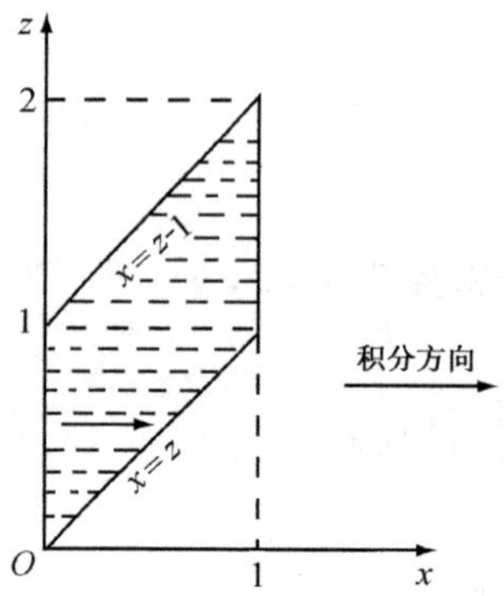

图 3.17

由卷积公式,有

$$f_Z(z)=\int_{-\infty}^{+\infty} f_X(x)f_Y(z-x)\mathrm{d}x.$$

要被积函数 $\neq 0$,应有 $\begin{cases}0\leqslant x\leqslant 1,\\ 0\leqslant z-x\leqslant 1,\end{cases}$ 如图 3.17 所示. 当 $z\in(0,2)$ 固定,且在图中阴影部分内沿 x 方向积分时,被积函数$\neq 0$. 故得

(i) 当 $0\leqslant z\leqslant 1$ 时,$f_Z(z)=\int_0^z 6x(1-x)\mathrm{d}x=3z^2-2z^3$;

(ii) 当 $1<z\leqslant 2$ 时,$f_Z(z)=\int_{z-1}^1 6x(1-x)\mathrm{d}x=1-3(z-1)^2+2(z-1)^3$.

从而

$$f_Z(z)=\begin{cases}3z^2-2z^3, & 0\leqslant z\leqslant 1,\\ 1-3(z-1)^2+2(z-1)^3, & 1<z\leqslant 2,\\ 0, & \text{其他}.\end{cases}$$

用类似的方法,我们还可以得到以下的两个随机变量之差的分布.

定理 3.5.4　设二维随机变量(X,Y)的联合密度为 $f(x,y)$,$Z=X-Y$,则 Z 的密度函数为

$$f_Z(z)=\int_{-\infty}^{+\infty} f(x,x-z)\mathrm{d}x \text{ 或 } f_Z(z)=\int_{-\infty}^{+\infty} f(y+z,y)\mathrm{d}y. \quad (3.42)$$

当 X 与 Y 独立时,则

$$f_Z(z)=\int_{-\infty}^{+\infty} f_X(x)f_Y(x-z)\mathrm{d}x \text{ 或 } f_Z(z)=\int_{-\infty}^{+\infty} f_X(y+z)f_Y(y)\mathrm{d}y.$$

(3.43)

这个定理的证明与定理 3.5.3 的类似,从略. 其例可参见例题 3.6.6.

同离散型一样,有些连续型随机变量也具有可加性. 即我们有如下定理.

定理 3.5.5(正态分布的可加性)　设 $X\sim N(\mu_1,\sigma_1^2)$,$Y\sim N(\mu_2,\sigma_2^2)$且 X 与 Y 独立,则

$$Z=X+Y\sim N(\mu_1+\mu_2,\sigma_1^2+\sigma_2^2).\tag{3.44}$$

证明 由正态分布密度函数的定义及卷积公式易知

$$\begin{aligned}f_Z(z)&=\int_{-\infty}^{+\infty}f_X(x)f_Y(z-x)\mathrm{d}x\\&=\int_{-\infty}^{+\infty}\frac{1}{2\pi\sigma_1\sigma_2}\exp\left\{-\frac{1}{2}\left[\frac{(x-\mu_1)^2}{\sigma_1^2}+\frac{(z-x-\mu_2)^2}{\sigma_2^2}\right]\right\}\mathrm{d}x.\end{aligned}$$

展开被积函数的指数,整理后可得

$$f_Z(z)=\frac{1}{2\pi\sigma_1\sigma_2}\int_{-\infty}^{+\infty}\mathrm{e}^{-(ax^2-2bx+c)}\mathrm{d}x,$$

其中,$a=\frac{1}{2}\left(\frac{1}{\sigma_1^2}+\frac{1}{\sigma_2^2}\right)$,$b=\frac{1}{2}\left(\frac{\mu_1}{\sigma_1^2}+\frac{z-\mu_2}{\sigma_2^2}\right)$,$c=\frac{1}{2}\left[\frac{\mu_1^2}{\sigma_1^2}+\frac{(z-\mu_2)^2}{\sigma_2^2}\right]$.不难计算

$$\int_{-\infty}^{+\infty}\mathrm{e}^{-(ax^2-2bx+c)}\mathrm{d}x=\sqrt{\frac{\pi}{a}}\cdot\mathrm{e}^{-\frac{ac-b^2}{a}},$$

代入后可得

$$f_Z(z)=\frac{1}{\sqrt{2\pi}\sqrt{\sigma_1^2+\sigma_2^2}}\mathrm{e}^{-\frac{[z-(\mu_1+\mu_2)]^2}{2(\sigma_1^2+\sigma_2^2)}},$$

由此可见

$$Z=X+Y\sim N(\mu_1+\mu_2,\sigma_1^2+\sigma_2^2).$$

由此不难推得更一般的结论,即得如下定理.

定理 3.5.6 设随机变量 $X_1,X_2,\cdots,X_n$ 相互独立,且都服从正态分布:$X_i\sim N(\mu_i,\sigma_i^2)$,$i=1,2,\cdots,n$,则它们的线性组合也是正态的,即

$$\sum_{i=1}^{n}c_iX_i\sim N\left(\sum_{i=1}^{n}c_i\mu_i,\sum_{i=1}^{n}c_i^2\sigma_i^2\right).\tag{3.45}$$

其中,$c_1,c_2,\cdots,c_n$ 为常数.

除了正态分布,Γ 分布也具有可加性. 即我们有下列定理.

定理 3.5.7 设随机变量 $X_1,X_2,\cdots,X_n$ 相互独立,且都服从 Γ 分布:$X_i\sim\Gamma(\alpha_i,\beta)$,$i=1,2,\cdots,n$,令 $Z=\sum_{i=1}^{n}X_i$,则

$$Z\sim\Gamma\left(\sum_{i=1}^{n}\alpha_i,\beta\right).\tag{3.46}$$

这个定理的证明涉及 β 函数,本书从略.

3. 两随机变量之商的分布

对于两个随机变量之商的分布情况,类似于卷积公式,我们有以下定理.

定理 3.5.8　设二维随机变量(X,Y)的联合密度为 $f(x,y)$,$Z=\dfrac{X}{Y}$,则 Z 的密度函数为

$$f_Z(z)=\int_{-\infty}^{+\infty}|y|f(zy,y)\mathrm{d}y, \tag{3.47}$$

若 X 与 Y 独立,则有

$$f_Z(z)=\int_{-\infty}^{+\infty}|y|f_X(zy)f_Y(y)\mathrm{d}y. \tag{3.48}$$

证明　如图 3.18 所示的积分区域,我们有

$$F_Z(z)=P(Z\leqslant z)=P\left(\frac{X}{Y}\leqslant z\right)=\iint\limits_{\frac{x}{y}\leqslant z}f(x,y)\mathrm{d}x\mathrm{d}y$$
$$=\int_0^{+\infty}\left[\int_{-\infty}^{zy}f(x,y)\mathrm{d}x\right]\mathrm{d}y+\int_{-\infty}^0\left[\int_{zy}^{+\infty}f(x,y)\mathrm{d}x\right]\mathrm{d}y,$$

从而有

$$f_Z(z)=[F_Z'(z)]=\int_0^{+\infty}yf(zy,y)\mathrm{d}y+\int_{-\infty}^0(-y)f(zy,y)\mathrm{d}y$$
$$=\int_{-\infty}^{+\infty}|y|f(zy,y)\mathrm{d}y.$$

例 3.5.8　设 $X\sim U(0,1)$,$Y\sim U(0,1)$互相独立,$Z=\dfrac{X}{Y}$,求 Z 的密度

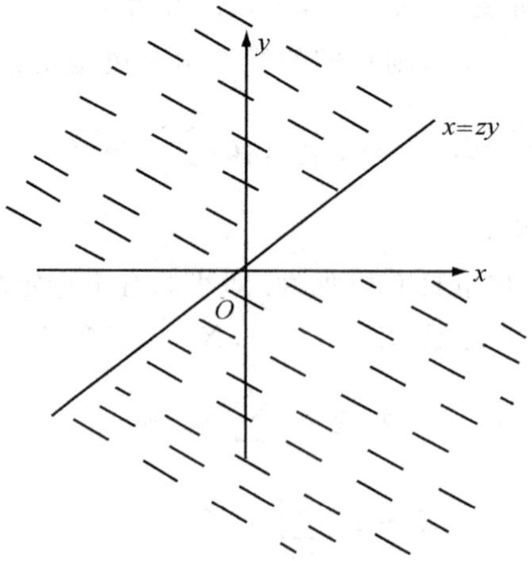

图 3.18

$f_Z(z)$.

解 我们有 $f_X(x)=\begin{cases}1, & 0\leqslant x\leqslant 1,\\ 0, & \text{其他},\end{cases}$

$f_Y(y)=\begin{cases}1, & 0\leqslant y\leqslant 1,\\ 0, & \text{其他}.\end{cases}$则由上述定理可得

$$f_Z(z)=\int_{-\infty}^{+\infty}|y|f_X(zy)f_Y(y)\mathrm{d}y.$$

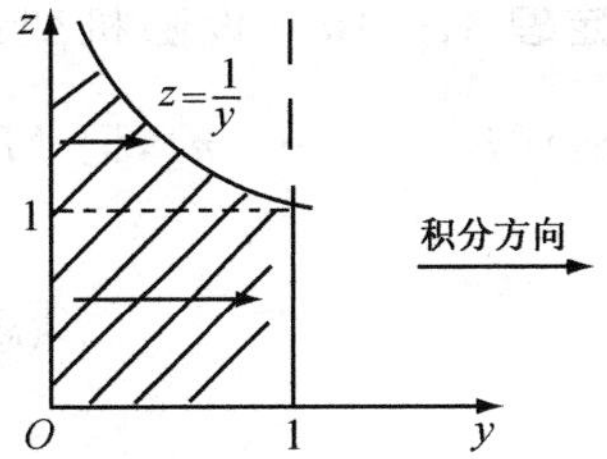

图 3.19

要被积函数$\neq 0$,应有$\begin{cases}0\leqslant zy\leqslant 1,\\ 0\leqslant y\leqslant 1.\end{cases}$如图 3.19 所示.

$$\text{当 } 0\leqslant z\leqslant 1 \text{ 时}, f_Z(z)=\int_0^1 y\mathrm{d}y=\frac{1}{2},$$

$$\text{当 } z>1 \text{ 时}, f_Z(z)=\int_0^{\frac{1}{z}} y\mathrm{d}y=\frac{1}{2z^2}.$$

于是得

$$f_Z(z)=\begin{cases}\dfrac{1}{2}, & 0\leqslant z\leqslant 1,\\ \dfrac{1}{2z^2}, & z>1,\\ 0, & \text{其他}.\end{cases}$$

4. Max、Min 型随机变量的分布

设 X, Y 是两个相互独立的随机变量,其分布函数分别为 $F_X(x)$, $F_Y(y)$. 又设 $M=\max\{X,Y\}$, $N=\min\{X,Y\}$,则 M, N 也是随机变量. 我们有下述定理.

定理 3.5.9 在上述条件下,M, N 的分布函数为

$$F_M(z)=F_X(z)F_Y(z), \tag{3.49}$$

$$F_N(z)=1-[1-F_X(z)][1-F_Y(z)]. \tag{3.50}$$

证明 由分布函数的定义及 X、Y 的独立性知,

$$F_M(z)=P(M\leqslant z)=P(X\leqslant z, Y\leqslant z)$$

$$=P(X\leqslant z)\cdot P(Y\leqslant z)=F_X(z)\cdot F_Y(z),$$

$$F_N(z)=P(N\leqslant z)=1-P(N>z)$$

$$=1-P(X>z, Y>z)=1-P(X>z)P(Y>z)$$

$$=1-[1-P(X\leqslant z)][1-P(Y\leqslant z)]=1-[1-F_X(z)][1-F_Y(z)].$$

一般地,用类似上述方法可推得

定理 3.5.10 设随机变量 $X_1,\cdots,X_n$ 相互独立,且 X_i 的分布函数为 $F_{X_i}(x_i)(i=1,2,\cdots,n)$,记 $M=\max\{X_1,\cdots,X_n\}$, $N=\min\{X_1,\cdots,X_n\}$,则

$$F_M(z)=\prod_{i=1}^{n}F_{X_i}(z), \tag{3.51}$$

$$F_N(z)=1-\prod_{i=1}^{n}[1-F_{X_i}(z)]. \tag{3.52}$$

由此可得如下推论.

推论 设 $X_1,\cdots,X_n$ 是 n 个相互独立的随机变量,且有相同的分布函数 $F(x)$,则

$$F_M(z)=[F(z)]^n, \tag{3.53}$$

$$F_N(z)=1-[1-F(z)]^n. \tag{3.54}$$

此外,如果上述随机变量是连续型的,有相同的密度 $f(x)$,则 M, N 的密度可用对 $F_M(z)$, $F_N(z)$求导的方式获得,读者可以自己推导.下面是一个例子.

例 3.5.9 设某一系统由 4 个相互独立的电子元件组成,其联结方式是(1)并联(2)串联.若每个元件寿命 $T_i\sim e\left(\frac{1}{2}\right)$(单位:万小时)($i=1,2,3,4$)试就以上两种联结方式求系统使用寿命的密度函数以及使用寿命大于 1.2 万小时的概率.

解 (1)对并联系统,设系统寿命为 T,则有

$$T=\max\{T_1,T_2,T_3,T_4\},$$

又每个 T_i 有分布函数

$$F(t)=\begin{cases}1-e^{-\frac{1}{2}t}, & t>0,\\ 0, & \text{其他}.\end{cases}$$

由(3.53)式得 T 的分布函数

$$F_T(t)=[F(t)]^4=\begin{cases}(1-e^{-\frac{t}{2}})^4, & t>0,\\ 0, & \text{其他}.\end{cases}$$

于是

$$f_T(t)=[F_T(t)]'=\begin{cases}2e^{-\frac{t}{2}}(1-e^{-\frac{t}{2}})^3, & t>0,\\ 0, & \text{其他}.\end{cases}$$

所求概率为

$$P(T>1.2)=1-P(T\leqslant 1.2)=1-F_T(1.2)=1-(1-e^{-\frac{1}{2}\times 1.2})^4=0.9586.$$

(2)对串联系统,设系统寿命为 Z,则有

$$Z=\min\{T_1,T_2,T_3,T_4\},$$

由(3.54)式得 Z 的分布函数

$$F_Z(t)=1-[1-F(t)]^4=\begin{cases}1-e^{-2t}, & t>0,\\ 0, & 其他.\end{cases}$$

于是

$$f_Z(t)=[F_Z(t)]'=\begin{cases}2e^{-2t}, & t>0,\\ 0, & 其他.\end{cases}$$

所求概率为

$$\begin{aligned}P(Z>1.2)&=1-P(Z\leqslant 1.2)=1-F_Z(1.2)\\&=1-(1-e^{-2\times 1.2})=e^{-2.4}=0.0907.\end{aligned}$$

3.6 综合例题

例 3.6.1 设随机变量 X 的分布函数为

$$F(x)=A+B\arctan x,\ -\infty<x<+\infty.$$

求:(1)系数 A,B;(2)$P(-1<x<1)$;(3)密度函数 $f(x)$.

分析 主要是应用分布函数的性质.

解 (1)由 $F(-\infty)=0,F(+\infty)=1$ 得

$$\begin{cases}A-\dfrac{\pi}{2}B=0,\\ A+\dfrac{\pi}{2}B=1.\end{cases}\Rightarrow\begin{cases}A=\dfrac{1}{2},\\ B=\dfrac{1}{\pi}.\end{cases}$$

(2)由(1)知 $F(x)=\dfrac{1}{2}+\dfrac{1}{\pi}\arctan x$,故得

$$\begin{aligned}P(-1<X<1)&=F(1)-F(-1)\\&=\frac{1}{2}+\frac{1}{\pi}\arctan 1-\left(\frac{1}{2}+\frac{1}{\pi}\arctan(-1)\right)\\&=\frac{1}{\pi}\cdot\frac{\pi}{4}-\frac{1}{\pi}\cdot\left(-\frac{\pi}{4}\right)=\frac{1}{2};\end{aligned}$$

(3) $f(x)=[F(x)]'=\dfrac{1}{\pi(1+x^2)},-\infty<x<+\infty.$

注 这个分布叫柯西(Cauchy)分布.

例 3.6.2 某重点大学招收新生 800 人,按高考成绩从高分到低分依次

录取.设报考该大学的考生共 3000 人,且考试成绩服从正态分布.已知这些考生中成绩在 600 分以上的有 200 人,重点线(500 分)下的 2075 人,问该大学的实录线(即录取最低分)是多少?

分析 设学生考试成绩 $X\sim N(\mu,\sigma^2)$,首先应求出 μ 及 σ^2 之值,然后根据录取人数占总人数的比例再应用正态分布求概率公式算出实录最低分.

解 设学生成绩 $X\sim N(\mu,\sigma^2)$,由题设知应有

$$\begin{cases} P(X\geqslant 600)=\dfrac{200}{3000}=0.0667, \\ P(X<500)=\dfrac{2075}{3000}=0.6917, \end{cases}$$

从而得 $1-\Phi\left(\dfrac{600-\mu}{\sigma}\right)=0.0667$,即 $\Phi\left(\dfrac{600-\mu}{\sigma}\right)=0.9333$,以及 $\Phi\left(\dfrac{500-\mu}{\sigma}\right)=0.6917$.查表得 $\begin{cases} \dfrac{600-\mu}{\sigma}=1.5, \\ \dfrac{500-\mu}{\sigma}=0.5. \end{cases}$ 解之,得 $\begin{cases} \mu=450, \\ \sigma=100. \end{cases}$ 故知 $X\sim N(450,100^2)$.

又设该大学实录线为 a,由题设知

$$P(X\geqslant a)=\frac{800}{3000}=0.2667,$$

即

$$1-\Phi\left(\frac{a-450}{100}\right)=0.2667.$$

于是可得

$$\Phi\left(\frac{a-450}{100}\right)=0.7333,$$

查表得 $\dfrac{a-450}{100}=0.623$,解之,$a=512.3$.即是说该大学的实录线约为 512 分.

例 3.6.3 设随机变量 (X,Y) 在圆域 $G=\{(x,y)\mid (x-1)^2+(y+2)^2\leqslant 9\}$ 上均匀分布,

(1)求在 $X=x$ 条件下 Y 的条件密度;

(2)计算概率 $P(Y>0\mid X=2)$.

分析 在求条件密度之前首先应求出联合密度及边缘密度.本题应注意的是积分上、下限以及 X 的取值范围.

解 (1)显然区域 G 是以 $(1,-2)$ 点为圆心,半径为 3 的一个圆域,其面积为 9π.

从而,(X,Y) 的联合密度为

$$f(x,y)=\begin{cases}\dfrac{1}{9\pi}, & (x,y)\in G,\\ 0, & \text{其他}.\end{cases}$$

又易知 X 的值域为[-2,4]，当 $x\in(-2,4)$时，X 的边缘密度

$$f_X(x)=\int_{-\infty}^{+\infty}f(x,y)\mathrm{d}y=\int_{-\sqrt{(x+2)(4-x)}-2}^{\sqrt{(x+2)(4-x)}-2}\frac{1}{9\pi}\mathrm{d}y$$

$$=\frac{2\sqrt{(x+2)(4-x)}}{9\pi}.$$

即

$$f_X(x)=\begin{cases}\dfrac{2\sqrt{(x+2)(4-x)}}{9\pi}, & -2<x<4,\\ 0, & \text{其他}.\end{cases}$$

从而，当$-2<x<4$时，在 $X=x$ 下 Y 的条件密度

$$f_{Y|X}(y|x)=\frac{f(x,y)}{f_X(x)}$$

$$=\begin{cases}\dfrac{1}{2\sqrt{(x+2)(4-x)}}, & -\sqrt{(x+2)(4-x)}-2<y<\sqrt{(x+2)(4-x)}-2,\\ 0, & \text{其他}.\end{cases}$$

(2)由上式知，当 $X=2$ 时，Y 有条件密度

$$f_{Y|X}(y|2)=\begin{cases}\dfrac{1}{4\sqrt{2}}, & -2(\sqrt{2}+1)<y<2(\sqrt{2}-1),\\ 0, & \text{其他}.\end{cases}$$

从而所求概率为

$$P(Y>0\,|\,X=2)=\int_0^{+\infty}f_{Y|X}(y|2)\mathrm{d}y$$

$$=\int_0^{2(\sqrt{2}-1)}\frac{1}{4\sqrt{2}}\mathrm{d}y=\frac{2-\sqrt{2}}{4}.$$

例 3.6.4 设随机变量 X 与 Y 独立，且 $X\sim\Gamma(2,1)$，Y 有密度

$$f_Y(y)=\begin{cases}ye^{-\frac{y^2}{2}}, & y>0,\\ 0, & \text{其他}.\end{cases}$$

求概率 $P(X\geqslant Y^2)$.

分析 由独立性知两边缘密度之积等于联合密度，然后再计算概率.

解 易知 X 的密度函数为

$$f_X(x)=\begin{cases}xe^{-x}, & x>0,\\ 0, & \text{其他}.\end{cases}$$

从而(X，Y)有联合密度

$$f(x,y)=f_X(x)\cdot f_Y(y)=\begin{cases} xye^{-x-\frac{y^2}{2}}, & x>0,y>0,\\ 0, & \text{其他}.\end{cases}$$

于是

$$\begin{aligned} P(X\geqslant Y^2)&=\iint\limits_{y^2\leqslant x} f(x,y)\,\mathrm{d}x\mathrm{d}y=\int_0^{+\infty}\int_0^{\sqrt{x}} xye^{-x-\frac{y^2}{2}}\,\mathrm{d}y\mathrm{d}x\\ &=\int_0^{+\infty} xe^{-x}\cdot\left(-e^{-\frac{y^2}{2}}\right)\Big|_0^{\sqrt{x}}\,\mathrm{d}x=\int_0^{+\infty} xe^{-x}(1-e^{-\frac{x}{2}})\,\mathrm{d}x\\ &=\Gamma(2)-\frac{4}{9}\Gamma(2)=\frac{5}{9}. \end{aligned}$$

例 3.6.5　设 $X\sim U(-1,3)$，(1) $Y=X^2$，(2) $Y=3X+2$ 求 Y 的概率密度.

分析　这可以用平方变换及线性变换的公式作，亦可用定义求解，但必须注意 Y 的值域及 $f(-\sqrt{y})$ 取值的不同.

解　由题设知，X 有密度

$$f_X(x)=\begin{cases}\dfrac{1}{4}, & -1\leqslant x\leqslant 3,\\ 0, & \text{其他}.\end{cases}$$

(1)设 $Y=X^2$，则由平方变换公式，

$$f_Y(y)=\frac{1}{2\sqrt{y}}[f_X(\sqrt{y})+f_X(-\sqrt{y})],$$

但由 $-1\leqslant X\leqslant 3$ 知 $0\leqslant Y\leqslant 9$，且注意到当 $y>1$ 及 $0\leqslant y\leqslant 1$ 时，$f_X(-\sqrt{y})$ 有不同的表达式，故得当 $0<y\leqslant 1$ 时，

$$f_Y(y)=\frac{1}{2\sqrt{y}}\left[\frac{1}{4}+\frac{1}{4}\right]=\frac{1}{4\sqrt{y}};$$

当 $9\geqslant y>1$ 时，$f_X(-\sqrt{y})=0$，从而

$$f_Y(y)=\frac{1}{2\sqrt{y}}\left[\frac{1}{4}+0\right]=\frac{1}{8\sqrt{y}},$$

于是

$$f_Y(y)=\begin{cases}\dfrac{1}{4\sqrt{y}}, & 0<y\leqslant 1,\\ \dfrac{1}{8\sqrt{y}}, & 1<y\leqslant 9,\\ 0, & \text{其他}.\end{cases}$$

(2)由 $Y=3X+2$ 及 $-1\leqslant X\leqslant 3$ 知 Y 的值域为 $-1\leqslant Y\leqslant 11$. 对每个 $y\in[-1,11]$，由线性变换公式可得

$$f_Y(y)=\frac{1}{3}f_X\left(\frac{y-2}{3}\right)=\frac{1}{12},$$

从而

$$f_Y(y)=\begin{cases}\frac{1}{12}, & -1\leqslant y\leqslant 11,\\ 0, & \text{其他}.\end{cases}$$

例 3.6.6 设 $X\sim U(0,1)$，$Y\sim e(1)$且 X 与 Y 独立，求 $Z=X-2Y$ 的密度函数.

分析 可设 $Y_1=2Y$，由 X 与 Y 独立知 X 与 Y_1 也独立. 可先由线性变换公式求出 Y_1 的密度，而这时 $Z=X-Y_1$，可利用定理 3.5.4 的公式.

解 由题设知 X 及 Y 有密度函数

$$f_X(x)=\begin{cases}1, & 0\leqslant x\leqslant 1,\\ 0, & \text{其他},\end{cases}\qquad f_Y(y)=\begin{cases}e^{-y}, & y>0,\\ 0, & \text{其他}.\end{cases}$$

设 $Y_1=2Y$，由(3.36)式知 Y_1 有密度

$$f_{Y_1}(y)=\frac{1}{2}f_Y\left(\frac{y}{2}\right)=\begin{cases}\frac{1}{2}e^{-\frac{y}{2}}, & y>0,\\ 0, & \text{其他}.\end{cases}$$

从而 $Z=X-Y_1$ 有密度函数

$$f_Z(z)=\int_{-\infty}^{+\infty}f_X(x)f_{Y_1}(x-z)\,dx.$$

要被积函数 $\neq 0$，应有

$$\begin{cases}0\leqslant x\leqslant 1,\\ x-z>0,\end{cases}\quad\text{即}\begin{cases}0\leqslant x\leqslant 1,\\ x>z\end{cases}\text{（如图 3.20）}.$$

从而，当 $0\leqslant z<1$ 时，

$$f_Z(z)=\int_z^1 1\cdot\frac{1}{2}e^{-\frac{1}{2}(x-z)}\,dx=1-e^{\frac{1}{2}(z-1)},$$

当 $z<0$ 时，

$$f_Z(z)=\int_0^1 1\cdot\frac{1}{2}e^{-\frac{1}{2}(x-z)}\,dx=e^{\frac{z}{2}}(1-e^{-\frac{1}{2}});$$

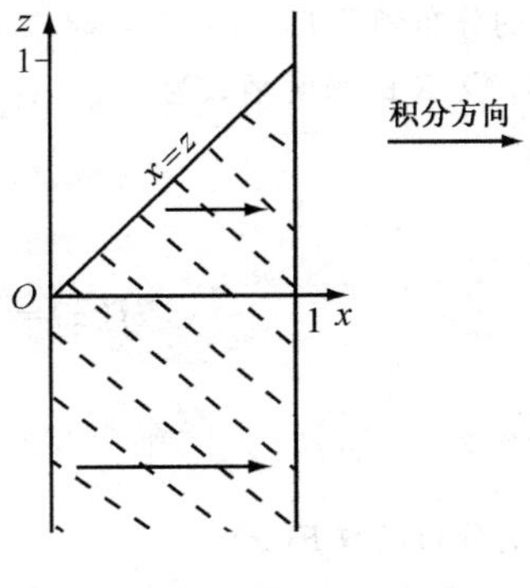

图 3.20

最后得
$$f_Z(z)=\begin{cases}1-e^{\frac{1}{2}(z-1)}, & 0\leqslant z<1,\\ e^{\frac{z}{2}}(1-e^{-\frac{1}{2}}), & z<0,\\ 0, & \text{其他}.\end{cases}$$

习　题　3

1. 证明函数
$$\varphi(x)=\begin{cases}\dfrac{x}{c}e^{-\frac{x^2}{2c}}, & x\geqslant 0,\\ 0, & x<0\end{cases}$$
为某随机变量的密度函数,并计算概率 $P(X\geqslant 2)$. 其中 $c>0$ 为常数

2. 设随机变量 X 的密度函数为
$$f(x)=\begin{cases}\dfrac{A}{\sqrt{1-x^2}}, & |x|<1,\\ 0, & \text{其他}.\end{cases}$$
(1)求系数 A;

(2)求 X 的分布函数 $F(x)$;

(3)求 X 落在区间 $\left(-\dfrac{1}{2},\dfrac{1}{2}\right)$ 内的概率.

3. 设随机变量 X 在区间[0,2]内取值,且对每个 $a\in[0,2]$,X 落入$[0,a]$内的概率与 a^3 成正比.

(1)求 X 的分布函数 $F(x)$;

(2)求 X 的密度函数 $f(x)$;

(3)计算 X 落在区间[0,1]内的概率.

4. 已知随机变量 X 的密度函数为
$$f(x)=\frac{1}{2}e^{-|x|},\quad -\infty<x<+\infty.$$
求 X 的分布函数 $F(x)$.

5. 设 X 的密度函数为
$$f(x)=\begin{cases}\dfrac{1}{2}e^{x}, & -\infty<x<0,\\ \dfrac{x}{2}, & 0\leqslant x<1,\\ 1-\dfrac{x}{2}, & 1\leqslant x<2,\\ 0, & x\geqslant 2.\end{cases}$$
求 X 的分布函数 $F(x)$.

6. 设随机变量 $X\sim U(2,5)$. 现对 X 进行三次独立观测,求至少有两次观测值大于 3 的概率.

7. 证明:若 $X\sim e(\lambda)$,则(3.11)式成立.

8. 某仪器装有 6 只独立工作的同型号电子元件,其寿命(单位:小时)$X\sim e\left(\frac{1}{600}\right)$.求:在仪器使用的最初 200 小时内,

(1)恰有一只元件损坏的概率;

(2)至少有一只元件损坏的概率.

9. 设 $X\sim N(0,1)$,利用标准正态分布计算下列概率:

(1)$P(X<-0.78)$;　(2)$P(|X-1.5|>1.5)$;

(3)$P(|X|>1.55)$;　(4)$P(2|X|\leqslant 5)$.

10. 设 $X\sim N(-1,4)$,计算下列概率:

(1)$P(X<2.44)$;　(2)$P(X<-2.44)$;

(3)$P(|X|>2.8)$;　(4)$P(|X-1|<1)$.

11. 某校抽样调查表明,该校考生外语成绩(百分制)服从正态分布 $N(72,\sigma^2)$.已知 96 分以上的占考生总数的 2.3%,求考生的外语成绩在 60 分到 84 分之间的概率.

12. 设成年男子身高服从正态分布 $N(170,10^2)$(单位:厘米).

(1)求成年男子身高大于 160cm 的概率;

(2)公共汽车车门应设计多高,才能使成年男子上车时碰头的概率不大于 5%?

(3)在这个设计之下,求 100 个成年男子上车时,至少有 2 个人发生碰头的概率.

13. 设二维随机变量(X,Y)的密度函数为

$$f(x,y)=\begin{cases}k(3x^2+xy), & 0\leqslant x\leqslant 1,1\leqslant y\leqslant 3,\\ 0, & \text{其他}.\end{cases}$$

(1)确定常数 k;

(2)求 $P(X\leqslant\frac{1}{2},Y\leqslant 2)$;

(3)求 $P\left(X<\frac{1}{2}\right)$;

(4)求 $P(2X+Y\leqslant 3)$.

14. 设二维随机变量(X,Y)的密度函数为

$$f(x,y)=\begin{cases}Ae^{-(2x+3y)}, & x>0,y>0,\\ 0, & \text{其他}.\end{cases}$$

(1)确定常数 A;

(2)求(X,Y)的分布函数;

(3)计算概率 $P(X\leqslant 1,Y\leqslant 3)$以及 $P(X<Y)$;

(4)问 X 与 Y 是否独立?

15. 设二维随机变量(X,Y)在矩形域$[1,2]\times[2,4]$上均匀分布.

(1)写出(X,Y)的联合密度及边缘密度函数;

(2)求出(X,Y)的分布函数 $F(x,y)$.

16. 设 X 与 Y 是两个相互独立的随机变量,已知 $X\sim U(0,1)$,Y 的密度函数为

$$f_Y(y)=\begin{cases}\frac{1}{2}e^{-\frac{y}{2}}, & y>0,\\ 0, & \text{其他}.\end{cases}$$

(1)求 X 与 Y 的联合密度函数；

(2)设含有 a 的二次方程 $a^2+2aX+Y=0$，求 a 有实根的概率.

17. 设随机变量 X 与 Y 独立，且都在[1,3]上服从均匀分布；引进事件 A=“$X\leqslant a$”，B=“$Y>a$”. 若已知 $P(A\cup B)=\frac{7}{9}$，求常数 a.

18. 设(X，Y)的联合密度为

$$f(x,y)=\begin{cases}3x, & 0<x<1,0<y<x,\\ 0, & \text{其他}.\end{cases}$$

求：(1) X，Y 的边缘密度并判断 X 与 Y 是否独立；

(2) X，Y 的条件密度；

(3) $Z=X-Y$ 的密度函数.

19. 求 13 题中 X，Y 的边缘密度及条件密度，并计算概率 $P\left(X<\frac{1}{2}\,\middle|\,Y=2\right)$ 及 $P\left(X<\frac{1}{2}\,\middle|\,Y\leqslant 2\right)$.

20. 设(X，Y)的联合密度为

$$f(x,y)=\begin{cases}\dfrac{1}{2x^2y}, & 1<x<+\infty,\dfrac{1}{x}<y<x,\\ 0, & \text{其他}.\end{cases}$$

求：(1) X 及 Y 的边缘密度；

(2)计算概率 $P(1<X<\mathrm{e})$，$P\left(\frac{1}{2}<Y<2\right)$；

(3) X 及 Y 的条件密度；

(4)计算概率 $P\left(X>4\mid Y=\frac{1}{2}\right)$及 $P(X>4\mid Y=3)$.

21. 设随机变量 $X\sim e(1)$且当已知 $X=x$ 时，$Y\sim U(0,x)$，其中 $x>0$，求(X，Y)的联合密度.

22. 设 $X\sim U(1,2)$，求 $Y=e^{2X}$的密度函数.

23. 设 $X\sim\Gamma(2,1)$，求 $Y=1-\sqrt[3]{X}$的密度函数.

24. 设随机点 M 在上半单位圆周 $L=\{(x,y)\mid x^2+y^2=1,y>0\}$上均匀分布，其向径 OM(原点为 O 点)与 x 轴正向的夹角设为 θ. 记 $Y=|\mathrm{tg}\theta|$，求 Y 的密度函数并计算概率 $P(Y>1)$.

25. 设 $X\sim U(2,3)$，$Y=3X-4$，$Z=2X^2$，分别求 Y 及 Z 的密度函数.

26. 设 $X\sim e(2)$，$Y=-3X+4$，$Z=X^2$，分别求 Y 及 Z 的密度函数.

27. 设随机变量 X 与 Y 表示地震时水平方向的两个速度分量，总动能 $Z=\frac{1}{2}m(X^2+Y^2)$，其中 m 为建筑物质量. 设 X 与 Y 独立且都服从 $N(0,\sigma^2)$，求 Z 的分布函数与密度函数.

28. 设 X 与 Y 独立，且有下列密度函数，求 $Z=X+Y$ 的密度.

(i) $X\sim U(0,1)$，$Y\sim e(1)$；

(ii) X 与 Y 均服从均匀分布 U(0,1);

(iii) $X\sim N(\mu,\sigma^2)$, $Y\sim U(-\pi,\pi)$;

(iv) $X\sim U(0,1)$, Y 在(0,2)上服从辛普生分布:

$$f_Y(y)=\begin{cases} y, & 0\leqslant y\leqslant 1, \\ 2-y, & 1<y\leqslant 2, \\ 0, & \text{其他}. \end{cases}$$

29. 设(X, Y)有联合密度

$$f(x,y)=\begin{cases} 2e^{-(x+2y)}, & x>0, y>0, \\ 0, & \text{其他}. \end{cases}$$

求(i) $Z=X+2Y$,(ii) $Z=X-2Y$ 的分布.

30. 设 $X_i\sim N(1,4)$, $i=1,2,3,4$ 且诸 X_i 互相独立,令 $Z=X_1+2X_2+3X_3+4X_4$,求概率 $P(5\leqslant Z\leqslant 15)$.

31. 设(X, Y)有联合密度

$$f(x,y)=\begin{cases} \frac{1}{4}(1+xy), & |x|<1, |y|<1, \\ 0, & \text{其他}. \end{cases}$$

证明:X 与 Y 不独立,但 X^2 与 Y^2 独立.

32. 设两个电子元件的寿命分别为 X, Y 且有 $X\sim e(1)$, $Y\sim e(2)$,互相独立,求 $Z=\dfrac{X}{Y}$的概率密度.

33. 如图,设两个电子元件联结方式为:(i)串联,(ii)并联,(iii)备用(即第一个损坏时换上第二个). 又设两元件寿命 $X\sim e(\lambda)$, $Y\sim e(\theta)$,求上述三种系统的寿命的概率密度函数. $(\lambda\neq\theta)$

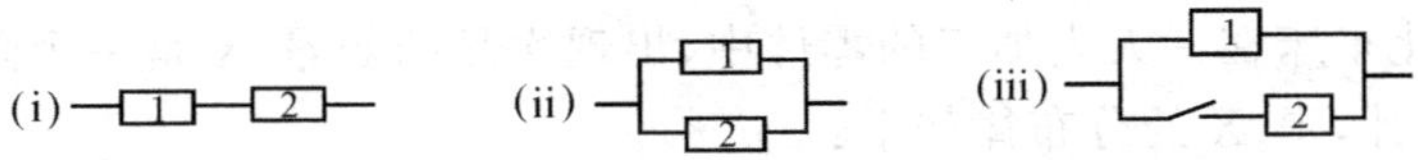

34. 三个火车站每天上午各自独立地发出一列火车去同一煤矿拉煤,设每列火车到达时间从上午 8 时到下午 8 时均匀分布. 求:

(1)第一列火车到达时刻的概率密度;

(2)某天第一列火车在上午 9 时后到达的概率.

第 4 章　随机变量的数字特征

在上两章中,我们分别介绍了离散型及连续型随机变量的分布,它们的确能完整地描述随机变量的统计规律性.然而在实际操作时,求出一个随机变量的分布函数往往并不是一件容易的事情.在许多情况下,人们并不需要全面地掌握随机变量的分布情况,只需要知道它的某些综合性指标就够了.例如,考查某地区的家庭收入情况,人们关心的是该地区的平均家庭收入以及贫富差异的程度;研究某种小麦的优劣,则关心的是每穗平均粒数,平均千粒重以及每穗粒数、粒重是否较均衡.由此看来,需要引进一些用于反映随机变量的平均值及差异程度的量.这些量以及与随机变量有关的其他某些数值,虽不能完整地描述随机变量,但却能描述它的某方面的重要特征,我们称之为随机变量的数字特征.常用的数字特征有数学期望、方差、协方差、相关系数以及各阶矩等.

4.1　数学期望

4.1.1　数学期望的定义

先看一个实例.

某自动化车床在一天内加工的零件中,出现次品的数量 X 是一个随机变量.由多日统计,得 X 的分布律如下:

X	0	1	2	3	4
p_k	0.15	0.27	0.44	0.10	0.04

问该车床平均一天出几个次品?

我们的想法是:假设该车床工作 100 天,按 X 的分布律,在“理想”情况下,出 0,1,2,3,4 个次品的天数各应为 15,27,44,10,4 天.由此可得平均一天的次品数为

$$
\begin{aligned}
&\frac{1}{100}(0\times 15+1\times 27+2\times 44+3\times 10+4\times 4)\\
&=0\times 0.15+1\times 0.27+2\times 0.44+3\times 0.10+4\times 0.04\\
&=\sum_{k=0}^{4} x_k p_k=1.61.
\end{aligned}
$$

比照这个式子,我们可作如下定义.

定义 4.1.1 设离散型随机变量 X 的分布律为

$$P(X=x_k)=p_k,\quad k=1,2,\cdots.$$

若级数 $\sum\limits_{k=1}^{\infty}x_kp_k$ 绝对收敛,则称这个级数为随机变量 X 的**数学期望**,记为

$$E(X)=\sum_{k=1}^{\infty}x_kp_k. \tag{4.1}$$

在实际试验中所得到的随机变量观察值的算术平均与数学期望值有密切联系.设在 n 次独立试验中,随机变量 X 取 x_k 的频数为 n_k,频率 $f_n(x_k)=\dfrac{n_k}{n}$ $(k=1,2,\cdots,l)$,则可以计算 X 观察值的算术平均值为

$$\bar{x}=\frac{1}{n}\sum_{k=1}^{l}n_kx_k=\sum_{k=1}^{l}x_k\cdot\frac{n_k}{n}=\sum_{k=1}^{l}x_kf_n(x_k). \tag{4.2}$$

此式实际上是一种加权算术平均,把它与(4.1)式比较,它与 X 的理论分布的数学期望值 E(X)的计算方法是相似的,只是用频率代替了概率.随着试验次数 n 的增加,频率 $f_n(x_k)$会越来越接近于概率 p_k,故 $\bar{x}$ 的取值也会愈接近 E(X).故有时,我们也把 E(X)称为 X 的**均值**.

例 4.1.1 求例 2.2.1 中投篮次数 X 的数学期望.

解 由公式(4.1)知,

$$E(X)=1\times0.7+2\times0.21+3\times0.063+4\times0.027=1.417.$$

就是说,此人平均投篮约 1.4 次.

类似于(4.1)式,我们可以由此给出连续型随机变量的数学期望的定义.

设 X 的密度函数为 $f(x)$,插入分点 $x_0<x_1<\cdots<x_n$,把 X 的取值范围(取有限区间)分成 n 个不交的小区间,则 X 落入第 i 个小区间$(x_{i-1},x_i]$的概率

$$P(x_{i-1}<X\leqslant x_i)\approx f(x_i)\Delta x_i\quad(\Delta x_i=x_i-x_{i-1}).$$

于是 X 的平均值近似地等于 $\sum\limits_{i=1}^{n}x_if(x_i)\Delta x_i$.

记 $\lambda=\max\limits_i\{\Delta x_i\}$,当 $\lambda\to0$ 时,若$\lim\limits_{\lambda\to0}\sum\limits_{i=1}^{n}x_if(x_i)\Delta x_i$ 存在,则这个极限值为

$$I=\int_{-\infty}^{+\infty}xf(x)\mathrm{d}x.$$

于是我们有下列定义.

定义 4.1.2　设连续型随机变量X的密度函数为$f(x)$,若广义积分$\int_{-\infty}^{+\infty} xf(x)\mathrm{d}x$绝对收敛,则称这个积分为随机变量的**数学期望**,记为

$$\mathrm{E}(X)=\int_{-\infty}^{+\infty} xf(x)\mathrm{d}x. \tag{4.3}$$

例 4.1.2　设随机变量 $X\sim e(\lambda)$,求 $\mathrm{E}(X)$.

解　X 的密度函数为

$$f(x)=\begin{cases}\lambda \mathrm{e}^{-\lambda x}, & x>0,\\ 0, & \text{其他}.\end{cases}$$

由(4.3)式有

$$\begin{aligned}\mathrm{E}(X)&=\int_{-\infty}^{+\infty} xf(x)\mathrm{d}x=\int_{0}^{+\infty}\lambda x\mathrm{e}^{-\lambda x}\mathrm{d}x=\frac{1}{\lambda}\int_{0}^{+\infty}(\lambda x)\mathrm{e}^{-\lambda x}\mathrm{d}(\lambda x)\\&=\frac{1}{\lambda}\cdot\Gamma(2)=\frac{1}{\lambda}.\end{aligned}$$

对于 n 维随机向量 $X=(X_1,X_2,\cdots,X_n)^{\mathrm{T}}$,若每个 $\mathrm{E}(X_i)$存在,记为$\mu_i(i=1,2,\cdots,n)$,则定义 X 的数学期望为

$$\mathrm{E}(X)=(\mathrm{E}(X_1),\mathrm{E}(X_2),\cdots,\mathrm{E}(X_n))^{\mathrm{T}}=(\mu_1,\mu_2,\cdots,\mu_n)^{\mathrm{T}}.$$

这时 $\mathrm{E}(X)$又叫均值向量.

4.1.2　随机变量函数的数学期望

在实际问题中,常常需要根据已知随机变量求出其函数的数学期望.我们有以下两个定理:

定理 4.1.1　设 X 为随机变量,$Y=g(X)$是 X 的函数.

(1)若 X 为离散型的,其分布律为 $p_k=P(X=x_k)$,$k=1,2,\cdots$.若级数$\sum_{k=1}^{\infty} g(x_k)p_k$ 绝对收敛,则

$$\mathrm{E}(Y)=\mathrm{E}(g(X))=\sum_{k=1}^{\infty} g(x_k)p_k. \tag{4.4}$$

(2)若 X 为连续型的,其密度函数为 $f(x)$.若广义积分$\int_{-\infty}^{+\infty} g(x)f(x)\mathrm{d}x$绝对收敛,则

$$\mathrm{E}(Y)=\mathrm{E}(g(X))=\int_{-\infty}^{+\infty} g(x)f(x)\mathrm{d}x. \tag{4.5}$$

这个定理的重要性在于，不必求出随机变量函数的分布，可直接由 X 的分布求出其函数的数学期望.

证明 我们仅对离散型情形给出证明，连续型的证明超出本课程的要求，故略去.

在 2.6 节中我们知道，若 X 有分布律 $p_k=P(X=x_k)$，$k=1,2,\cdots$，则 $Y=g(X)$ 有分布律

Y	$g(x_1)$	$g(x_2)$	$\cdots$
p_k	p_1	p_2	$\cdots$

按照离散型数学期望的定义，

$$E(Y)=\sum_{k=1}^{\infty}g(x_k)p_k.$$

上述定理可推广到二维以至于更高维上.

定理 4.1.2 设(X,Y)为二维随机变量，$Z=g(X,Y)$是(X,Y)的函数.

(1)若(X,Y)为离散型的，其联合分布律为

$$p_{ij}=P(X=x_i,Y=y_j),\quad i,j=1,2,\cdots,$$

则

$$E(Z)=E[g(X,Y)]=\sum_{i=1}^{\infty}\sum_{j=1}^{\infty}g(x_i,y_j)p_{ij}. \tag{4.6}$$

(2)若(X,Y)为连续型的，其联合密度为 $f(x,y)$，则

$$E(Z)=E[g(X,Y)]=\int_{-\infty}^{+\infty}\int_{-\infty}^{+\infty}g(x,y)f(x,y)\mathrm{d}x\mathrm{d}y. \tag{4.7}$$

这里设级数(4.6)，积分(4.7)式都是绝对收敛的.

关于本定理的证明，离散型可由读者自己给出，连续型则从略.

例 4.1.3 设随机变量 X 的分布律如下表：

X	-1	0	1	2
p_k	$\frac{1}{4}$	$\frac{1}{8}$	$\frac{1}{4}$	$\frac{3}{8}$

求 X^2 及$\frac{1}{X+2}$的数学期望.

解

$$E(X^2)=(-1)^2\cdot\frac{1}{4}+0^2\cdot\frac{1}{8}+1^2\cdot\frac{1}{4}+2^2\cdot\frac{3}{8}=2;$$

$$E\left(\frac{1}{X+2}\right)=\frac{1}{-1+2}\cdot\frac{1}{4}+\frac{1}{0+2}\cdot\frac{1}{8}+\frac{1}{1+2}\cdot\frac{1}{4}+\frac{1}{2+2}\cdot\frac{3}{8}=\frac{47}{96}.$$

例 4.1.4　一工厂生产的某种产品寿命(以年计算)$X\sim e\left(\frac{1}{5}\right)$,工厂规定,产品售出后一年内若损坏就可以更换.若售出一件该产品赢利 200 元,更换一个产品则亏损 300 元,求工厂售一个产品净赢利的数学期望.

解　由题设,知 X 的密度函数

$$f_X(x)=\begin{cases}\frac{1}{5}e^{-\frac{x}{5}}, & x>0,\\ 0, & \text{其他}.\end{cases}$$

又设 Y 是售出一个产品的赢利,则 Y 是 X 的函数,即

$$Y=g(X)=\begin{cases}-300, & 0<X<1,\\ 200, & X\geqslant 1.\end{cases}$$

于是

$$E(Y)=E(g(X))=\int_0^1(-300)\cdot\frac{1}{5}e^{-\frac{x}{5}}dx+\int_1^{+\infty}200\cdot\frac{1}{5}e^{-\frac{x}{5}}dx$$

$$=300\cdot e^{-\frac{x}{5}}\Big|_0^1-200\cdot e^{-\frac{x}{5}}\Big|_1^{+\infty}$$

$$=300(e^{-\frac{1}{5}}-1)+200e^{-\frac{1}{5}}=109.37(\text{元}).$$

即该工厂平均每售出一个产品赢利 109.37 元.

例 4.1.5　设供电公司在某指定时段的供电量 X(万 kWh)在[10,20]上均匀分布,而用户的需求量 Y 在[10,30]上均匀分布.设公司每供电 1kWh 获利 0.1 元,若需求量超过供电量,则公司可从电网上取得附加电量来补充,每供电 1kWh 获利 0.05 元.求该公司在这段时间内获利的数学期望.

解　由于 X 与 Y 独立,易知(X,Y)的联合密度为

$$f(x,y)=\begin{cases}\frac{1}{200}, & 10\leqslant x\leqslant 20,10\leqslant y\leqslant 30,\\ 0, & \text{其他}.\end{cases}$$

利润函数

$$Z=g(X,Y)=\begin{cases}0.1Y, & X\geqslant Y,\\ 0.1X+0.05(Y-X), & X<Y.\end{cases}$$

如图 4.1 所示,把矩形$[10,20]\times[10,30]$分成两个区域 D_1 与 D_2,则

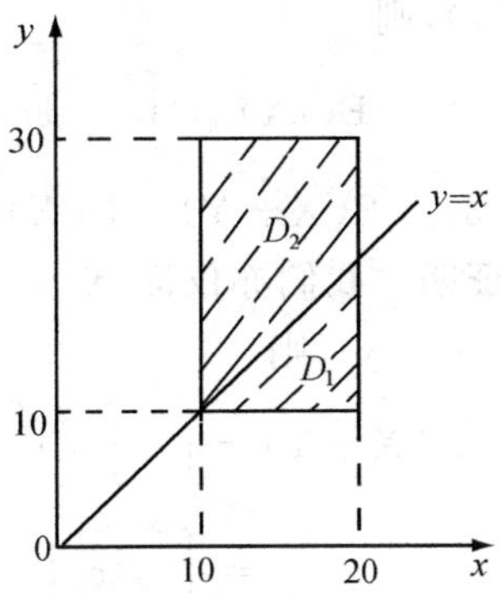

图 4.1

$$E(g(X,Y))=\int_{-\infty}^{+\infty}\int_{-\infty}^{+\infty}g(x,y)\cdot f(x,y)\mathrm{d}x\mathrm{d}y$$

$$=\iint_{D_1}0.1y\cdot\frac{1}{200}\mathrm{d}x\mathrm{d}y+\iint_{D_2}0.05(x+y)\frac{1}{200}\mathrm{d}x\mathrm{d}y$$

$$=\frac{1}{2000}\int_{10}^{20}\mathrm{d}x\int_{10}^{x}y\mathrm{d}y+\frac{0.05}{200}\int_{10}^{20}\mathrm{d}x\int_{x}^{30}(x+y)\mathrm{d}y$$

$$=1.7083(\text{万元}).$$

即该公司在这段时间内平均获利约 1.7 万元.

例 4.1.6 设随机变量 X 与 Y 的联合分布律如下表:

(X,Y)	(0,0)	(0,1)	(1,0)	(1,1)	(2,0)	(2,1)
p_{ij}	0.10	0.15	0.20	0.30	0.10	0.15

求 $Z=\sin\frac{\pi(X+Y)}{4}$的数学期望.

解 由(4.6)式,得

$$E(Z)=E\left[\sin\frac{\pi(X+Y)}{4}\right]=\sin 0\times 0.1+\sin\frac{\pi}{4}\times 0.35+\sin\frac{\pi}{2}\times 0.4+\sin\frac{3\pi}{4}\times 0.15=\frac{\sqrt{2}}{4}+0.4=0.7536.$$

4.1.3 数学期望的性质

随机变量的数学期望具有以下性质:

(1)设 c 为常量,则

$$E(c)=c. \tag{4.8}$$

这一条是显然的.以下,设所涉及的随机变量的数学期望均存在.

(2) $E(cX)=cE(X)$. (4.9)

证明 我们仅就 X 是连续型随机变量的情形给出证明.设 X 有密度函

数 $f(x)$，则

$$E(cX)=\int_{-\infty}^{+\infty} cxf(x)\mathrm{d}x=c\int_{-\infty}^{+\infty} xf(x)\mathrm{d}x=cE(X).$$

(3)　$E(X+Y)=E(X)+E(Y).$　(4.10)

证明　我们亦仅证 X 及 Y 是连续型随机变量的情形. 设 (X,Y) 有联合密度 $f(x,y)$，则

$$\begin{aligned}E(X+Y)&=\int_{-\infty}^{+\infty}\int_{-\infty}^{+\infty}(x+y)f(x,y)\mathrm{d}x\mathrm{d}y\\&=\int_{-\infty}^{+\infty}x\left[\int_{-\infty}^{+\infty}f(x,y)\mathrm{d}y\right]\mathrm{d}x+\int_{-\infty}^{+\infty}y\left[\int_{-\infty}^{+\infty}f(x,y)\mathrm{d}x\right]\mathrm{d}y\\&=\int_{-\infty}^{+\infty}xf_X(x)\mathrm{d}x+\int_{-\infty}^{+\infty}yf_Y(y)\mathrm{d}y=E(X)+E(Y).\end{aligned}$$

结合(2)，(3)可以推知如下.

(4)设 $X_i(i=1,2,\cdots,n)$ 是 n 个随机变量，$c_i(i=1,2,\cdots n)$ 是 n 个常数，则

$$E\left(\sum_{i=1}^{n}c_iX_i\right)=\sum_{i=1}^{n}c_iE(X_i).\tag{4.11}$$

这个性质叫数学期望的线性性质.

(5)若 X 与 Y 独立，则

$$E(XY)=E(X)E(Y).\tag{4.12}$$

一般地，若 $X_1,X_2,\cdots,X_n$ 互相独立，则

$$E\left(\prod_{i=1}^{n}X_i\right)=\prod_{i=1}^{n}E(X_i).\tag{4.13}$$

证明　设 (X,Y) 有联合密度 $f(x,y)$，边缘密度 $f_X(x)$ 及 $f_Y(y)$，则由独立性，有 $f(x,y)=f_X(x)\cdot f_Y(y)$，从而

$$\begin{aligned}E(XY)&=\int_{-\infty}^{+\infty}\int_{-\infty}^{+\infty}xyf(x,y)\mathrm{d}x\mathrm{d}y\\&=\left[\int_{-\infty}^{+\infty}xf_X(x)\mathrm{d}x\right]\cdot\left[\int_{-\infty}^{+\infty}yf_Y(y)\mathrm{d}y\right]\\&=E(X)E(Y).\end{aligned}$$

例 4.1.7　设随机变量 $X\sim e(2)$，$Y\sim e(4)$. (1)求 $Z=2X-3Y^2$ 的数学期望；(2)若 X 与 Y 独立，求 $W=3XY$ 的数学期望.

解　(1) X，Y 的密度函数分别为

$$f_X(x)=\begin{cases}2e^{-2x}, & x>0,\\ 0, & \text{其他}.\end{cases}\qquad f_Y(y)=\begin{cases}4e^{-4y}, & y>0,\\ 0, & \text{其他}.\end{cases}$$

从而

$$\begin{aligned}E(Z)&=E(2X-3Y^2)=2E(X)-3E(Y^2)\\&=2\int_0^{+\infty}x\cdot 2e^{-2x}\mathrm{d}x-3\int_0^{+\infty}y^2\cdot 4e^{-4y}\mathrm{d}y\\&=\Gamma(2)-\frac{3}{16}\Gamma(3)=\frac{5}{8}.\end{aligned}$$

(2)由例 4.1.2 知当 $X\sim e(\lambda)$时，$E(X)=\dfrac{1}{\lambda}$. 再由 X 与 Y 的独立性得

$$E(W)=3E(XY)=3E(X)\cdot E(Y)=3\cdot\frac{1}{2}\cdot\frac{1}{4}=\frac{3}{8}.$$

例 4.1.8 设(X,Y)的联合分布律同于例 2.4.1，求 $E(3X-2Y)$及 $E(2XY)$.

解 由例 2.4.1 知(X,Y)的联合分布为

X \ Y	0	1	2
0	0	$\frac{2}{15}$	$\frac{3}{15}$
1	$\frac{1}{15}$	$\frac{6}{15}$	$\frac{3}{15}$

再由例 2.4.3 知 X,Y 的边缘分布

$$X\sim\begin{bmatrix}0 & 1\\ \frac{1}{3} & \frac{2}{3}\end{bmatrix},\quad Y\sim\begin{bmatrix}0 & 1 & 2\\ \frac{1}{15} & \frac{8}{15} & \frac{6}{15}\end{bmatrix}.$$

故

$$\begin{aligned}E(3X-2Y)&=3E(X)-2E(Y)=3\left(0\times\frac{1}{3}+1\times\frac{2}{3}\right)\\&\quad-2\left(0\times\frac{1}{15}+1\times\frac{8}{15}+2\times\frac{6}{15}\right)=-\frac{2}{3};\end{aligned}$$

而由例 2.6.2 知 $Z=XY$ 有分布律

$$Z\sim\begin{bmatrix}0 & 1 & 2\\ \frac{6}{15} & \frac{6}{15} & \frac{3}{15}\end{bmatrix},$$

从而

$$E(2XY) = 2E(Z) = 2\left(1\times\frac{6}{15}+2\times\frac{3}{15}\right)=\frac{8}{5}.$$

例 4.1.9　设随机变量 $X\sim H(n,m,N)$，求 $E(X)$.

解　这是超几何分布，可以利用(2.4)及(4.1)式直接计算，但较繁琐. 下面我们利用数学期望的线性性质计算.

设一袋中装有 N 个小球，其中 m 个红球. 不放回地抽取 n 次，每次一球. X 表示“取到红球的数量”. 设

$$X_i=\begin{cases}1, & \text{第 } i \text{ 次取到红球},\\ 0, & \text{第 } i \text{ 次未取到红球}.\end{cases}$$

则易知 $X=\sum\limits_{i=1}^{n}X_i$.

用古典概型的方法可求得

$$P(X_i=1)=\frac{(N-1)(N-2)\cdots(N-i+1)m}{N(N-1)\cdots(N-i+1)}=\frac{m}{N},$$

即 X_i 有分布律 $X_i\sim\begin{bmatrix}0, & 1\\ 1-\dfrac{m}{N} & \dfrac{m}{N}\end{bmatrix}$，从而 $E(X_i)=1\times\dfrac{m}{N}+0\times\left(1-\dfrac{m}{N}\right)=\dfrac{m}{N}$，于是 $E(X)=\sum\limits_{i=1}^{n}E(X_i)=n\cdot\dfrac{m}{N}=\dfrac{nm}{N}$.

4.2　方　　差

4.2.1　方差的定义

正如本章开始的引言所述，除了平均值之外，我们还需要引入反映随机变量取值的差异程度的量. 当然，容易想到用 $|X-E(X)|$ 的数学期望来衡量这个偏离度，但它却不便于计算. 于是，我们用 $E[X-E(X)]^2$ 来描述 X 与其均值 $E(X)$ 的差异程度.

定义 4.2.1　设 X 是随机变量，若 $E[X-E(X)]^2$ 存在，则定义

$$D(X)=E[X-E(X)]^2 \tag{4.14}$$

为 X 的**方差**. 称 $\sqrt{D(X)}$ 为 X 的**均方差**或**标准差**.

由此可见，方差实际上是一种特殊的数学期望. 由求随机变量函数的数学期望公式知，

(1)当 X 为离散型随机变量,其分布律为 $p_k=P(X=x_k),k=1,2,\cdots$,则

$$D(X)=\sum_{k=1}^{\infty}[x_k-E(X)]^2p_k; \tag{4.15}$$

(2)当 X 为连续型随机变量,其密度函数为 $f(x)$,则

$$D(X)=\int_{-\infty}^{+\infty}[x-E(X)]^2f(x)\mathrm{d}x. \tag{4.16}$$

在计算方差时,常用下面的公式:

$$D(X)=E(X^2)-[E(X)]^2. \tag{4.17}$$

事实上,由数学期望的性质有

$$\begin{aligned}D(X)&=E[X-E(X)]^2=E[X^2-2XE(X)+(E(X))^2]\\&=E(X^2)-2E(X)E(X)+[E(X)]^2\\&=E(X^2)-[E(X)]^2.\end{aligned}$$

易知,当 $E(X)=0$ 时,$D(X)=E(X^2)$.

例 4.2.1 求例 2.2.1 中投篮次数 X 的方差.

解 由于 $E(X^2)=1^2\times0.7+2^2\times0.21+3^2\times0.063+4^2\times0.027=2.539$,从而 $D(X)=E(X^2)-[E(X)]^2=2.539-(1.417)^2=0.5311$. 这里,$E(X)=1.417$ 由例 4.1.1 知.

4.2.2 方差的性质

随机变量的方差具有以下性质:

(1)设 c 为常量,则

$$D(c)=0. \tag{4.18}$$

证明 由数学期望的性质,有

$$D(c)=E[c-E(c)]^2=E(c-c)^2=E(0)=0.$$

以下,设所涉及的随机变量的数学期望及方差均存在.

(2) $D(cX)=c^2D(X)$,且 $D(aX+b)=a^2D(X)$. (4.19)

这里 c,a,b 为常数.

证明 由方差的计算公式,

$$\begin{aligned}D(cX)&=E(c^2X^2)-[E(cX)]^2=c^2E(X^2)-c^2[E(X)]^2\\&=c^2D(X).\end{aligned}$$

第二个等式留给读者自证.

(3)若 X 与 Y 独立,则

$$D(X\pm Y)=D(X)+D(Y). \tag{4.20}$$

证明
$$\begin{aligned}D(X\pm Y)&=E[(X\pm Y)-E(X\pm Y)]^2\\&=E[(X-E(X))\pm(Y-E(Y))]^2\\&=E[X-E(X)]^2+E[Y-E(Y)]^2\\&\quad\pm 2E\{[X-E(X)][Y-E(Y)]\},\end{aligned}$$

由于 X 与 Y 独立,故 $X-E(X)$ 与 $Y-E(Y)$ 也独立,从而

$$E\{[X-E(X)][Y-E(Y)]\}=E[X-E(X)]\cdot E[Y-E(Y)]=0,$$

于是 $D(X\pm Y)=D(X)+D(Y)$.

结合(2),(3)可以推知

(4)设 $X_i(i=1,2,\cdots,n)$是相互独立的 n 个随机变量,$c_i(i=1,2,\cdots,n)$是 n 个常数,则

$$D\Big(\sum_{i=1}^{n}c_iX_i\Big)=\sum_{i=1}^{n}c_i^2D(X_i). \tag{4.21}$$

(5)$D(X)=0$ 的充分必要条件是存在 c 为常数,使 $P(X=c)=1$,并且进一步可以证明,这里 $c=E(X)$(参见例5.4.1).

例 4.2.2 设随机变量 X 的数学期望 $E(X)$,方差 $D(X)$均存在,且 $D(X)>0$,定义一个新随机变量 X^* 为

$$X^*=\frac{X-E(X)}{\sqrt{D(X)}}, \tag{4.22}$$

求证 $E(X^*)=0$,$D(X^*)=1$.

通常称 X^* 为 X 的**标准化随机变量**.

证明

$$E(X^*)=E\left[\frac{X-E(X)}{\sqrt{D(X)}}\right]=\frac{1}{\sqrt{D(X)}}[E(X)-E(X)]=0,$$

$$D(X^*)=D\left[\frac{X-E(X)}{\sqrt{D(X)}}\right]=\frac{1}{\sqrt{(D(X))^2}}\cdot D(X)=1.$$

例 4.2.3 设随机变量 X 的密度函数为

$$f(x)=\frac{1}{4}x^2e^{-|x|},\quad -\infty<x<+\infty.$$

(1)求 $E(2X-3)$及 $D(2X-3)$;

(2)设 X_1,X_2,X_3,X_4 相互独立且都与 X 同分布,求 $Y=X_1+2X_2-3X_3-4X_4$ 的数学期望及方差.

解 (1) $E(X)=\int_{-\infty}^{+\infty} x\cdot\frac{1}{4}x^2 e^{-|x|}dx$,

这是奇函数在$(-\infty,+\infty)$上积分,故 $E(X)=0$. 于是

$$E(2X-3)=2E(X)-3=-3.$$

又由于

$$E(X^2)=\int_{-\infty}^{+\infty} x^2\cdot\frac{1}{4}x^2 e^{-|x|}dx=\frac{1}{2}\int_0^{+\infty} x^4 e^{-x}dx=\frac{1}{2}\Gamma(5)=12;$$

从而 $D(2X-3)=4D(X)=4E(X^2)=48$.

(2)由(1)知对每个 $i=1,2,3,4$ 有 $E(X_i)=E(X)=0$,故 $E(Y)=0$. 且 $D(X_i)=D(X)=12$;

再由独立性及方差的性质可得

$$D(Y)=\sum_{k=1}^{4}k^2 D(X_k)=D(X)\sum_{k=1}^{4}k^2=12\times(1+4+9+16)=360.$$

4.3 几个重要分布的数学期望与方差

本节主要介绍几个重要分布的数学期望与方差.

(1)0—1 分布:$X\sim B(1,p)$则 $E(X)=p$, $D(X)=pq$(这里 $q=1-p$).

证明 由于 $X\sim\begin{bmatrix}0 & 1\\ q & p\end{bmatrix}$,故知

$$X^2\sim\begin{bmatrix}0 & 1\\ q & p\end{bmatrix},$$

于是

$$E(X)=0\cdot q+1\cdot p=p;E(X^2)=p,$$

从而

$$D(X)=E(X^2)-[E(X)]^2=p-p^2=p(1-p)=pq.$$

(2)二项分布:$X\sim B(n,p)$,则 $E(X)=np$, $D(X)=npq$.

证明 二项分布可看成 n 个独立的 0—1 分布之和. 即设 $X_i\sim B(1,p)$, $i=1,2,\cdots,n$,互相独立,设

$$X=\sum_{i=1}^{n}X_i,$$

由二项分布的可加性有 $X \sim B(n,p)$.
于是

$$E(X)=\sum_{i=1}^{n}E(X_i)=np,\ D(X)=\sum_{i=1}^{n}D(X_i)=npq.$$

(3)泊松分布：$X\sim P(\lambda)$，则 $E(X)=D(X)=\lambda$.

证明　$E(X)=\sum_{k=0}^{\infty}k\cdot\frac{\lambda^k e^{-\lambda}}{k!}=\lambda e^{-\lambda}\sum_{k=1}^{\infty}\frac{\lambda^{k-1}}{(k-1)!}=\lambda e^{-\lambda}\cdot e^{\lambda}=\lambda$；又由于

$$E(X^2)=\sum_{k=0}^{\infty}k^2\cdot\frac{\lambda^k e^{-\lambda}}{k!}=\sum_{k=1}^{\infty}(k-1+1)\frac{\lambda^k e^{-\lambda}}{(k-1)!}$$

$$=\lambda^2\sum_{k=2}^{\infty}\frac{\lambda^{k-2}}{(k-2)!}\cdot e^{-\lambda}+\lambda\sum_{k=1}^{\infty}\frac{\lambda^{k-1}}{(k-1)!}\cdot e^{-\lambda}=\lambda^2+\lambda,$$

从而

$$D(X)=E(X^2)-[E(X)]^2=\lambda^2+\lambda-\lambda^2=\lambda.$$

(4)均匀分布：$X\sim U(a,b)$，则 $E(X)=\frac{a+b}{2}$，$D(X)=\frac{(b-a)^2}{12}$.

证明　由 3.7 式易知

$$E(X)=\int_{-\infty}^{+\infty}xf(x)\mathrm{d}x=\int_a^b\frac{x}{b-a}\mathrm{d}x=\frac{a+b}{2};$$

又

$$E(X^2)=\int_a^b\frac{x^2\mathrm{d}x}{b-a}=\frac{1}{b-a}\cdot\frac{b^3-a^3}{3}=\frac{b^2+ab+a^2}{3},$$

从而

$$D(X)=\frac{b^2+ab+a^2}{3}-\left(\frac{a+b}{2}\right)^2=\frac{(b-a)^2}{12}.$$

(5)指数分布：$X\sim e(\lambda)$，则 $E(X)=\frac{1}{\lambda}$，$D(X)=\frac{1}{\lambda^2}$.

证明　在例 4.1.2 中已求得 $E(X)=\frac{1}{\lambda}$，而

$$E(X^2)=\int_0^{+\infty}x^2\cdot\lambda e^{-\lambda x}\mathrm{d}x=\frac{1}{\lambda^2}\int_0^{+\infty}(\lambda x)^2e^{-\lambda x}\mathrm{d}(\lambda x)$$

$$=\frac{1}{\lambda^2}\Gamma(3)=\frac{2}{\lambda^2},$$

从而 $D(X)=\frac{2}{\lambda^2}-\left(\frac{1}{\lambda}\right)^2=\frac{1}{\lambda^2}$.

(6)Γ 分布：$X\sim\Gamma(\alpha,\beta)$，则 $E(X)=\frac{\alpha}{\beta}$，$D(X)=\frac{\alpha}{\beta^2}$.

证明 由 Γ 分布的定义知，

$$E(X)=\int_0^{+\infty}x\cdot\frac{\beta^{\alpha}}{\Gamma(\alpha)}x^{\alpha-1}e^{-\beta x}dx=\frac{1}{\beta\Gamma(\alpha)}\int_0^{+\infty}(\beta x)^{\alpha}e^{-\beta x}d(\beta x)$$

$$=\frac{\Gamma(\alpha+1)}{\beta\Gamma(\alpha)}=\frac{\alpha\Gamma(\alpha)}{\beta\Gamma(\alpha)}=\frac{\alpha}{\beta};$$

又

$$E(X^2)=\int_0^{+\infty}x^2\cdot\frac{\beta^{\alpha}}{\Gamma(\alpha)}x^{\alpha-1}e^{-\beta x}dx$$

$$=\frac{1}{\beta^2\Gamma(\alpha)}\int_0^{+\infty}(\beta x)^{\alpha+1}e^{-\beta x}d(\beta x)=\frac{\Gamma(\alpha+2)}{\beta^2\Gamma(\alpha)}=\frac{\alpha(\alpha+1)}{\beta^2},$$

从而

$$D(X)=\frac{\alpha(\alpha+1)}{\beta^2}-\left(\frac{\alpha}{\beta}\right)^2=\frac{\alpha}{\beta^2}.$$

(7)正态分布：$X\sim N(\mu,\sigma^2)$，则 $E(X)=\mu, D(X)=\sigma^2$.

证明 由正态分布的定义知，

$$E(X)=\int_{-\infty}^{+\infty}x\cdot\frac{1}{\sqrt{2\pi}\sigma}e^{-\frac{(x-\mu)^2}{2\sigma^2}}dx\quad\left(令\ t=\frac{x-\mu}{\sigma}\right)$$

$$=\int_{-\infty}^{+\infty}(\sigma t+\mu)\frac{1}{\sqrt{2\pi}}e^{-\frac{t^2}{2}}dt=\mu\int_{-\infty}^{+\infty}\frac{1}{\sqrt{2\pi}}e^{-\frac{t^2}{2}}dt=\mu;$$

$$D(X)=E[X-\mu]^2=\int_{-\infty}^{+\infty}(x-\mu)^2\frac{1}{\sqrt{2\pi}\sigma}e^{-\frac{(x-\mu)^2}{2\sigma^2}}dx,$$

令 $t=\frac{x-\mu}{\sigma}$，可得

$$D(X)=\int_{-\infty}^{+\infty}\sigma^2t^2\frac{1}{\sqrt{2\pi}}e^{-\frac{t^2}{2}}dt$$

$$=\frac{2\sigma^2}{\sqrt{2\pi}}\cdot\sqrt{2}\cdot\int_0^{+\infty}\left(\frac{t^2}{2}\right)^{\frac{1}{2}}e^{-\frac{t^2}{2}}d\left(\frac{t^2}{2}\right)$$

$$=\frac{2\sigma^2}{\sqrt{\pi}}\Gamma\left(\frac{1}{2}+1\right)=\frac{2\sigma^2}{\sqrt{\pi}}\cdot\frac{1}{2}\sqrt{\pi}=\sigma^2.$$

由此可见，正态分布的两个参数 μ 与 σ^2 正好是它的数学期望与方差. 本章末列出了一些常用分布的数学期望与方差以备查用.

例 4.3.1 设随机变量 X, Y, Z 相互独立，且已知 $X\sim N(2,4)$，

$Y\sim e(2)$，$Z\sim\Gamma(3,2)$，设

(1) $W=2X+3XYZ-Z+5$，求 $E(W)$；

(2) $U=3X-2Y+Z-4$，求 $D(U)$.

解 (1)由本节讨论知

$E(X)=2$，$E(Y)=\frac{1}{2}$，$E(Z)=\frac{3}{2}$，且 X,Y,Z 独立，故得

$$\begin{aligned}E(W) &= 2E(X)+3E(X)E(Y)E(Z)-E(Z)+5\\ &= 2\times2+3\times2\times\frac{1}{2}\times\frac{3}{2}-\frac{3}{2}+5=12;\end{aligned}$$

(2) 同样，由于 $D(X)=4$，$D(Y)=\frac{1}{4}$，$D(Z)=\frac{3}{4}$且 X,Y,Z 独立，从而

$$\begin{aligned}D(U) &= 9D(X)+4D(Y)+D(Z)\\ &= 9\times4+4\times\frac{1}{4}+\frac{3}{4}=37\frac{3}{4}.\end{aligned}$$

4.4 矩、协方差及相关系数

随机变量的数字特征除了数学期望及方差之外，还有各阶中心矩及原点矩，多维情况下还有协方差(混合中心矩)、相关系数等，以及其他一些数字特征.它们在数理统计中都有重要的应用价值.本节及下节将对此加以介绍.

4.4.1 原点矩与中心矩

定义 4.4.1 设 X 是随机变量，若 $E(X^k)$存在，($k=1,2,\cdots$)则称

$$m_k=E(X^k),\quad k=1,2,\cdots \tag{4.23}$$

为 X 的 **k 阶原点矩**，简称为 **k 阶矩**.

若 $E[X-E(X)]^k$ ($k=1,2,\cdots$)存在，则称

$$\mu_k=E[X-E(X)]^k\quad(k=1,2,\cdots) \tag{4.24}$$

为 X 的 **k 阶中心矩**.

显然，$m_1=E(X)$是 X 的数学期望，$\mu_2=D(X)$是 X 的方差.

定义 4.4.2 设 X,Y 为随机变量，k,l 是正整数，若 $E\{[X-E(X)]^k[Y-E(Y)]^l\}$存在，则称它为 X 与 Y 的 $k+l$ 阶混合中心矩.

不难证明，原点矩与中心矩有如下关系：

$$\mu_2 = m_2 - m_1^2, \tag{4.25}$$

$$\mu_3 = m_3 - 3m_2m_1 + 2m_1^3, \tag{4.26}$$

$$\mu_4 = m_4 - 4m_3m_1 + 6m_2m_1^2 - 3m_1^4 \tag{4.27}$$

等等.

例 4.4.1 设随机变量 $X \sim e\left(\frac{1}{\theta}\right)$,求 m_k 及 μ_3.

解 X 有密度函数

$$f(x) = \begin{cases} \frac{1}{\theta}e^{-\frac{x}{\theta}}, & x > 0, \\ 0, & \text{其他}. \end{cases}$$

则

$$m_k = E(X^k) = \int_0^{+\infty} \frac{x^k}{\theta}e^{-\frac{x}{\theta}}dx = \theta^k \int_0^{+\infty} \left(\frac{x}{\theta}\right)^k e^{-\frac{x}{\theta}}d\left(\frac{x}{\theta}\right)$$
$$= \theta^k\Gamma(k+1) = \theta^k \cdot k!.$$

从而

$$\mu_3 = m_3 - 3m_2m_1 + 2m_1^3 = \theta^3 \cdot 3! - 3\theta^3 \cdot 2! + 2\theta^3 = 2\theta^3.$$

关于正态分布 $N(\mu, \sigma^2)$的 k 阶中心矩,我们有以下定理.

定理 4.4.1 设随机变量 $X \sim N(\mu, \sigma^2)$,其 k 阶中心矩记为 μ_k,则

$$\mu_k = \begin{cases} \sigma^k(k-1)!!, & k \text{ 为偶数}, \\ 0, & k \text{ 为奇数}. \end{cases} \tag{4.28}$$

证明 $\mu_k = E[X - E(X)]^k$

$$= \int_{-\infty}^{+\infty} (x-\mu)^k \frac{1}{\sqrt{2\pi}\sigma}e^{-\frac{(x-\mu)^2}{2\sigma^2}}dx \quad \left(\text{令 } t = \frac{x-\mu}{\sigma}\right)$$
$$= \int_{-\infty}^{+\infty} (\sigma t)^k \frac{1}{\sqrt{2\pi}}e^{-\frac{t^2}{2}}dt.$$

当 k 为奇数时,被积函数为奇函数,故积分为零. 而当 k 为偶数时,

$$\mu_k = \sigma^k \cdot \frac{2}{\sqrt{2\pi}}\int_0^{+\infty} t^k e^{-\frac{t^2}{2}}dt.$$

设 $y = \frac{t^2}{2}$,则 $t = (2y)^{\frac{1}{2}}$,$dt = (2y)^{-\frac{1}{2}}dy$,于是得

$$\mu_k = \frac{\sigma^k}{\sqrt{\pi}} \cdot 2^{\frac{k}{2}} \cdot \int_0^{+\infty} y^{\frac{k-1}{2}}e^{-y}dy = \frac{\sigma^k}{\sqrt{\pi}} \cdot 2^{\frac{k}{2}} \cdot \Gamma\left(\frac{k+1}{2}\right)$$

$$= \frac{\sigma^k}{\sqrt{\pi}} \cdot 2^{\frac{k}{2}} \cdot \frac{k-1}{2} \cdot \frac{k-3}{2} \cdots \frac{1}{2} \cdot 1 \cdot \Gamma\left(\frac{1}{2}\right)$$

$$= \sigma^k (k-1)!!.$$

例 4.4.2　设随机变量 $X \sim N(0,1)$，k 为任一正整数，记 $Y = X^k$，求 $E(Y)$ 及 $D(Y)$.

解　因为 $X \sim N(0,1)$，故 $E(X)=0$，$D(X)=\sigma^2=1$，再由定理 4.4.1 得

$$E(Y) = E(X^k) = E[(X-0)^k]$$

$$= \mu_k = \begin{cases} 0, & k \text{ 为奇数}, \\ (k-1)!!, & k \text{ 为偶数}. \end{cases}$$

于是

$$D(Y) = E(Y^2) - [E(Y)]^2 = E(X^{2k}) - [E(Y)]^2$$

$$= \begin{cases} (2k-1)!!, & k \text{ 为奇数}, \\ (2k-1)!! - [(k-1)!!]^2, & k \text{ 为偶数}. \end{cases}$$

4.4.2　协方差与协方差阵

定义 4.4.3　设 (X, Y) 为二维随机变量，若 X 与 Y 的 $1+1$ 阶混和中心矩存在，记为 $\mathrm{Cov}(X, Y)$，即

$$\mathrm{Cov}(X, Y) = E\{[X - E(X)][Y - E(Y)]\}, \tag{4.29}$$

它叫 X 与 Y 的**协方差**.

显然，当 $X=Y$ 时有 $\mathrm{Cov}(X, Y)=D(X)$.

在计算协方差时，常采用以下公式：

$$\mathrm{Cov}(X, Y) = E(XY) - E(X)E(Y). \tag{4.30}$$

事实上，我们有

$$\mathrm{Cov}(X, Y) = E\{XY - YE(X) - XE(Y) + E(X)E(Y)\}$$

$$= E(XY) - E(X)E(Y) - E(Y)E(X) + E(X)E(Y)$$

$$= E(XY) - E(X)E(Y).$$

定理 4.4.2　设 X, Y, Z 为随机变量，a, b 为常数，则协方差具有以下性质：

(1) $\mathrm{Cov}(X, Y) = \mathrm{Cov}(Y, X)$；

(2)$\mathrm{Cov}(X, a)=0$;

(3)$\mathrm{Cov}(aX, bY)=ab\mathrm{Cov}(X, Y)$;

(4)$\mathrm{Cov}(X+Y, Z)=\mathrm{Cov}(X, Z)+\mathrm{Cov}(Y, Z)$;

(5)$D(X\pm Y)=D(X)+D(Y)\pm 2\mathrm{Cov}(X, Y)$;

(6)若 X 与 Y 独立,则 $\mathrm{Cov}(X, Y)=0$.

利用数学期望的性质或(4.30)式,上述结果均不难验证,读者不妨自己给出证明.此外,由上述定理之(3),(4)两式可以得出如下推论.

推论 设 a_i, b_j 为常数,X_i, Y_j 为随机变量($i=1,2,\cdots,n, j=1,2,\cdots,m$),则有

$$\mathrm{Cov}\left(\sum_{i=1}^{n} a_iX_i, \sum_{j=1}^{m} b_jY_j\right)=\sum_{j=1}^{m}\sum_{i=1}^{n} a_ib_j\mathrm{Cov}(X_i, Y_j).$$

对于二维随机变量(X, Y),称矩阵

$$V=\begin{pmatrix} D(X) & \mathrm{Cov}(X, Y) \\ \mathrm{Cov}(Y, X) & D(Y) \end{pmatrix}$$

为(X, Y)的协方差阵.一般地,若$(X_1, X_2, \cdots, X_n)$是 n 维随机变量,记

$$\sigma_{ij}=\mathrm{Cov}(X_i, X_j), \quad i,j=1,2,\cdots,n,$$

则称矩阵

$$V=\begin{bmatrix} \sigma_{11} & \cdots & \sigma_{1n} \\ \vdots & & \vdots \\ \sigma_{n1} & \cdots & \sigma_{nn} \end{bmatrix}$$

为$(X_1, X_2, \cdots, X_n)$的协方差阵,这是一个 n 阶对称阵.

例 4.4.3 设(X, Y)有联合分布律

X \ Y	1	2	3
0	0.2	0.1	0.1
1	0.15	0.3	0.15

求(X, Y)的协方差阵及均值向量.

解 易知 X, Y 及 XY 有如下分布律:

X	0	1
p_k	0.4	0.6

Y	1	2	3
p_k	0.35	0.4	0.25

XY	0	1	2	3
p_k	0.4	0.15	0.3	0.15

由此可得

$$E(X)=0\times 0.4+1\times 0.6=0.6,$$
$$E(Y)=1\times 0.35+2\times 0.4+3\times 0.25=1.9,$$
$$E(X^2)=0^2\times 0.4+1^2\times 0.6=0.6,$$
$$E(Y^2)=1^2\times 0.35+2^2\times 0.4+3^2\times 0.25=4.2,$$
$$E(XY)=0\times 0.4+1\times 0.15+2\times 0.3+3\times 0.15=1.2.$$

于是有

$$D(X)=E(X^2)-[E(X)]^2=0.24, D(Y)=E(Y^2)-[E(Y)]^2=0.59,$$
$$\mathrm{Cov}(X,Y)=E(XY)-E(X)E(Y)=0.06.$$

最后得(X,Y)的协方差阵及均值向量为

$$V=\begin{bmatrix}0.24 & 0.06\\0.06 & 0.59\end{bmatrix},\qquad E\begin{pmatrix}X\\Y\end{pmatrix}=\begin{pmatrix}0.6\\1.9\end{pmatrix}.$$

例 4.4.4　设二维随机变量(X,Y)如例 3.3.1 所示,求其协方差阵及均值向量.

解　由例 3.3.4 知 X 及 Y 的边缘密度为

$$f_X(x)=\begin{cases}3x(1-x^4), & 0\leqslant x\leqslant 1,\\0, & \text{其他},\end{cases}\qquad f_Y(y)=\begin{cases}3y^2, & 0\leqslant y\leqslant 1,\\0, & \text{其他}.\end{cases}$$

于是

$$E(X)=\int_0^1 3x^2(1-x^4)\,dx=\frac{4}{7},$$

$$D(X)=\int_0^1 3x^3(1-x^4)\,dx-\left(\frac{4}{7}\right)^2=\frac{3}{8}-\left(\frac{4}{7}\right)^2=\frac{19}{392},$$

$$E(Y)=\int_0^1 3y^3\,dy=\frac{3}{4},$$

$$D(Y)=\int_0^1 3y^4\,dy-\left(\frac{3}{4}\right)^2=\frac{3}{5}-\left(\frac{3}{4}\right)^2=\frac{3}{80}.$$

又

$$E(XY)=\int_{-\infty}^{+\infty}\int_{-\infty}^{+\infty}xyf(x,y)\,dx\,dy=\iint_G xy\cdot 6xy\,dx\,dy,$$

其中 G 为图 3.9 所示区域. 故得

$$E(XY)=6\int_0^1 x^2\,dx\int_{x^2}^1 y^2\,dy=6\int_0^1 x^2\left(\frac{1}{3}-\frac{x^6}{3}\right)dx=\frac{4}{9},$$

因此，

$$\mathrm{Cov}(X,Y)=E(XY)-E(X)E(Y)=\frac{4}{9}-\frac{4}{7}\cdot\frac{3}{4}=\frac{1}{63},$$

从而可得(X,Y)的协方差阵及均值向量为

$$V=\begin{bmatrix}\frac{19}{392} & \frac{1}{63}\\ \frac{1}{63} & \frac{3}{80}\end{bmatrix},\quad E\begin{pmatrix}X\\ Y\end{pmatrix}=\begin{pmatrix}\frac{4}{7}\\ \frac{3}{4}\end{pmatrix}.$$

例 4.4.5 设二维随机变量$(X,Y)\sim N(\mu_1,\mu_2,\sigma_1^2,\sigma_2^2,r)$，求$(X,Y)$的协方差阵.

解 由定理 3.3.4 知 $X\sim N(\mu_1,\sigma_1^2)$，$Y\sim N(\mu_2,\sigma_2^2)$，故得

$$E(X)=\mu_1,\quad D(X)=\sigma_1^2;\quad E(Y)=\mu_2,\quad D(Y)=\sigma_2^2.$$

于是

$$\begin{aligned}\mathrm{Cov}(X,Y)&=E[(X-\mu_1)(Y-\mu_2)]\\&=\int_{-\infty}^{+\infty}\int_{-\infty}^{+\infty}(x-\mu_1)(y-\mu_2)\frac{1}{2\pi\sigma_1\sigma_2\sqrt{1-r^2}}\\&\cdot\exp\left\{-\frac{1}{2(1-r^2)}\left[\frac{(x-\mu_1)^2}{\sigma_1^2}-2r\frac{(x-\mu_1)(y-\mu_2)}{\sigma_1\sigma_2}+\frac{(y-\mu_2)^2}{\sigma_2^2}\right]\right\}dxdy.\end{aligned}$$

令 $u=\dfrac{x-\mu_1}{\sigma_1}$，$v=\dfrac{y-\mu_2}{\sigma_2}$，可以得到

$$\mathrm{Cov}(X,Y)=\frac{\sigma_1\sigma_2}{\sqrt{2\pi}}\int_{-\infty}^{+\infty}ue^{-\frac{u^2}{2}}$$

$$\cdot\left[\int_{-\infty}^{+\infty}\frac{v}{\sqrt{2\pi}\sqrt{1-r^2}}\exp\left\{-\frac{(v-ru)^2}{2(1-r^2)}\right\}dv\right]du.$$

上式中括号内的积分正好是正态分布 $N(ru,1-r^2)$的数学期望，其值为 ru，于是

$$\mathrm{Cov}(X,Y)=\frac{r\sigma_1\sigma_2}{\sqrt{2\pi}}\int_{-\infty}^{+\infty}u^2e^{-\frac{u^2}{2}}du$$

$$= r\sigma_1\sigma_2\int_{-\infty}^{+\infty} u^2 \cdot \frac{1}{\sqrt{2\pi}} e^{-\frac{u^2}{2}} du = r\sigma_1\sigma_2 E(U^2) = r_1\sigma_1\sigma_2.$$

这里 $U \sim N(0,1)$，$E(U^2)=D(U)+(E(U))^2=1$. 故(X,Y)的协方差阵为

$$V = \begin{bmatrix} \sigma_1^2 & r\sigma_1\sigma_2 \\ r\sigma_1\sigma_2 & \sigma_2^2 \end{bmatrix}.$$

借助于期望向量及协方差阵，可以把二维正态随机变量(X_1,X_2)的联合密度函数写成

$$f(x_1,x_2) = \frac{1}{2\pi\sqrt{|V|}}\exp\left\{-\frac{1}{2}(\boldsymbol{x}-\boldsymbol{\mu})^T V^{-1}(\boldsymbol{x}-\boldsymbol{\mu})\right\}, \quad x_1,x_2 \in R,$$

其中　$\boldsymbol{x}=\begin{pmatrix} x_1 \\ x_2 \end{pmatrix}$，$\boldsymbol{\mu}=\begin{pmatrix} \mu_1 \\ \mu_2 \end{pmatrix}$，$V$ 即上述协方差阵.

更一般地，可定义 n 维正态分布如下：记

$$\boldsymbol{x}=(x_1,x_2,\cdots,x_n)^T, \qquad \boldsymbol{\mu}=(\mu_1,\mu_2,\cdots,\mu_n)^T,$$

V 为其 n 阶协方差阵，若$(X_1,X_2,\cdots,X_n)$的联合密度函数表为

$$f(x_1,x_2,\cdots,x_n) = \frac{1}{(2\pi)^{\frac{n}{2}}\sqrt{|V|}}\exp\left\{-\frac{1}{2}(\boldsymbol{x}-\boldsymbol{\mu})^T V^{-1}(\boldsymbol{x}-\boldsymbol{\mu})\right\},$$

则称$(X_1,X_2,\cdots,X_n)$服从 n 维正态分布.

4.4.3　相关系数

协方差反映了两个随机变量 X 与 Y 之相互联系，但它毕竟是一个有量纲的量，其值会受到 X 与 Y 所取单位大小的影响. 为了消除这一弊病，以下我们引入相关系数这一概念，以描述 X 与 Y 关系的密切程度.

定义 4.4.4　设随机变量 X 与 Y 的期望与方差都存在，且 $D(X)>0$，$D(Y)>0$，称

$$\rho_{XY} = \frac{\mathrm{Cov}(X,Y)}{\sqrt{D(X)}\sqrt{D(Y)}} \tag{4.31}$$

为 X 与 Y 的**相关系数**.

相关系数与 X 及 Y 的标准化随机变量有密切的关系. 事实上，我们有以下定理.

定理 4.4.3 设随机变量 X 与 Y 的期望与方差都存在，记

$$X^* = \frac{X - E(X)}{\sqrt{D(X)}}, \quad Y^* = \frac{Y - E(Y)}{\sqrt{D(Y)}}$$

为 X 及 Y 的标准化随机变量，则

$$\rho_{XY} = \mathrm{Cov}(X^*, Y^*). \tag{4.32}$$

证明 由于 $E(X^*) = E(Y^*) = 0$，故由公式(4.30)得

$$\begin{aligned}\mathrm{Cov}(X^*, Y^*) &= E(X^* Y^*) \\ &= E\left[\frac{X - E(X)}{\sqrt{D(X)}} \cdot \frac{Y - E(Y)}{\sqrt{D(Y)}}\right] \\ &= \frac{E\{[X - E(X)][Y - E(Y)]\}}{\sqrt{D(X)}\sqrt{D(Y)}} \\ &= \frac{\mathrm{Cov}(X, Y)}{\sqrt{D(X)}\sqrt{D(Y)}} = \rho_{XY}.\end{aligned}$$

相关系数还有以下性质：

定理 4.4.4 设随机变量 X 与 Y 的相关系数 ρ_{XY} 存在，则有

(1) $\rho_{XY} = \rho_{YX}$；

(2) $|\rho_{XY}| \leqslant 1$；

(3) $|\rho_{XY}| = 1$ 的充分必要条件是：存在常数 $a, b, a \neq 0$，使 $P(Y = aX + b) = 1$.

证明 (1)可由协方差的性质推知.

(2)设 X^*, Y^* 为 X 与 Y 的标准化随机变量，则

$$D(X^*) = 1, \quad D(Y^*) = 1.$$

从而

$$0 \leqslant D(X^* \pm Y^*) = D(X^*) + D(Y^*) \pm 2\mathrm{Cov}(X^*, Y^*) = 2(1 \pm \rho_{XY})$$

由此可得 $|\rho_{XY}| \leqslant 1$.

(3)由 $D(X^* \pm Y^*) = 2(1 \pm \rho_{XY})$ 易知，$\rho_{XY} = \pm 1$ 的充分必要条件是

$$D(X^* \mp Y^*) = 0.$$

再由 $E(X^* \mp Y^*) = E(X^*) \mp E(Y^*) = 0$ 及方差的性质与知上式等价于

$$P\left\{\frac{X - E(X)}{\sqrt{D(X)}} \mp \frac{Y - E(Y)}{\sqrt{D(Y)}} = 0\right\} = 1.$$

取 $a = \pm\sqrt{\dfrac{D(Y)}{D(X)}}, b = E(Y) \mp \sqrt{\dfrac{D(Y)}{D(X)}}E(X)$,可证上式又等价于

$$P(Y = aX + b) = 1.$$

从这个证明我们还知道,若 $a>0$,有 $\rho_{XY}=1$,这时称 X 与 Y **正线性相关**;若 $a<0$,有 $\rho_{XY}=-1$,这时称 X 与 Y **负线性相关**.一般地,若 $\rho_{XY}>0$,称 X 与 Y **正相关**;若 $\rho_{XY}<0$ 则称 X 与 Y **负相关**.当 $|\rho_{XY}|$ 的值从 1 变到 0 时,X 与 Y 的相关性逐步降低,当 $\rho_{XY}=0$ 时,我们称 **X 与 Y 不相关**.显然,它等价于 X 与 Y 的协方差为零.

例 4.4.6　求例 3.3.1 中 X 与 Y 的相关系数.

解　由例 4.4.4 知

$$\rho_{XY} = \frac{\mathrm{Cov}(X, Y)}{\sqrt{D(X)}\sqrt{D(Y)}} = \frac{\frac{1}{63}}{\sqrt{\frac{19}{392}}\sqrt{\frac{3}{80}}} = 0.3723.$$

这就是说,例 3.3.1 中两随机变量 X 与 Y 的相关程度为 0.3723,这就对相关性给出了一个定量的描述.

由协方差的性质(6)可推得下述定理.

定理 4.4.5　若随机变量 X 与 Y 独立且 $D(X)$,$D(Y)$均存在并大于零,则 X 与 Y 不相关.

这个定理的逆命题一般不成立,即若 $\rho_{XY}=0$ 时 X 与 Y 未必独立.请看下例.

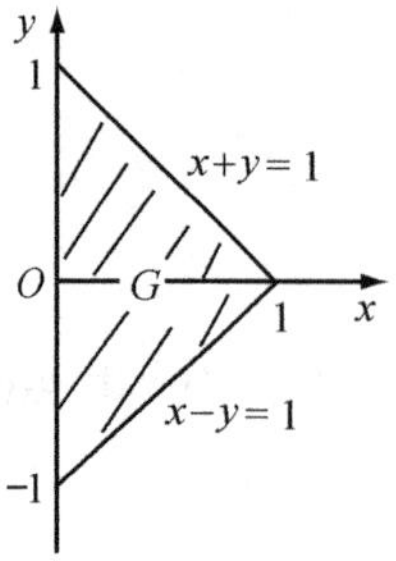

图 4.2

例 4.4.7　设(X, Y)在区域 $G=\{(x, y) \mid x \geqslant 0, x+y \leqslant 1, x-y \leqslant 1\}$上均匀分布,证明 X 与 Y 不独立,也不相关.

解　如图 4.2,X 与 Y 的联合密度为

$$f(x, y) = \begin{cases} 1, & (x, y) \in G, \\ 0, & \text{其他}. \end{cases}$$

其边缘密度函数分别为

$$f_X(x)=\int_{x-1}^{1-x}\mathrm{d}y=2(1-x),\quad 0\leqslant x\leqslant 1,$$

$$f_Y(y)=\int_0^{1-|y|}\mathrm{d}x=1-|y|,\quad -1\leqslant y\leqslant 1,$$

从而有

$$f(x,y)\neq f_X(x)f_Y(y),$$

故 X 与 Y 不独立. 又因为

$$E(X)=\int_0^1 2x(1-x)\mathrm{d}x=\frac{1}{3},E(Y)=\int_{-1}^1 y(1-|y|)\mathrm{d}y=0,$$

$$E(XY)=\iint_G xyf(x,y)\mathrm{d}x\mathrm{d}y=\int_0^1 x\mathrm{d}x\int_{x-1}^{1-x}y\mathrm{d}y=0.$$

于是得

$$\mathrm{Cov}(X,Y)=E(XY)-E(X)E(Y)=0.$$

容易验证 $D(X)\neq 0, D(Y)\neq 0$,故 $\rho_{XY}=0$,即 X 与 Y 不相关.

虽然一般地独立性与不相关性是两个不同的概念,但在正态分布条件下,两者却是等价的. 我们有以下两个定理:

定理 4.4.6 设 $(X,Y)\sim N(\mu_1,\mu_2,\sigma_1^2,\sigma_2^2,r)$,则 X 与 Y 的相关系数为

$$\rho_{XY}=r.$$

证明 由例 4.4.5 知 X 与 Y 的协方差

$$\mathrm{Cov}(X,Y)=r\sigma_1\sigma_2,$$

且有

$$D(X)=\sigma_1^2,\quad D(Y)=\sigma_2^2,$$

因此

$$\rho_{XY}=\frac{\mathrm{Cov}(X,Y)}{\sqrt{D(X)}\sqrt{D(Y)}}=\frac{r\sigma_1\sigma_2}{\sigma_1\sigma_2}=r.$$

由这个定理及定理 3.4.3 立刻可得下述定理.

定理 4.4.7 若(X, Y)服从二维正态分布,那么 X 与 Y 相互独立等价于 X 与 Y 不相关.

至于二维正态分布与两个边缘分布的关系,我们有下面的.

定理 4.4.8 设(X, Y)是二维随机变量,则(X, Y)服从二维正态分布的充分必要条件是 X 与 Y 的任意线性组合:

$$Z=aX+bY\quad(a,b\text{ 为任意两个不全为零的实数})$$

服从一维正态分布,亦即 $Z\sim N(E(Z),D(Z))$.

本定理的证明超过本书范围,此处从略.

例 4.4.8　设 $(X, Y) \sim N\left(3,2,1,4,\frac{2}{3}\right)$,记 $Z = 3X - 2Y$,求概率 $P(3.5 < Z \leqslant 6.5)$.

解　由定理 3.3.4 及 4.4.6 知 (X, Y) 的边缘分布为

$$X \sim N(3,1),\ Y \sim N(2,4);$$

相关系数 $\rho_{XY}=\frac{2}{3}$. 于是 $E(X)=3, D(X)=1, E(Y)=2, D(Y)=4$,故

$$\mathrm{Cov}(X, Y) = \rho_{XY}\sqrt{D(X)}\sqrt{D(Y)} = \frac{4}{3},$$

$$E(Z) = 3E(X) - 2E(Y) = 3 \times 3 - 2 \times 2 = 5,$$

$$\begin{aligned} D(Z) &= D(3X - 2Y) = 9D(X) + 4D(Y) - 12\mathrm{Cov}(X, Y) \\ &= 9 \times 1 + 4 \times 4 - 12 \times \frac{4}{3} = 9, \end{aligned}$$

从而由定理 4.4.8 知 $Z \sim N(5,9)$,所求概率为

$$\begin{aligned} P(3.5 < Z \leqslant 6.5) &= \Phi\left(\frac{6.5-5}{3}\right) - \Phi\left(\frac{3.5-5}{3}\right) \\ &= 2\Phi(0.5) - 1 = 2 \times 0.6915 - 1 = 0.383. \end{aligned}$$

一般地,对 n 维正态分布 $(X_1, X_2, \cdots, X_n)$,我们有以下定理:

定理 4.4.9　设 $(X_1, X_2, \cdots, X_n)$ 是一个 n 维随机变量,则

(1) $(X_1, X_2, \cdots, X_n)$ 服从 n 维正态分布的充分必要条件是 $X_1, X_2, \cdots, X_n$ 的任意线性组合

$$Z = \sum_{i=1}^{n} k_i X_i$$

服从一维正态分布. 这里 $k_i\ (i=1,2,\cdots,n)$ 为不全为零的常数.

(2) 设 $(X_1, X_2, \cdots, X_n)$ 服从 n 维正态分布,则“诸 X_i 互相独立”与“诸 X_i 两两不相关”是互相等价的.

相关系数所描述的是两个随机变量线性相关的程度. 它在自然科学及社会科学的各方面都有着广泛的应用. 比如,在生物学中,可用来描述两个物种间的亲缘关系的程度;医学上,可用来描述环境与某种疾病发生率的关系;而在经济及金融投资领域,亦可用来体现行业之间、股票之间的相关程度等等.

另外值得注意的是,$\rho_{XY}=0$ 只是表示 X 与 Y 之间没有线性关系,不表示 X 与 Y 之间没有其他形式的关系. 例如,在单位圆周上随机地取一点 $M(X, Y)$,原点为 O,OM 与 x 轴夹角 $\theta \sim U(0, 2\pi)$. 则 $X=\cos\theta$, $Y=\sin\theta$(如图

4.3). 于是

$$E(X)=\frac{1}{2\pi}\int_0^{2\pi}\cos\theta d\theta=0,$$

$$E(Y)=\frac{1}{2\pi}\int_0^{2\pi}\sin\theta d\theta=0,$$

$$E(XY)=\frac{1}{2\pi}\int_0^{2\pi}\cos\theta\sin\theta d\theta=0.$$

从而 $\mathrm{Cov}(X, Y)=E(XY)-E(X)\cdot E(Y)=0$.

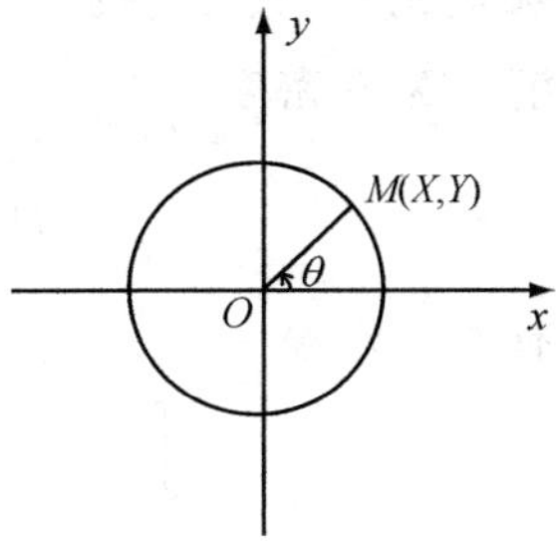

图 4.3

容易验证,这时 $D(X)\neq 0$, $D(Y)\neq 0$,故得 $\rho_{XY}=0$,即 X 与 Y 不相关,但显然有 $X^2+Y^2=1$.

4.5 分位点、众数及其他数字特征

本节再介绍几个数字特征,它们在数理统计中也是常用的.

4.5.1 分位点

定义 4.5.1 设 X 是随机变量, $0<p<1$. 若实数 x_p 满足

$$F(x_p)=P(X\leqslant x_p)=p, \tag{4.33}$$

则称 x_p 是 X(或 X 服从的分布)的 **p 分位点**,或**下侧临界点**. 当 $p=\frac{1}{2}$ 时,称 $x_{\frac{1}{2}}$ 为 X 的**中位数**.

若 X 是连续型的,其密度函数为 $f(x)$,则显然有

$$\int_{-\infty}^{x_p} f(x)dx=p. \tag{4.34}$$

如图 4.4 所示,图中阴影部分面积为 p.

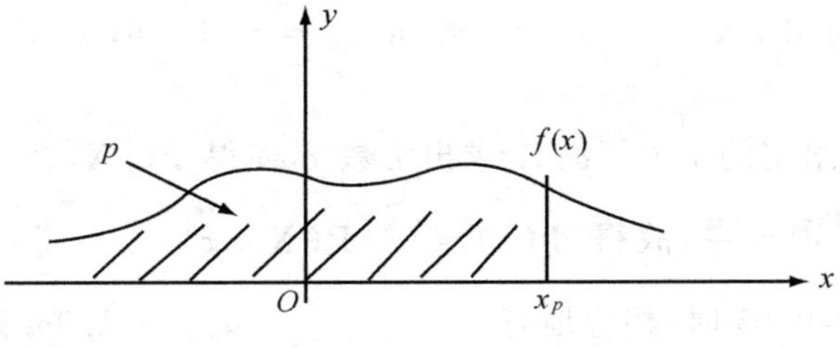

图 4.4

例 4.5.1 设 $X \sim e(5)$，$p=0.95$，求 X 的 95%分位点 $x_{0.95}$.

解 X 有密度

$$f(x)=\begin{cases}5\mathrm{e}^{-5x}, & x>0,\\ 0, & \text{其他}.\end{cases}$$

于是有

$$\int_0^{x_{0.95}} 5\mathrm{e}^{-5x}\mathrm{d}x = 1-\mathrm{e}^{-5x_{0.95}} = 0.95.$$

解得

$$x_{0.95} = -\frac{1}{5}\ln(0.05) = 0.5991.$$

它表明，若 $X \sim e(5)$，则 $P(X \leqslant 0.5991)=0.95$.

标准正态分布 $N(0,1)$ 的 p 分位点记为 u_p，即若 $X \sim N(0,1)$，$0<p<1$ 则记 u_p 使

$$\Phi(u_p) = P(X \leqslant u_p) = p. \tag{4.35}$$

由 $N(0,1)$ 的密度的对称性易知，对每个 $p \in (0,1)$，有

$$-u_p = u_{1-p}.$$

如图 4.5 所示. 图中两侧阴影部分面积均为 $1-p$.

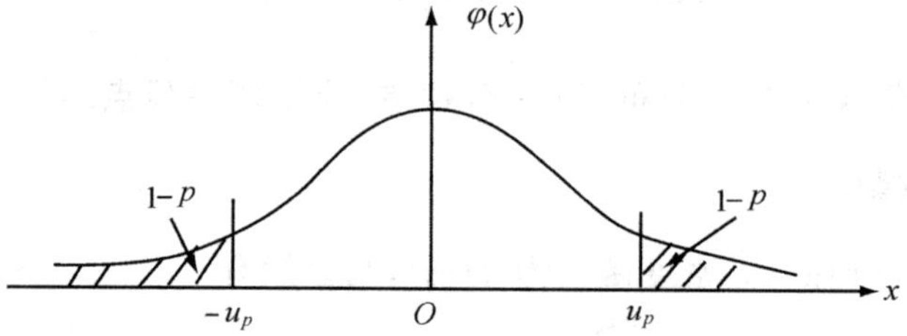

图 4.5

例如，查表可知，$u_{0.975}=1.96$，则 $u_{0.025}=-1.96$；$u_{0.05}=-u_{0.95}=-1.645$.

有时，需要对给定的 α，$0<\alpha<1$ 求出常数 c，使得 $P(|X|>c)=\alpha$. 由于这时 $P(X>c)=\frac{\alpha}{2}$，故得 $\Phi(c)=1-P(X>c)=1-\frac{\alpha}{2}$，从而得 $c=u_{1-\frac{\alpha}{2}}$. 例如，当 $\alpha=0.05$ 时，相应地有 $c=u_{1-0.025}=u_{0.975}=1.96$. 这时，$c$ 叫 X 的**双侧临界点**.

4.5.2 众数

在第2章中,我们曾介绍过"最可能次数"这个概念,由此可以引入"众数"这一数字特征.

定义 4.5.2 (1)设 X 是离散型随机变量,其分布律设为

$$P(X=x_k)=p_k, k=1,2,\cdots.$$

如果存在实数 x^*,使得对每个 $k=1,2,\cdots$均有

$$P(X=x^*)\geqslant P(X=x_k),$$

则称 x^* 为 X(或 X 服从的分布)的**众数**.

(2)设 X 是连续型随机变量,其密度函数为 $f(x)$. 如果存在实数 x^*,使对一切 $x\in\mathbf{R}$,均有

$$f(x^*)\geqslant f(x),$$

则称 x^* 为 X(或 X 服从的分布)的**众数**.

例 4.5.2 设 $X\sim B(n,p)$, $Y\sim N(\mu,\sigma^2)$,求 X 及 Y 的众数.

解 (1)设 $X\sim B(n,p)$,由例 2.6.3 的讨论中知道,当$(n+1)p$不是整数时,X 的众数 $x^*=[(n+1)p]$;当$(n+1)p$是整数时,X 的众数有两个:$(n+1)p$ 及$(n+1)p-1$.

(2)由 $f(x)=\frac{1}{\sqrt{2\pi}\sigma}e^{-\frac{(x-\mu)^2}{2\sigma^2}}$知,当 $x=\mu$ 时,$f(x)$有最大值,从而 $N(\mu,\sigma^2)$的众数为 μ.

读者可以验证,$N(\mu,\sigma^2)$的中位数也为 μ,但对一般的随机变量而言,中位数未必等于众数.

4.5.3 其他数字特征

以下,设随机变量 X 的数学期望、方差及各阶矩均存在,记 $\mu_k=E(X-E(X))^k$, $\mu=E(X)$, $\sigma=\sqrt{D(X)}>0$. 下面我们介绍在工程技术及数理统计中常用的几个数字特征.

(1)变异系数

记 $c_v=\frac{\sigma}{|\mu|}$,它称为 X 的**变异系数**,常用于衡量 X 取值的"平均"变异程度,以消除由于 X 的量纲不同而对方差 $D(X)$大小产生的影响. 例如,若甲、乙两地区人均收入差异较大,则仅用 $D(X)$便不足以衡量两地区的贫富差异程度,而用变异系数 c_v 则可以比较两地贫富不均的程度,c_v 较小的地区的收

入分配较均匀.

(2)偏度

记 $c_s=\dfrac{\mu_3}{\sigma^3}$,它称为 X 的偏度或偏态系数,常用于描述 X 的密度曲线不对称的程度.若 X 的密度 $f(x)$关于 $x=\mu$ 对称,则 $c_s=0$;若 X 的众数小于 μ,一般有 $c_s>0$,称 X 是正偏的;若众数大于 μ,一般有 $c_s<0$,称 X 是负偏的,如图 4.6.

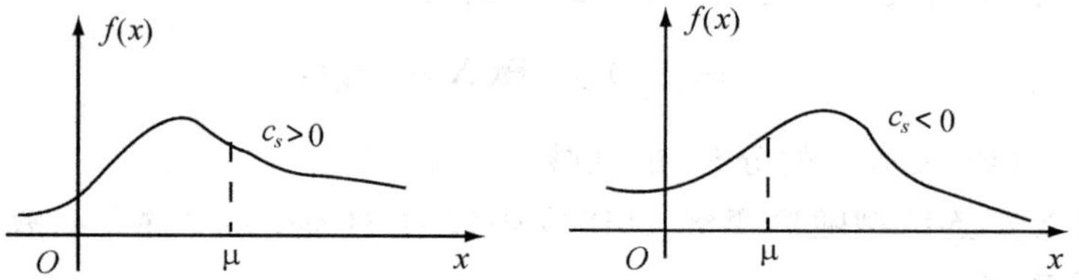

图 4.6

对于正态分布 $N(\mu,\sigma^2)$,有 $\mu_3=0$,从而 $c_s=0$.

(3)峰度

记 $c_E=\dfrac{\mu_4}{\sigma^4}$,它称为 X 的峰度或峰凸系数,常用于描述 X 的密度曲线凸起的程度. c_E 的值越大,则曲线的峰越凸.对正态分布 $N(\mu,\sigma^2)$而言,由定理 4.4.1知 $\mu_4=3\sigma^4$,可得 $c_E=3$.如图 4.7.

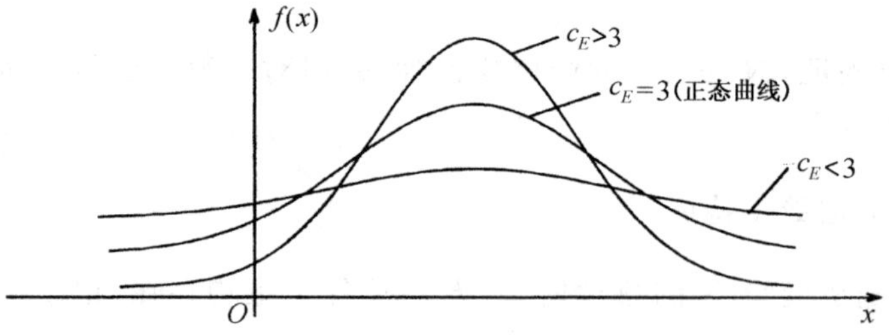

图 4.7

由于正态分布有 $c_s=0$, $c_E=3$ 的特点,在统计学中常用来检验未知分布的正态性.

4.6　综合例题

例 4.6.1　设某自动生产线加工的某种零件的内径 X(mm)$\sim N(\mu,1)$,

内径小于 10 或大于 12 为不合格品，其余为合格品. 销售合格品获利，生产不合格品则亏损. 已知利润 T(单位:元)与零件内径 X 有如下关系：

$$T=\begin{cases}-1, & X<10,\\ 20, & 10\leqslant X\leqslant 12,\\ -5, & X>12.\end{cases}$$

问平均内径 μ 取何值时，销售一个零件的平均利润最大？

分析 利润 T 可能的取值只有三个：$-1,20,-5$. 故 T 是离散型，其概率可根据 $X\sim N(\mu,1)$求出，然后计算其数学期望(平均利润)，再求导找出 μ 取何值时 $E(T)$最大.

解 由题设知 T 有分布律

$$T\sim\begin{bmatrix}-1 & 20 & -5\\ p_1 & p_2 & p_3\end{bmatrix},$$

其中 $p_1=P(X<10)=\Phi(10-\mu)$，$p_2=P(10\leqslant X\leqslant 12)=\Phi(12-\mu)-\Phi(10-\mu)$，$p_3=P(X>12)=1-\Phi(12-\mu)$.

于是得

$$\begin{aligned}E(T)&=-\Phi(10-\mu)+20[\Phi(12-\mu)-\Phi(10-\mu)]\\&\quad-5[1-\Phi(12-\mu)]\\&=25\Phi(12-\mu)-21\Phi(10-\mu)-5,\end{aligned}$$

$$\frac{\mathrm{d}}{\mathrm{d}\mu}E(T)=-25\varphi(12-\mu)+21\varphi(10-\mu).$$

(上述 $\Phi(x)$，$\varphi(x)$为 $N(0,1)$的分布函数及密度函数.)令上式等于 0 得

$$\frac{-25}{\sqrt{2\pi}}e^{-\frac{(12-\mu)^2}{2}}+\frac{21}{\sqrt{2\pi}}e^{-\frac{(10-\mu)^2}{12}}=0,$$

即有

$$25e^{-\frac{(12-\mu)^2}{2}}=21e^{-\frac{(10-\mu)^2}{2}},$$

解之得 $\mu=11-\frac{1}{2}\ln\frac{25}{21}\approx 10.9$. 即当内径 $\mu=10.9$mm 时，平均利润最大.

例 4.6.2 一学徒工用车床接连加工 10 个零件，设第 i 个零件报废的概率为$\frac{1}{i+1}$($i=1,2,\cdots,10$)，求报废零件个数的数学期望.

分析 由于加工的零件数较多，而且每个零件报废的概率不相同，所以直接写出报废零件个数的分布律就比较麻烦. 但我们可以利用数学期望的线性性质直接求出数学期望而不必知道随机变量的分布律.

解 设 X 表示该徒工加工的零件中报废的个数，又设

$$X_i=\begin{cases}1, & 第\ i\ 个零件报废,\\ 0, & 第\ i\ 个零件未报废.\end{cases}$$

则由题设知

$$X_i \sim \begin{bmatrix} 0 & 1 \\ \dfrac{i}{i+1} & \dfrac{1}{i+1} \end{bmatrix}$$

于是有

$$X = \sum_{i=1}^{10} X_i, \text{且 } E(X_i) = \frac{1}{i+1} \quad (i=1,2,\cdots,10).$$

从而

$$E(X) = \sum_{i=1}^{10} E(X_i) = \sum_{i=1}^{10} \frac{1}{i+1} = \frac{1}{2} + \frac{1}{3} + \cdots + \frac{1}{11} = 2.02.$$

这就是说,加工的零件中平均约有 2 个废品.

例 4.6.3 设随机变量 $X_1, X_2, \cdots, X_n$ 相互独立,且都服从正态分布 $N(\mu, \sigma^2)$,记 $Z = \frac{1}{n}\sum_{i=1}^{n} |X_i - \mu|$,求 $E(Z)$,$D(Z)$.

分析 一般地,含绝对值的函数积分最好先"中心化",即作代换使之关于 y 轴对称,再积分就较容易.本题可先把 X_i 标准化,求出期望、方差后再利用独立性求和.

解 由于每个 $X_i \sim N(\mu, \sigma^2)$ 且互相独立,记

$$Y_i = \frac{X_i - \mu}{\sigma} \sim N(0,1),$$

则诸 Y_i 也互相独立($i=1,2,\cdots,n$).又

$$E(|Y_i|) = \frac{1}{\sqrt{2\pi}}\int_{-\infty}^{+\infty} |y| e^{-\frac{y^2}{2}} dy = \frac{2}{\sqrt{2\pi}}\int_{0}^{+\infty} y e^{-\frac{y^2}{2}} dy = \sqrt{\frac{2}{\pi}},$$

得

$$E(Z) = \frac{1}{n}\sum_{i=1}^{n} E(|X_i - \mu|) = \frac{\sigma}{n}\sum_{i=1}^{n} E\left(\left|\frac{X_i - \mu}{\sigma}\right|\right)$$

$$= \frac{\sigma}{n}\sum_{i=1}^{n} E(|Y_i|) = \frac{\sigma}{n} \cdot n\sqrt{\frac{2}{\pi}} = \sqrt{\frac{2}{\pi}}\sigma;$$

又由于 $D(Y_i)=1$,$E(Y_i)=0$,得

$$D(|Y_i|) = E(Y_i^2) - [E(|Y_i|)]^2 = D(Y_i) - \frac{2}{\pi} = 1 - \frac{2}{\pi},$$

从而

$$D(Z) = \frac{1}{n^2}\sum_{i=1}^{n} D(|X_i - \mu|) = \frac{\sigma^2}{n^2}\sum_{i=1}^{n} D\left(\left|\frac{X_i - \mu}{\sigma}\right|\right)$$

$$=\frac{\sigma^2}{n^2}\sum_{i=1}^{n}D(|Y_i|)=\frac{\sigma^2}{n^2}\cdot n\left(1-\frac{2}{\pi}\right)=\frac{\sigma^2}{n}\left(1-\frac{2}{\pi}\right).$$

由这个题的计算我们还可以知道下面这个结果：若 $X\sim N(0,1)$，则 $E(|X|)=\sqrt{\frac{2}{\pi}}$，$D(|X|)=1-\frac{2}{\pi}$.

例 4.6.4 设(X,Y)有联合密度函数

$$f(x,y)=\begin{cases}2x, & 0\leqslant x\leqslant 1,\quad 0\leqslant y\leqslant 1,\\ 0, & \text{其他}.\end{cases}$$

定义两个新的随机变量 U,V 如下：

$$U=\begin{cases}1, & X\geqslant Y,\\ 0, & X<Y,\end{cases}\qquad V=\begin{cases}1, & X+Y\leqslant 1,\\ 0, & X+Y>1.\end{cases}$$

试求 U 与 V 的协方差 $\mathrm{Cov}(U,V)$及相关系数 ρ_{UV}.

分析 这是一道综合性习题，应先用积分的方法求出 U,V 及 UV 的分布律，再求出协方差 $\mathrm{Cov}(U,V)$及相关系数 ρ_{UV}.

解 记 $\Omega=\{(x,y)\mid 0\leqslant x\leqslant 1,0\leqslant y\leqslant 1\}$(如图 4.8)则在 Ω 内，

$$P(U=0)=P(X<Y)=\int_0^1 2x\mathrm{d}x\int_x^1\mathrm{d}y=\int_0^1 2x(1-x)\mathrm{d}x=\frac{1}{3},$$

从而 $U\sim\begin{bmatrix}0 & 1\\ \frac{1}{3} & \frac{2}{3}\end{bmatrix}$；

$$P(V=1)=P(X+Y\leqslant 1)=\int_0^1 2x\mathrm{d}x\int_0^{1-x}\mathrm{d}y$$

$$=\int_0^1 2x(1-x)\mathrm{d}x=\frac{1}{3},$$

于是 $V\sim\begin{bmatrix}0 & 1\\ \frac{2}{3} & \frac{1}{3}\end{bmatrix}$；而随机变量 UV 可能的取值为 0,1，且有

$$P(UV=1)=P(U=1,V=1)$$

$$=P((X,Y)\in G),$$

其中 $G=\{(x,y)\in\Omega\mid x\geqslant y,x+y\leqslant 1\}$(如图 4.8). 于是

$$P(UV=1)=\iint_G 2x\mathrm{d}x\mathrm{d}y=\int_0^{\frac{1}{2}}\mathrm{d}y\int_y^{1-y}2x\mathrm{d}x$$

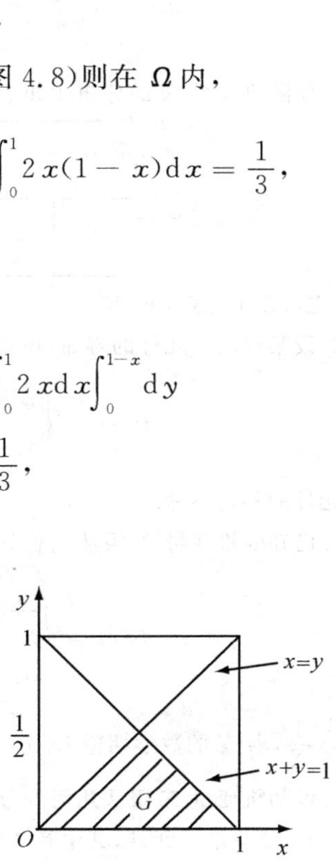

图 4.8

$$=\int_0^{\frac{1}{2}}(1-2y)\mathrm{d}y=\frac{1}{4},$$

从而得 $UV\sim\begin{bmatrix}0 & 1\\ \frac{3}{4} & \frac{1}{4}\end{bmatrix}$. 由上述结果可以得到

$$E(U)=\frac{2}{3},D(U)=\frac{2}{9};E(V)=\frac{1}{3},D(V)=\frac{2}{9};E(UV)=\frac{1}{4};$$

于是

$$\mathrm{Cov}(U,V)=E(UV)-E(U)E(V)=\frac{1}{4}-\frac{2}{9}=\frac{1}{36},$$

$$\rho_{UV}=\frac{\mathrm{Cov}(U,V)}{\sqrt{D(U)}\sqrt{D(V)}}=\frac{\frac{1}{36}}{\sqrt{\frac{2}{9}}\sqrt{\frac{2}{9}}}=\frac{1}{8}.$$

习　题　4

1. 设随机变量 X 的分布律如下表：

X	-1	0	$\frac{1}{2}$	1	2
p_k	$\frac{1}{3}$	$\frac{1}{6}$	$\frac{1}{6}$	$\frac{1}{12}$	$\frac{1}{4}$

求 $E(X)$, $E(1-X)$, $E(X^2)$.

2. 设某种电子元件的寿命(单位:小时) X 的密度函数为

$$f(x)=\begin{cases}a^2xe^{-ax}, & x>0,\\ 0, & x\leqslant 0\end{cases}\quad(a\text{ 为正常数}).$$

求该元件的平均寿命.

3. 已知随机变量 X 服从瑞利分布，即 X 有密度函数

$$f(x)=\begin{cases}\frac{x}{a^2}e^{-\frac{x^2}{2a^2}}, & x>0,\\ 0, & x\leqslant 0\end{cases}\quad(a\text{ 为正常数}).$$

设 $Y=\frac{1}{X}$，求 Y 的数学期望 $E(Y)$.

4. 设随机变量 X 服从几何分布(见例 2.2.3)，求 X 的数学期望与方差.

5. 有 10 只电子元件，其中有 3 只不合格. 某人从中任取一只装入仪器，若取到不合格品则扔掉后再取一只，如不合格则再扔掉后再取一只. 设 X 表示取到正品之前取到的不合格品的只数，求 $E(X)$, $D(X)$.

6. 设随机变量 X 的分布函数为

$$F(x)=\begin{cases}0, & x<-1,\\ a+b\arcsin x, & -1\leqslant x\leqslant 1,\\ 1, & x>1.\end{cases}$$

求常数 a,b 之值并求 $E(X),D(X)$.

7. 在国际市场上,每年对我国某种出口商品的需求量 X 是一个随机变量,它在[2000,4000](单位:吨)上服从均匀分布.若每售出一吨,可得外汇 3 万美元,如销售不出而积压,则每吨需保养费 1 万美元.问应组织多少货源,才能使平均收益最大?

8. 某公司生产的机器其无故障工作时间 X 有密度函数

$$f(x)=\begin{cases}\dfrac{1}{x^2}, & x\geqslant 1,\\ 0, & 其他\end{cases}\quad(单位:万小时),$$

公司每售出一台机器可获利 1600 元,若机器售出后使用 1.2 万小时之内出故障,则应予以更换,这时每台亏损 1200 元;若在 1.2 到 2 万小时内出故障,则予以维修,由公司负担维修费 400 元;在使用 2 万小时以后出故障,则用户自己负责.求该公司售出每台机器的平均获利.

9. 设 $X\sim e(1)$,$Y\sim U(0,2)$ 且 X 与 Y 独立,记

$$Z=\begin{cases}X+Y, & X\geqslant Y,\\ Y, & X<Y,\end{cases}\quad 求\ E(Z).$$

10. 设 $X\sim e(1)$,$Y\sim\Gamma(2,1)$,(1)求 $E(X-Y)$;(2) $E(2X^2+3Y^3)$;(3)若 X 与 Y 独立,求 $E(XY)$.

11. 一仪器在运行时有 5 个需不时调整的部件,设第 i 个部件需调整的概率为 $\frac{i}{10}$ $(i=1,2,\cdots,5)$,求该仪器运行时需调整的平均部件数.

12. 一电梯载 10 人从一楼上升,设楼高 13 层,每人在某一层楼出电梯是等可能的,且互相独立.若某一层无人出电梯则电梯不停,求电梯的平均停止次数.

13. 设二维离散型随机变量(X, Y)有联合分布律为

X \ Y	1	2	3
1	$\frac{1}{4}$	$\frac{1}{8}$	$\frac{1}{8}$
2	$\frac{1}{12}$	$\frac{1}{12}$	$\frac{1}{6}$
3	$\frac{1}{18}$	$\frac{1}{18}$	$\frac{1}{18}$

(1)求 $E(X),E(Y)$;(2)求 $E(XY)$;(3) $D(X),D(Y)$.

14. 设二维离散型随机变量(X, Y)如习题 2 第 14 题所述,求(1) $E(X),E(Y)$;(2)

$E(XY)$;(3) $D(X)$, $D(Y)$.

15. 证明:函数 $\psi(t)=E[(X-t)^2]$在当 $t=E(X)$时取得最小值,且最小值为 $D(X)$.(提示:考虑 $\psi(t)=E\{[(X-E(X)+(E(X)-t)]^2\}$.)

16. 设随机变量 X 服从自由度为 n 的 χ^2 分布,其密度函数为

$$f(x)=\begin{cases}\dfrac{1}{2^{\frac{n}{2}}\Gamma\left(\dfrac{n}{2}\right)}x^{\frac{n}{2}-1}e^{-\frac{x}{2}}, & x>0,\\ 0, & \text{其他}.\end{cases}$$

其中 n 为正整数. 求 $E(X)$, $D(X)$.

17. 求瑞利分布 X(见第 3 题)的数学期望 $E(X)$及方差 $D(X)$.

18. 设随机变量 $X\sim N(-1,3)$, $Y\sim U(2,4)$, $Z\sim\Gamma(4,1)$且互相独立. 设

(1) $U=3X-2XY+YZ+Z-2$ 求 $E(U)$;

(2) $V=2X+3Y-2Z+3$, 求 $D(V)$.

19. 设随机变量 $X\sim B(20,0.2)$, $Y\sim P(2)$, $Z\sim H(10,5,100)$, 且互相独立, 令 $W=2X-3Y+4Z+XY$, 求 W 的数学期望 $E(W)$.

20. 求泊松分布 $P(\lambda)$的三阶原点矩与三阶中心矩.

21. 求 13 题中(X,Y)的协方差 $\mathrm{Cov}(X,Y)$及相关系数 ρ_{XY}, 并计算 $D(X-2Y)$.

22. 求 14 题中(X,Y)的协方差 $\mathrm{Cov}(X,Y)$及相关系数 ρ_{XY}, 计算 $D(2X-3Y)$.

23. 设随机变量 X 与 Y 有联合分布律为

X \ Y	−1	0	1
−1	α	$\frac{1}{8}$	$\frac{1}{4}$
1	$\frac{1}{8}$	$\frac{1}{8}$	β

(1)求证 $E(XY)=0$;

(2)问当 α,β 取何值时, X 与 Y 不相关?

(3)当 X 与 Y 不相关时, X 与 Y 独立吗?

24. 设(X,Y)在区域 $G=\{(x,y)\mid x\geqslant 0, y\geqslant 0, x+2y\leqslant 2\}$上均匀分布,

(1)求 $E(X)$, $E(Y)$;

(2) $D(X)$, $D(Y)$;

(3) $\mathrm{Cov}(X,Y)$及 ρ_{XY};

(4)问 X 与 Y 是否独立,是否不相关?

25. 设(X,Y)具有联合密度函数

$$f(x,y)=\begin{cases}\dfrac{1}{8}(x+y), & 0\leqslant x\leqslant 2,\quad 0\leqslant y\leqslant 2,\\ 0, & \text{其他}.\end{cases}$$

求(X,Y)的协方差阵 V 与相关系数 ρ_{XY}.

26. 设(X,Y)的联合密度函数同于习题 3 第 18 题,求(X,Y)的协方差阵 V 与相关系数 ρ_{XY}.

27. 设二维随机变量(X, Y)在矩形 $G=\{(x, y) \mid 0 \leqslant x \leqslant 2, 0 \leqslant y \leqslant 1\}$上服从均匀分布，记

$$U=\begin{cases}0, & X \leqslant Y, \\ 1, & X>Y,\end{cases} \qquad V=\begin{cases}0, & X \leqslant 2Y, \\ 1, & X>2Y.\end{cases}$$

(1)求(U, V)的联合分布律；

(2)求 U, V 的相关系数.

28. 证明：若(X, Y)是二维随机变量，则 $\operatorname{Cov}(X+Y, X-Y)=D(X)-D(Y)$.

29. 设 $X \sim N(\mu, \sigma^2)$，$Y \sim N(\mu, \sigma^2)$，且 X 与 Y 独立，试求 $U=\alpha X+\beta Y$，$V=\alpha X-\beta Y$ 的相关系数.

30. 设$(X, Y) \sim N\left(1,0 ; 9,16 ;-\frac{1}{2}\right)$，又设 $Z=\frac{X}{3}+\frac{Y}{2}$.

(1)求 $E(Z)$，$D(Z)$；(2)求 ρ_{XZ}；(3)求概率 $P\left(0<Z \leqslant \frac{2}{3}\right)$.

31. 设随机变量 X 的密度函数为

$$f(x)=\frac{1}{2} \mathrm{e}^{-|x|}, \qquad -\infty<x<+\infty.$$

(1)求 $E(X)$，$D(X)$；

(2)求 X 与$|X|$的协方差；

(3)问 X 与$|X|$是否独立，是否相关，为什么？

32. 设随机变量 X 服从柯西分布，其密度函数为

$$f(x)=\frac{1}{\pi(1+x^2)}, \qquad -\infty<x<+\infty.$$

(1)求 X 的中位数；

(2)说明 $E(X)$不存在.

33. 设随机变量 $X \sim N(0,1)$，对下列各种情形求出常数 c，并把它用 p 分位点的记号表示出来.

(1) $P(X<c)=0.9$；(2) $P(X>c)=0.9$；(3) $P(|X| \leqslant c)=0.9$.

34. 设随机变量 $X \sim P(\lambda)$，这里 $\lambda>0$ 是常数，求 X 的众数.

35. 设 X_1, X_2, X_3, X_4 相互独立，且都服从期望为 2，变异系数为 1 的正态分布，求概率 $P(X_1-X_2+X_3+X_4>5)$.

常用分布表

分布名称	概率分布或概率密度	数学期望	方差	参数范围
0−1分布	$P(X=k)=p^k q^{1-k}$ $(k=0,1)$	p	pq	$0<p<1$ $p+q=1$
二项分布	$P(X=k)=C_n^k p^k q^{n-k}$ $(k=0,1,2\cdots,n)$	np	npq	$n \geqslant 1, 0<p<1$, $p+q=1$

续表

分布名称	概率分布或概率密度	数学期望	方差	参数范围
泊松分布	$P(X=k)=\frac{\lambda^k e^{-\lambda}}{k!}$ $(k=0,1,2\cdots)$	λ	λ	$\lambda>0$
几何分布	$P(X=k)=pq^{k-1}$ $(k=1,2,3,\cdots)$	$\frac{1}{p}$	$\frac{q}{p^2}$	$0<p<1$, $p+q=1$
超几何分布	$P(X=k)=\frac{C_m^k C_{N-m}^{n-k}}{C_N^n}$ $(k=0,1,2,\cdots,n)$	$\frac{mn}{N}$	$\frac{mn}{N}\left(1-\frac{m}{N}\right)\cdot\left(\frac{N-n}{N-1}\right)$	n,m,N 自然数，$n\leqslant N$，$m\leqslant N$
均匀分布	$f(x)=\begin{cases}\frac{1}{b-a}, & a\leqslant x\leqslant b\\ 0, & \text{其他}\end{cases}$	$\frac{a+b}{2}$	$\frac{(b-a)^2}{12}$	$a<b$
指数分布	$f(x)=\begin{cases}\lambda e^{-\lambda x}, & x>0\\ 0, & x\leqslant 0\end{cases}$	$\frac{1}{\lambda}$	$\frac{1}{\lambda^2}$	$\lambda>0$
正态分布	$f(x)=\frac{1}{\sqrt{2\pi}\sigma}e^{-\frac{(x-\mu)^2}{2\sigma^2}}$, $-\infty<x<+\infty$	μ	σ^2	μ 任意 $\sigma>0$
Γ分布	$f(x)=\begin{cases}\frac{\beta^\alpha}{\Gamma(\alpha)}x^{\alpha-1}e^{-\beta x}, & x>0\\ 0, & x\leqslant 0\end{cases}$	$\frac{\alpha}{\beta}$	$\frac{\alpha}{\beta^2}$	$\alpha>0$ $\beta>0$,
威布尔分布	$f(x)=\begin{cases}\frac{mx^{m-1}}{\eta m}e^{-\left(\frac{x}{\eta}\right)^m}, & x>0\\ 0, & x\leqslant 0\end{cases}$	$\eta\Gamma\left(1+\frac{1}{m}\right)$	$\eta^2\left[\Gamma\left(1+\frac{2}{m}\right)-\Gamma^2\left(1+\frac{1}{m}\right)\right]$	$m>0$ $\eta>0$,
瑞利分布	$f(x)=\begin{cases}\frac{x}{\sigma^2}e^{-\frac{x^2}{2\sigma^2}}, & x>0\\ 0, & x\leqslant 0\end{cases}$	$\sqrt{\frac{\pi}{2}}\sigma$	$\frac{4-\pi}{2}\sigma^2$	$\sigma>0$
χ^2 分布	$f(x)=\begin{cases}\frac{1}{2^{n/2}\Gamma\left(\frac{n}{2}\right)}x^{\frac{n}{2}-1}e^{-\frac{x}{2}}, & x>0\\ 0, & x\leqslant 0\end{cases}$	n	$2n$	$n\geqslant 1$

第 5 章　大数定律与中心极限定理

概率论是研究随机现象的统计规律性的科学，而这种统计规律性往往需要在相同条件下进行大量的重复试验才能体现出来．这一般表现在以下两个方面：

其一，在大量重复试验中，事件发生的频率呈现某种稳定性，其平均结果实际上与个别随机现象无关，其极限已几乎不再随机．这就是大数定律所要表达的内容．

其二，一种随机现象可能会受到许多不确定因素的影响，如果这些因素彼此之间没有什么依存关系，且谁也没有特别突出的影响，那么，这些影响的"累积效应"将会使现象近似地服从正态分布．这就是中心极限定理所要描述的规律．

本章将介绍上述两方面的一些最基本的结果．

5.1　切比雪夫不等式

从第 4 章中我们知道，随机变量 X 的方差 $D(X)$ 是用于描述 X 的取值偏离其均值 $E(X)$ 的程度．下面这个定理表现了方差与数学期望之间的关系．

定理 5.1.1（切比雪夫（Chebyshev））　设随机变量 X 的数学期望 $E(X)$ 及方差 $D(X)$ 都存在，则对任意 $\varepsilon>0$ 有

$$P(|X-E(X)|\geqslant\varepsilon)\leqslant\frac{D(X)}{\varepsilon^2}. \tag{5.1}$$

证明　这里仅对 X 为连续型时给出证明．设 X 有密度函数 $f(x)$，则有

$$\begin{aligned}P(|X-E(X)|\geqslant\varepsilon)&=\int_{|X-E(X)|\geqslant\varepsilon}f(x)\mathrm{d}x\\&\leqslant\int_{|X-E(X)|\geqslant\varepsilon}\frac{[X-E(X)]^2}{\varepsilon^2}f(x)\mathrm{d}x\\&\leqslant\frac{1}{\varepsilon^2}\int_{-\infty}^{+\infty}[X-E(X)]^2f(x)\mathrm{d}x=\frac{D(X)}{\varepsilon^2}.\end{aligned}$$

请读者对 X 为离散型时的情况给出证明．这个不等式的另一个等价形式是

$$P(|X - E(X)| < \varepsilon) \geqslant 1 - \frac{D(X)}{\varepsilon^2}. \tag{5.2}$$

切比雪夫不等式给出了在 X 的分布未知情况下对事件“$|X - E(X)| \geqslant \varepsilon$”发生的概率进行估计的一种方法.

例 5.1.1 一机床制造长度为 50cm 的工件，由于随机扰动，工件长度总有一定误差. 统计表明，长度的均方差为 2.5mm. 若工件实际长度在 49.25～50.75cm 之间算合格，请估计该机床制造工件的合格率.

解 设 X 表示工件的长度，本题中 X 的分布情况未知，我们用切比雪夫不等式来估计.

由题设，可以认为 $E(X)=50$，则不等式 $49.25<X<50.75$ 可表为 $|X-E(X)|<0.75$. 而 $\sqrt{D(X)}=0.25$(cm)，于是合格率为

$$P(|X - E(X)| < 0.75) \geqslant 1 - \frac{D(X)}{(0.75)^2} = 1 - \frac{(0.25)^2}{(0.75)^2} = \frac{8}{9}.$$

切比雪夫不等式在理论上有重大意义，但估计精度不太高.

一般地，对任一随机变量 X，若 $E(X)=\mu$，$D(X)=\sigma^2$，由切比雪夫不等式易知

$$P(|X - \mu| < k\sigma) \geqslant 1 - \frac{1}{k^2}, \quad k > 0.$$

比如，当 $k=3$ 时，

$$P(|X - \mu| < 3\sigma) \geqslant 1 - \frac{1}{9} = 0.8889,$$

这个估计比当 $X \sim N(\mu, \sigma^2)$ 时的估计式(见例 3.2.7)的精度要低一些.

5.2 大数定律

在 1.2 节中，我们谈到了频率的稳定性，指出当试验次数增加时，事件 A 发生的频率 $f_n(A)$ 会接近于其概率 p. 但那只是一种粗略的描述，没有作严格的数学定义. 以下，我们引入一种新的收敛性定义，并由此得出严格的数学定律.

定义 5.2.1 设 $X_1, X_2, \cdots, X_n, \cdots$ 是一个随机变量序列，a 为常数，若对任意 $\varepsilon>0$，有

$$\lim_{n\to\infty} P(|X_n - a| < \varepsilon) = 1, \tag{5.3}$$

则称 $X_1, X_2, \cdots, X_n, \cdots$ 依概率收敛于 a，记为 $X_n \xrightarrow{P} a$.

依概率收敛的直观意义是，当 n 充分大后，随机变量 X_n 几乎总是取值为 a，或者与 a 值非常接近. 上述式子也可等价地表为

$$\lim_{n\to\infty} P(|X_n - a| \geqslant \varepsilon) = 0. \tag{5.4}$$

定理 5.2.1（切比雪夫大数定律） 设互相独立的随机变量序列 $X_1, X_2, \cdots, X_n, \cdots$ 的数学期望与方差都存在，且存在常数 c，使每个 $D(X_i) \leqslant c(i=1, 2, \cdots)$，则必有

$$\lim_{n\to\infty} P\left(\left|\frac{1}{n}\sum_{i=1}^{n} X_i - \frac{1}{n}\sum_{i=1}^{n} E(X_i)\right| < \varepsilon\right) = 1. \tag{5.5}$$

证明 由期望与方差的性质知

$$E\left(\frac{1}{n}\sum_{i=1}^{n} X_i\right) = \frac{1}{n}\sum_{i=1}^{n} E(X_i),$$

$$D\left(\frac{1}{n}\sum_{i=1}^{n} X_i\right) = \frac{1}{n^2}\sum_{i=1}^{n} D(X_i) \leqslant \frac{1}{n^2} \cdot nc = \frac{c}{n}.$$

利用切比雪夫不等式，并取极限得

$$0 \leqslant \lim_{n\to\infty} P\left(\left|\frac{1}{n}\sum_{i=1}^{n} X_i - \frac{1}{n}\sum_{i=1}^{n} E(X_i)\right| \geqslant \varepsilon\right) \leqslant \lim_{n\to\infty} \frac{1}{\varepsilon^2} D\left(\frac{1}{n}\sum_{i=1}^{n} X_i\right)$$

$$\leqslant \lim \frac{1}{n^2}\sum_{i=1}^{n} D(X_i) \leqslant \lim_{n\to\infty} \frac{c}{n\varepsilon^2} = 0.$$

推论（独立同分布大数定律） 设 $X_1, X_2, \cdots, X_n, \cdots$ 是独立同分布的随机变量序列，记 $E(X_i)=\mu, D(X_i)=\sigma^2 (i=1,2,\cdots)$，$\overline{X}=\frac{1}{n}\sum_{i=1}^{n} X_i$，则

$$\overline{X} \xrightarrow{P} \mu. \tag{5.6}$$

这一条大数定律在数理统计中常常用到. 它说明，当 n 充分大时，$X_1, X_2, \cdots, X_n$ 的平均值 $\overline{X}$ 在概率意义下会充分接近其数学期望值 μ.

定理 5.2.2（伯努利大数定律） 设在 n 次伯努利试验中，事件 A 发生了 n_A 次，记 $f_n(A)=\frac{n_A}{n}$ 为 n 次试验中事件 A 发生的频率，又记 $p=P(A)$，则

$$f_n(A) \xrightarrow{P} p, \tag{5.7}$$

即对任意 $\varepsilon>0$，有

$$\lim_{n\to\infty} P(|f_n(A)-p|<\varepsilon)=1.$$

证明　令

$$X_i=\begin{cases}1, & \text{在第 } i \text{ 次试验中 A 发生},\\ 0, & \text{在第 } i \text{ 次试验中 } \overline{A} \text{ 发生}.\end{cases}$$

$i=1,2,\cdots,n$,则频率 $f_n(A)=\frac{n_A}{n}=\frac{1}{n}\sum_{i=1}^{n}X_i=\overline{X}$,且 $X_1,\cdots,X_n$ 相互独立,同服从0—1分布,$E(X_i)=p$,$D(X_i)=pq$. 由定理5.2.1的推论知

$$f_n(A)\xrightarrow{P}p.$$

这个定理说明了在 n 次独立重复试验中,事件A发生的频率 $f_n(A)$ 依概率收敛于A发生的概率 $P(A)$,从而以严格的数学形式描述了频率的稳定性. 在实际应用中,当试验次数很多时,常以频率来近似地估计概率.

定理5.2.3(辛钦大数定律)　设随机变量序列 $X_1,X_2,\cdots,X_n,\cdots$ 相互独立同分布,且 $E(X_i)=\mu(i=1,2,\cdots)$存在,记 $\overline{X}=\frac{1}{n}\sum_{i=1}^{n}X_i$,则

$$\overline{X}\xrightarrow{P}\mu. \tag{5.8}$$

本定理的证明从略. 这个定理的特点是只要求每个数学期望 $E(X_i)$ 存在,而不管 $D(X_i)$ 是否存在,但却要求诸 X_i 同分布. 这是与定理5.2.1不同之处.

例5.2.1　设相互独立的随机变量序列$\{X_k\}(k=1,2,\cdots)$满足分布律

$$P(X_k=\pm\sqrt{k})=\frac{1}{2}k^{-1},\quad P(X_k=0)=1-k^{-1}.$$

问$\{X_k\}$是否满足大数定律的充分条件?

解　对每个 $k\in N$,有

$$E(X_k)=-\sqrt{k}\cdot\frac{1}{2}k^{-1}+0\cdot(1-k^{-1})+\sqrt{k}\cdot\frac{1}{2}k^{-1}=0,$$

$$E(X_k^2)=k\cdot\frac{1}{2}k^{-1}+0\cdot(1-k^{-1})+k\cdot\frac{1}{2}k^{-1}=1.$$

于是,$D(X_k)=E(X_k^2)=1$,且诸 X_k 相互独立,满足定理5.2.1的条件,随机变量序列$\{X_k\}_{k=1,2,\cdots}$服从大数定律,即对任意 $\varepsilon>0$ 有

$$\lim_{n\to\infty} P\left\{\left|\frac{1}{n}\sum_{k=1}^{n} X_k\right| < \varepsilon\right\} = 1.$$

例 5.2.2 设$\{X_k\}_{k=1,2,\cdots}$是独立同分布的随机变量序列，记

$$\overline{X} = \frac{1}{n}\sum_{k=1}^{n} X_k,$$

若每个 $X_k \sim U(4,6)$，问 $\overline{X}$ 在当 $n\to\infty$时依概率收敛于何值？请写出极限表达式.

解 显然$\{X_k\}$满足定理 5.2.3 的条件，且每个 $E(X_k)=\frac{6+4}{2}=5$，故 $\overline{X}\xrightarrow{P}5$，即对任意 $\varepsilon>0$ 有

$$\lim_{n\to\infty} P(|\overline{X}-5|<\varepsilon)=1.$$

5.3 中心极限定理

本节讨论相互独立的随机变量序列 $X_1, X_2, \cdots, X_n, \cdots$ 的部分和 $S_n=\sum_{i=1}^{n} X_i$ 的极限分布情况. 我们将会看到，在一定条件下，当 $n\to\infty$时，S_n 的极限分布总是正态的. 这一类定理称为中心极限定理. 我们主要介绍其中两个最常用的定理. 由于其证明超出本书范围，下面只给出定理本身及有关背景介绍.

定理 5.3.1(独立同分布中心极限定理) 设随机变量 $X_1, X_2, \cdots, X_n, \cdots$ 相互独立，同分布，且

$$E(X_k)=\mu,\quad D(X_k)=\sigma^2\neq 0,\quad k=1,2,\cdots.$$

则对随机变量

$$Y_n=\frac{\sum_{k=1}^{n} X_k - n\mu}{\sqrt{n}\sigma}.$$

有极限分布

$$\lim_{n\to\infty} Y_n \sim N(0,1), \tag{5.9}$$

即对任意 $x\in R$，有

$$\lim_{n\to\infty} P(Y_n\leqslant x)=\Phi(x). \tag{5.10}$$

其中 $\Phi(x)$是标准正态分布 $N(0,1)$的分布函数.

由

$$E\left(\sum_{k=1}^{n} X_k\right)=\sum_{k=1}^{n} E(X_k)=n\mu,$$

$$D\left(\sum_{k=1}^{n} X_k\right)=\sum_{k=1}^{n} D(X_k)=n\sigma^2,$$

易知上述之 Y_n 实际上是随机变量 $S_n=\sum_{k=1}^{n} X_k$ 的标准化.

这个式子告诉我们,不论 $X_1, X_2, \cdots, X_n, \cdots$ 原来服从什么分布,当 n 很大时,其部分和 $S_n=\sum_{k=1}^{n} X_k$ 近似有

$$S_n \sim N(n\mu, n\sigma^2), \tag{5.11}$$

或等价地近似为

$$\frac{\sum_{k=1}^{n} X_k - n\mu}{\sqrt{n}\sigma} \sim N(0,1). \tag{5.12}$$

对上式作一变形,记 $\overline{X}=\frac{1}{n}\sum_{k=1}^{n} X_k$,则得近似公式

$$\frac{\overline{X}-\mu}{\sigma/\sqrt{n}} \sim N(0,1). \tag{5.13}$$

它表明,不论诸 X_k 原来分布情况如何,其 n 项平均值 $\overline{X}$ 总是可以近似认为服从 $N\left(\mu,\frac{\sigma^2}{n}\right)$,这在数理统计中是很有用处的. 正因为如此,正态分布在概率统计中占有极为重要的地位.

定理 5.3.1 的特殊情况就是下面的定理.

定理 5.3.2(棣莫佛—拉普拉斯定理) 设随机变量 $X_n \sim B(n, p)$, $n=1,2,\cdots$,则对于任意 $x\in R$ 有

$$\lim_{n\to\infty} P\left\{\frac{X_n - np}{\sqrt{npq}} \leqslant x\right\} = \Phi(x). \tag{5.14}$$

证明 X_n 可视为 n 个相互独立的都服从 0—1 分布 $B(1, p)$的随机变量 $Y_1, \cdots, Y_n$ 之和. 即

$$X_n = \sum_{k=1}^{n} Y_k \sim B(n, p).$$

又因为

$$E(Y_k)=p, D(Y_k)=pq\neq 0, \qquad k=1,2,\cdots,$$

由(5.9)式得

$$\lim_{n\to\infty} P\left(\frac{X_n - np}{\sqrt{npq}} \leqslant x\right) = \Phi(x).$$

类似于前面的讨论,我们有以下推论.

推论 设随机变量 $X\sim B(n,p)$,则当 n 很大时,近似地有 $X\sim N(np, npq)$,从而可得近似公式:

$$P(a < X \leqslant b) = \Phi\left(\frac{b-np}{\sqrt{npq}}\right) - \Phi\left(\frac{a-np}{\sqrt{npq}}\right). \tag{5.15}$$

对这个推论及近似公式我们作以下几点说明:

(1)泊松定理告诉我们,当 $p\leqslant 0.1$ 时,二项分布可用泊松分布作近似计算,而上述定理则不受 p 值的限制.但若 n 很大,p 很小($np\leqslant 5$),则用正态分布作近似不如泊松分布精确.

(2)"n 很大"是一个较为模糊的概念.经验告诉我们,如果取 $n\geqslant 50$(有时亦可放宽到 $n\geqslant 30$),则近似程度便可以满足一般要求.当然,n 越大精度越好.

(3)对于概率 $P(a\leqslant X<b)$,$P(a<X<b)$,$P(a\leqslant X\leqslant b)$均可用(5.15)式计算,因为 n 很大时,$P(X=a)$,$P(X=b)$的值都很小,可以忽略不计(参见习题 5 第 14 题).

例 5.3.1 用一机床制造大小相同的零件,标准重为 1kg,由于随机误差,每个零件的重量在(0.95,1.05)(kg)上均匀分布.设每个零件重量相互独立,

(1)制造 1200 个零件,问总重量大于 1202kg 的概率是多少?

(2)最多可以制造多少个零件,可使零件重量误差总和的绝对值小于 2kg 的概率不小于 0.9?

解 (1)设 X_i 表示第 i 个零件的重量,($i=1,2,\cdots,1200$)则每个 $X_i\sim U(0.95,1.05)$,于是

$$E(X_i) = \frac{0.95+1.05}{2} = 1, \quad D(X_i) = \frac{(1.05-0.95)^2}{12} = \frac{1}{1200}.$$

记 $X=\sum\limits_{i=1}^{1200} X_i$,由定理 5.3.1 知近似地有

$$X \sim N\left(1200\times 1, 1200\times\frac{1}{1200}\right) = N(1200,1).$$

于是

$$P(X>1202) = 1-P(X\leqslant 1202) = 1-\Phi\left(\frac{1202-1200}{1}\right)$$

$$=1-\Phi(2)=1-0.9772=0.0228.$$

(2)由题设知,若设 Y_i 为第 i 个零件的重量误差,则 $Y_i \sim U(-0.05, 0.05)$,有 $E(Y_i)=0, D(Y_i)=\frac{1}{1200}$. 又设 $Y=\sum_{i=1}^{n} Y_i$ 表示 n 个零件的误差总和,由定理 5.3.1 应近似地有

$$Y \sim N\left(0, \frac{n}{1200}\right).$$

于是有

$$P(|Y|<2) \geqslant 0.9.$$

从而

$$P(-2<Y<2)=\Phi\left(\frac{2}{\sqrt{\frac{n}{1200}}}\right)-\Phi\left(\frac{-2}{\sqrt{\frac{n}{1200}}}\right)=2\Phi\left(\frac{40\sqrt{3}}{\sqrt{n}}\right)-1 \geqslant 0.9,$$

即

$$\Phi\left(\frac{40\sqrt{3}}{\sqrt{n}}\right) \geqslant 0.95.$$

查正态分布表得

$$\frac{40\sqrt{3}}{\sqrt{n}}=1.645,$$

解之得 $n \approx 1773.82$,即最多可以制造 1773 个零件,其重量误差总和的绝对值小于 2kg 的概率不小于 90%.

例 5.3.2 在某地区的一家保险公司里有二万人参加了人寿保险,每人每年付 8 元保险费.若投保人死亡,则保险公司向其家属赔付 2000 元.设该地区的人口死亡率为万分之五,求

(1)该保险公司亏本的概率.

(2)该保险公司一年的利润不少于 12 万元的概率.

解 设 X 表示"二万人中在一年内死亡的人数",则显然 $X \sim B(20000, 0.0005)$.我们这里用中心极限定理计算.

由于 $np=20000 \times 0.0005=10$, $npq=10 \times 0.9995=9.995$,故近似地有

$$X \sim N(10, 9.995).$$

(1)应求概率

$$P(20000 \times 8<2000X)=1-P(X \leqslant 80)=1-\Phi\left(\frac{80-10}{\sqrt{9.995}}\right)$$

$$=1-\Phi(22.1)\doteq 1-1=0.$$

(2)应求概率

$$P(20000\times 8-2000X>120000)=P(X\leqslant 20)=\Phi\left(\frac{20-10}{\sqrt{9.995}}\right)$$

$$=\Phi(3.16)=0.9993.$$

这就是说,该保险公司每年几乎肯定获利 12 万元以上.

5.4 综合例题

例 5.4.1 已知 $D(X)=0$,求证随机变量 X 满足

$$P(X=E(X))=1.$$

分析 这等价地要求证明 $P(|X-E(X)|>0)=0$,可将事件"$|X-E(X)|>0$"写成若干事件的并集,应用切比雪夫不等式.

证明 注意到事件"$|X-E(X)|>0$"$=\bigcup\limits_{n=1}^{\infty}\left\{|X-E(X)|\geqslant\frac{1}{n}\right\}$,于是

$$P(|X-E(X)|>0)\leqslant\sum_{n=1}^{\infty}P\left(|X-E(X)|\geqslant\frac{1}{n}\right);$$

又由于 $D(X)=0$,由切比雪夫不等式,对每个 n 有

$$0\leqslant P\left(|X-E(X)|\geqslant\frac{1}{n}\right)\leqslant\frac{D(X)}{1/n^2}=0,$$

即

$$P\left(|X-E(X)|\geqslant\frac{1}{n}\right)=0,\ n=1,2,\cdots.$$

从而知

$$P(|X-E(X)|>0)=0,$$

即是

$$P(X=E(X))=1.$$

例 5.4.2 设随机变量序列 $X_1,X_2,\cdots$ 相互独立,且都在$[-\pi,\pi]$上均匀分布,记 $Y_k=\cos(kX_k)$, $k=1,2,\cdots$,证明对任意 $\varepsilon>0$,有

$$\lim_{n\to\infty}P\left(\left|\frac{1}{n}\sum_{k=1}^{n}Y_k\right|<\varepsilon\right)=1.$$

分析 把这个式子与切比雪夫大数定律(5.4),(5.5)式比较知,若能证明每个 $E(Y_k)=0$, $D(Y_k)\leqslant c$,则命题得证.

证明　因为每个 $X_k \sim U[-\pi,\pi]$,故其密度函数为

$$f(x)=\begin{cases}\dfrac{1}{2\pi}, & -\pi \leqslant x \leqslant \pi, \\ 0, & \text{其他}.\end{cases}$$

于是

$$E(Y_k)=\int_{-\pi}^{\pi}\frac{1}{2\pi}\cos kx\,dx=\frac{2}{2k\pi}\sin kx\Big|_0^{\pi}=0,$$

$$D(Y_k)=\int_{-\pi}^{\pi}\frac{1}{2\pi}\cos^2 kx\,dx=\frac{2}{2\pi}\int_0^{\pi}\frac{1}{2}(1+\cos 2kx)\,dx$$
$$=\frac{1}{2\pi}\left(x+\frac{1}{2k}\sin 2kx\right)\Big|_0^{\pi}=\frac{1}{2}.$$

由于 $X_1,X_2,\cdots$ 相互独立,则 $Y_1,Y_2,\cdots$ 也相互独立,且 $E(Y_k)=0$, $D(Y_k)=\frac{1}{2}$, $k=1,2,\cdots$满足定理 5.2.1 的条件,从而有

$$\frac{1}{n}\sum_{k=1}^{n}Y_k \xrightarrow{P} \frac{1}{n}\sum_{k=1}^{n}E(Y_k)=0.$$

即对任意 $\varepsilon>0$ 有

$$\lim_{n\to\infty}P\left(\left|\frac{1}{n}\sum_{k=1}^{n}Y_k\right|<\varepsilon\right)=1.$$

例 5.4.3　设随机变量 $X_1,X_2,\cdots,X_n$ 独立同分布,已知 $E(X^k)=a_k(k=1,2,3,4)$,问 n 充分大时,随机变量

$$Y_n=\frac{1}{n}\sum_{k=1}^{n}X_k^{\ 2}$$

服从什么分布?指出其分布参数.

解　由于 $X_1,X_2,\cdots,X_n$ 独立同分布,故 $X_1^2,X_2^2,\cdots,X_n^2$ 也独立同分布,由中心极限定理 5.3.1 知 Y_n 在 n 充分大时应近似地服从正态分布.
又因为

$$E(X_k^2)=a_2,\quad D(X_k^2)=E(X_k^4)-(E(X_k^2))^2=a_4-a_2^2.$$

从而有

$$E(Y_n)=\frac{1}{n}\sum_{k=1}^{n}E(X_k^{\ 2})=\frac{1}{n}\cdot na_2=a_2,$$

$$D(Y_n)=\frac{1}{n^2}\sum_{k=1}^{n}D(X_k^{\ 2})=\frac{1}{n^2}\cdot n(a_4-a_2^{\ 2})=\frac{a_4-a_2^2}{n},$$

故近似地有 $Y_n\sim N\left(a_2,\dfrac{a_4-a_2^2}{n}\right)$.

例 5.4.4 某公司生产的电子元件合格率为 99.5%. 装箱出售时,(1)若每箱中装 1000 只,问不合格品在 2～6 只之间的概率是多少?(2)若要以 99%的概率保证每箱中合格品数不少于 1000 只,问每箱至少应多装几只这种电子元件?

分析 每箱中不合格品数显然服从二项分布,可用棣莫佛－拉普拉斯定理来解决上述两问.

解 (1)显然,这个公司生产的电子元件不合格率为 $1-0.995=0.005$. 设 X 表示"1000 只电子元件中不合格品的只数",则 $X\sim B(1000,0.005)$. 由(5.15)式得

$$
\begin{aligned}
P(2\leqslant X\leqslant 6) &= \Phi\left(\frac{6-1000\times 0.005}{\sqrt{1000\times 0.005\times 0.995}}\right) \\
&\quad - \Phi\left(\frac{2-1000\times 0.005}{\sqrt{1000\times 0.005\times 0.995}}\right) \\
&= \Phi(0.45)-\Phi(-1.34) \\
&= 0.6736-(1-0.9099)=0.5835.
\end{aligned}
$$

(2)设每箱中应多装 k 只元件,则不合格品只数 $X\sim B(1000+k, 0.005)$,由题设,应有

$$P(X\leqslant k)\geqslant 0.99.$$

而由(5.15)式可得

$$P(X\leqslant k)=\Phi\left(\frac{k-(1000+k)\times 0.005}{\sqrt{(1000+k)\times 0.005\times 0.995}}\right)\geqslant 0.99,$$

于是 k 应满足

$$\frac{k-(1000+k)\times 0.005}{\sqrt{(1000+k)\times 0.005\times 0.995}}\geqslant u_{0.99}=2.326.$$

解之,有

$$k\geqslant 11.$$

这就是说,每箱应多装 11 只电子元件,才能以 99%以上的概率保证合格品数不低于 1000 只.

习 题 5

1. 设随机变量 X 服从幂一指分布,其密度为

$$f(x)=\begin{cases}\dfrac{x^m e^{-x}}{m!}, & x>0,\\ 0, & x\leqslant 0,\end{cases}$$

其中 m 为正整数.利用切比雪夫不等式证明

$$P(0<X\leqslant 2(m+1))\geqslant \frac{m}{m+1}.$$

2.已知随机变量 X 的数学期望 $E(X)=100$,方差 $D(X)=10$,请估计 X 落入(80,120)区间内的概率.

3.设随机变量 $X_k(k=1,2,\cdots)$相互独立,服从同一分布,且 $E(X_k)=0, D(X_k)=\sigma^2$,$E(X_k^4)$存在.证明:对任意 $\varepsilon>0$,有

$$\lim_{n\to\infty}P\left(\left|\frac{1}{n}\sum_{k=1}^{n}X_k^2-\sigma^2\right|<\varepsilon\right)=1.$$

4.设随机变量 $X\sim U(-2,2)$,

(1)求概率 $P(|X|<1.8)$;

(2)利用切比雪夫不等式估计 $P(|X|<1.8)$的下界.

5.设 $X_1,X_2,\cdots$是一个独立同分布的随机变量序列,记

$$\overline{X}=\frac{1}{n}\sum_{i=1}^{n}X_i,$$

在下列情况下,当 $n\to\infty$时,问 $\overline{X}$ 依概率收敛于什么值?

(1) $X_i\sim\Gamma(3,2), i=1,2,\cdots$;

(2) $X_i\sim P(5), i=1,2,\cdots$;

(3) $X_i\sim U(0,\theta), i=1,2,\cdots$,其中 $\theta>0$.

6.设某机床生产的某零件的寿命服从 $\Gamma(2,1)$(单位:万小时)分布,从中任取出 50 个零件,利用中心极限定理求平均寿命在 1.9 万小时到 2.1 万小时之间的概率.假设每个零件的寿命互相独立.

7.设 $X_i(i=1,2,\cdots,50)$是相互独立的随机变量,且它们都服从 $\lambda=0.03$的泊松分布,记 $S=\sum_{k=1}^{50}X_k$,利用中心极限定理计算 $P(S\geqslant 3)$.

8.用计算机进行数值的加法运算,对每个加数以四舍五入法取整.设舍入误差在(−0.5,0.5)上均匀分布,

(1)把 2000 个数相加,求误差总和的绝对值大于 20 的概率;

(2)最多有多少个数加在一起可使误差总和的绝对值小于 15 的概率不小于 90%?

9.某电厂供应一万户人家用电,设每户用电的概率为 0.8,

(1)求同时用电户数在 8100 户以上的概率;

(2)若每户用电 100 瓦,问电站至少需要多大的发电量才能以 0.975 的概率保证供电?

10.某车间有 200 台车床,它们独立地进行工作,开工率各为 0.6,且开工时耗电各为 0.8 千瓦.问供电所至少要供给该车间多少电力,才能以99.9%的概率保证车间生产正常

进行？

11.已知男孩出生率为 51.5%，

(1)求 10000 个初生婴儿中男孩个数少于女孩的概率；

(2)10000 个初生婴儿中男孩数在 5100 人到 5300 人之间的概率.

12.抛掷一枚质地不均匀的硬币，设正面出现的概率为 0.6.

(1)用切比雪夫不等式确定需投掷多少次，才能保证正面出现频率在0.5～0.7 之间概率不小于 90%？

(2)用正态逼近(即中心极限定理)计算同一问题.

13.设随机变量 $Y_n \sim P(n)$，试证明：当 $n \to \infty$ 时，$\dfrac{Y_n - n}{\sqrt{n}}$的极限分布是 N(0,1).

(提示：Y_n 可看成 n 个相互独立，且都服从 P(1)的随机变量之和.)

14*. 设随机变量 $X \sim B(n,p)$，利用积分中值定理证明，当 n 充分大时，对每个 $\alpha \in$ R，有

$$P(X = a) \approx \frac{1}{\sqrt{2\pi}\sqrt{npq}} \exp\left\{-\frac{(a-np)^2}{2npq}\right\} \approx 0.$$

(提示：$P(X=a)=P(a-1<X\leqslant a)$.)

第 6 章　数理统计基本知识

从本章起，我们将介绍数理统计的一些基本内容．数理统计研究的对象主要是带有随机性质的自然及社会现象．它通过对现象的观察收集一定量的数据，然后进行整理、分析，并应用概率论的知识作出合理的估计、推断、预测．其目的，是希望认识被研究对象（即随机变量）的概率特征，比如它是否服从某种分布，各数字特征是多少等等，从而为正确决策提供科学依据．

总之，概率论是数理统计的理论基础，数理统计是概率论在自然及社会科学诸方面的实际应用．

6.1　总体与样本

在数理统计中，通常把研究对象的全体称为**总体**，构成总体的每一个成员称为**个体**．在实际问题中，我们往往并不研究总体的一切属性，而是研究总体的某项数量指标，因此，也可以把研究对象的某项数量指标的全体看作总体，把每个数值作为个体．例如，研究某地区家庭年收入情况，该地区每个家庭的年收入是个体，它们的全体便构成总体；研究某公司生产的电视机的寿命，则该公司生产的每台电视机的寿命是个体，全体寿命则可视为总体．

按照总体中个体的数量不同，总体可分为**有限总体**及**无限总体**两类．若有限总体中个体数量很多，则也可认为是无限总体．

要了解总体性质的最好方法是对它的每个个体都进行观察、试验，但实际上往往是不可行的．特别是对无限总体及有破坏性的试验更是这样．于是，我们一般采用的是抽样调查的方法．当我们从总体中抽取个体时，在抽到某个个体之前，这个个体的数值指标不能事先确定，因而是随机变量，用 X 表示．我们一般把总体与相对应的随机变量 X 不加区别，称为总体 X．

从总体 X 中抽得 n 个个体 $X_1, X_2, \cdots, X_n$ 称为是来自总体 X 的容量为 n 的样本，而每个个体 $X_i(i=1,2,\cdots,n)$叫样本点或样品．对 $X_1, X_2, \cdots, X_n$ 作观测可得一组值 $x_1, x_2, \cdots, x_n$，它叫样本观测值或样本值．

从总体中抽取样本，必须满足以下两个条件：

(1) **随机性**　抽样应随机地进行，每个个体被抽机会均等．这通常可用编号抽签或利用随机数表的方法来实现．

(2) **独立性**　每次抽样应独立进行，其结果不受其他抽样结果的影响，也不影响其他抽样的结果.

满足以上两条件的抽样称为**简单随机抽样**,其样本称为**简单随机样本**.一般地,对于有限总体,采用的是有放回抽样;而对于无限总体或大总体(即含个体数很多的有限总体),由于抽走少量样本后不影响总体构成或影响很小,亦可采用不放回抽样.今后,凡提到抽样及样本,都是指简单随机抽样.

必须指出的是,"从总体 X 中抽取容量为 n 的样本",是指对总体 X 进行 n 次观测,第 i 次观测 X_i 是一个随机变量,其取值为 $x_i(i=1,2,\cdots,n)$.于是,$(X_1,X_2,\cdots,X_n)$构成一个 n 维随机变量,它们互相独立,且每个 X_i 都与 X 同分布.其取值$(x_1,x_2,\cdots,x_n)$是 n 维随机变量的一组观测值.这时,我们便认为 n 个事件

$$X_1 = x_1, X_2 = x_2, \cdots, X_n = x_n$$

都已发生.于是,

(1)若总体 X 是连续型的,有密度函数 $f(x)$,由上面的讨论知,$(X_1, X_2,\cdots,X_n)$的联合密度为

$$f(x_1,x_2,\cdots,x_n) = \prod_{i=1}^{n} f(x_i); \tag{6.1}$$

(2)若总体 X 是离散型的,其分布律为 $P(X=x)=p(x)$,则$(X_1, X_2,\cdots,X_n)$的联合分布律为

$$P(X_1 = x_1, X_2 = x_2, \cdots, X_n = x_n) = \prod_{i=1}^{n} p(x_i). \tag{6.2}$$

为了方便,我们也常把这个联合分布律记为 $f(x_1,x_2,\cdots,x_n)$,称之为**联合概率函数**,使离散型与连续型有统一表达形式.例如,设总体 $X\sim B(1,p)$,其分布律为

$$P(X=x) \triangleq p(x) = p^x q^{1-x}, \quad x = 0,1 \quad (q = 1-p).$$

则样本 $X_1,X_2,\cdots,X_n$ 的联合概率函数为

$$f(x_1,x_2,\cdots,x_n) = \prod_{i=1}^{n} p^{x_i} q^{1-x_i} = p^{\sum_{i=1}^{n} X_i} q^{n-\sum_{i=1}^{n} X_i},$$

$$x_1,x_2,\cdots,x_n = 0,1.$$

6.2 直方图、条形图及经验分布函数

在数理统计的实际应用中,作为研究对象的总体 X 永远是未知的.有时

即使是根据以往的经验知道 X 服从某种分布，但其数字特征如数学期望、方差等仍然是未知的. 这就需要对总体进行抽样调查并作出适当的估计. 当取得一组样本值后，一般要先根据样本的取值对总体的分布情况作一个粗略的了解，然后再作出进一步分析. 这常常需要作出频率直方图或条形图以及写出经验分布函数.

1. 频率直方图

设对总体 X 作 n 次观测，得 n 个数据 $x_1, x_2, \cdots, x_n$，作频率直方图可分为以下几个步骤：

(1)找出这 n 个数据中的最小、最大值 x_1^* 及 x_n^*，即 $x_1^* = \min\{x_1, x_2, \cdots, x_n\}$，$x_n^* = \max\{x_1, x_2, \cdots, x_n\}$.

(2)取区间$(a, b]$，使 a 略小于 x_1^*，b 略大于 x_n^*，从中插入 $k-1$个分点：

$$a = a_0 < a_1 < \cdots < a_k = b,$$

把区间$(a, b]$分成 k 个子区间

$$(a_0, a_1], (a_1, a_2], \cdots, (a_{k-1}, a_k].$$

称 $\Delta a_i = a_i - a_{i-1}$为第 i 组**组距**，$\dfrac{a_i + a_{i-1}}{2}$为第 i 组**组中值**. 各组组距可以相等，亦可以不等. 子区间的个数 k 一般可取 8 至 15 个，太多及太少均不易显示出分布特征. 另外，分点应比数据的有效数字多一位.

(3)计算数据落入各区间的频数 n_i 及频率 $f_i = \dfrac{n_i}{n}$ $(i=1,2,\cdots,k)$.

(4)在 x 轴截取各子区间，并以各子区间为底，以$\dfrac{f_i}{\Delta a_i}$为高作出 n 个小矩形，每个小矩形的面积 Δs_i 就等于数据落入第 i 个小区间的频率，即

$$\Delta s_i = \Delta a_i \cdot \frac{f_i}{\Delta a_i} = f_i \quad (i = 1,2,\cdots,k),$$

于是有

$$\sum_{i=1}^{n} \Delta s_i = \sum_{i=1}^{k} f_i = \frac{\sum_{i=1}^{k} n_i}{n} = \frac{n}{n} = 1.$$

这样就作成了频率直方图.

当样本容量 n 充分大时，随机变量 X 落入子区间$(a_{i-1}, a_i]$内的频率近似地等于其概率，即有

$$f_i \approx P(a_{i-1} < X \leqslant a_i), \quad i = 1,2,\cdots,k. \tag{6.3}$$

于是,可以大致看出 X 的分布规律.

例 6.2.1 一自动化车床连续用刀具加工某种零件,从换上新刀具到损坏为止加工的零件个数称为刀具的寿命,现记录 100 把刀具的寿命如下:

344	352	340	351	353	348	353	349	351	355
350	345	352	349	355	341	351	355	352	348
353	348	341	346	349	350	351	348	353	362
338	355	352	356	350	351	349	357	348	358
353	346	352	350	352	345	347	354	351	347
346	343	347	343	357	349	353	345	350	358
354	344	349	340	345	359	348	356	346	357
359	349	355	354	344	353	346	351	354	352
352	344	347	363	355	342	366	352	350	347
346	349	350	360	346	358	350	345	349	355

写出刀具寿命的频率分布并作出直方图.

解 这些样本观测值中最小是 338,最大是 366,故我们把数据的分布区间定为 (336.5,366.5],并把这个区间分成 10 等分,各组组距为 3,得 10 个小区间:

$$(336.5,339.5],(339.5,342.5],\cdots,(363.5,366.5]$$

分别求出各组频数 n_i 及频率 f_i 后列出表 6.1.

表 6.1

组号	寿命区间	频数 n_i	频率 f_i
1	(336.5,339.5]	1	0.01
2	(339.5,342.5]	5	0.05
3	(342.5,345.5]	11	0.11
4	(345.5,348.5]	18	0.18
5	(348.5,351.5]	24	0.24
6	(351.5,354.5]	20	0.20
7	(354.5,357.5]	12	0.12
8	(357.5,360.5]	6	0.06
9	(360.5,363.5]	2	0.02
10	(363.5,366.5]	1	0.01
合计		100	1.00

直方图如图 6.1 所示.

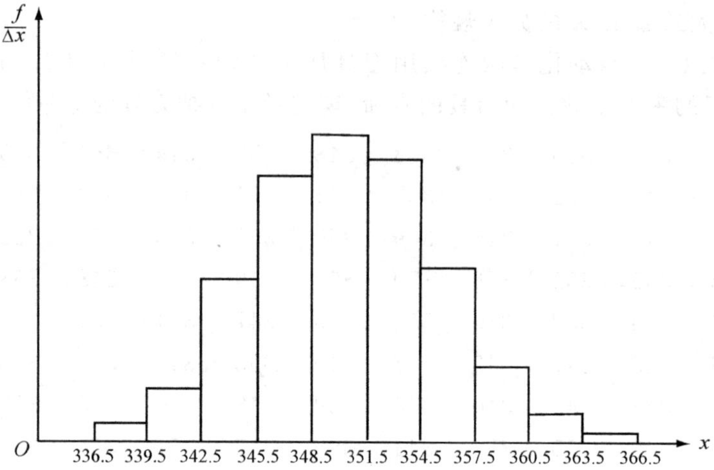

图 6.1

从图中可以看出,直方图呈现“两头低,中间高”,而且比较对称,大致上可以认为刀具寿命服从某个正态分布,其数学期望大致在 350 附近.在后面的章节中,我们将此作进一步检验.

2.条形图

在有些问题中,数据只可能取少量几个值,这时,采用直方图就不大合理了.我们可以采用条形图,这大致可以看出离散型随机变量 X 的分布律.请看下例:

例 6.2.2　某仪器记录一分钟内射入该仪器的宇宙粒子数量,共计录 50 次,得观测值如下:

1	2	1	0	5	3	2	1	0	1
2	1	1	0	1	2	1	0	3	2
1	0	5	1	2	3	0	1	4	3
3	2	0	4	0	1	1	0	2	1
5	2	4	0	3	1	4	0	4	2

从这 50 个数据来看,它只取 0,1,2,3,4,5 这六个值,统计出取这些值的频数及频率列出表 6.2.

表 6.2

一分钟粒子个数	频数 n_i	频率 f_i
0	11	0.22
1	15	0.30
2	10	0.20
3	6	0.12
4	5	0.10
5	3	0.06

从而可作出图 6.2.

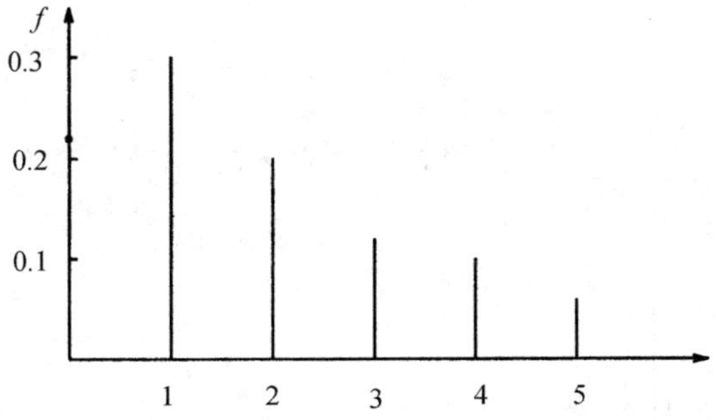

图 6.2

从条形图中,可以大致得出一分钟入射粒子数 X 的概率分布情况,显然,事件"X=1"发生的可能性最大.

3. 经验分布函数

有时,为了进一步加深对未知总体的认识,还需要根据样本观测值写出**经验分布函数**(或称为样本分布函数),其作法是:

设 $x_1,x_2,\cdots,x_n$ 是总体 X 的一组样本观测值,把它们按从小到大顺序排列为 $x_1^*\leqslant x_2^*\leqslant\cdots\leqslant x_n^*$,记

$$F_n(x)=\begin{cases}0, & x<x_1^*,\\ \dfrac{k}{n}, & x_k^*\leqslant x<x_{k+1}^* \quad (k=1,2,\cdots,n-1),\\ 1, & x\geqslant x_n^*.\end{cases} \tag{6.4}$$

则 $F_n(x)$叫总体 X 的经验分布函数,它的图形是一阶梯形曲线(见图 6.3).

$F_n(x)$表示在 n 次独立试验中事件“$X \leqslant x$”发生的频率.

例 6.2.3　写出例 6.2.2 中粒子数 X 的经验分布函数.

解　由表 6.2 及 $F_n(x)$的定义可得

$$F_n(x)=\begin{cases}0, & x<0;\\ 0.22, & 0\leqslant x<1;\\ 0.52, & 1\leqslant x<2;\\ 0.72, & 2\leqslant x<3;\\ 0.84, & 3\leqslant x<4;\\ 0.94, & 4\leqslant x<5;\\ 1, & x\geqslant 5.\end{cases}$$

如图 6.3 所示.

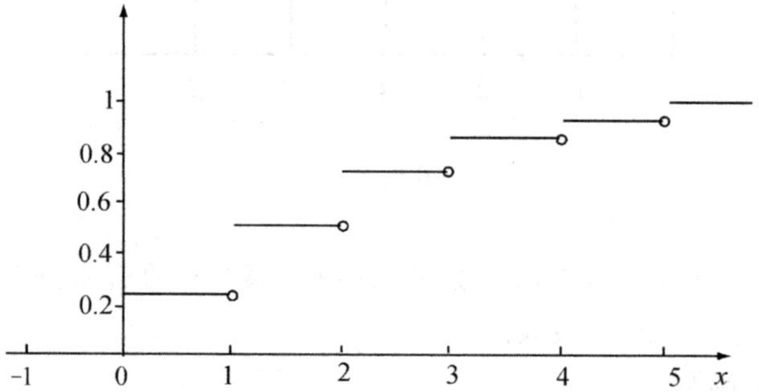

图 6.3

经验分布函数具有分布函数的性质. 当 n 充分大时, $F_n(x)$会很接近于总体分布函数 $F(x)$. 我们有以下定理.

定理 6.2.1(格利文科(Glivenko)定理)　分布函数 $F_n(x)$以概率 1 关于 x 一致收敛于总体分布函数 $F(x)$, 即

$$P(\lim_{n\to\infty}\sup_{-\infty<x<+\infty}|F_n(x)-F(x)|=0)=1. \tag{6.5}$$

本定理证明从略.

6.3 统计量及三种常用分布

6.3.1 统计量

样本是进行统计分析的依据. 但当人们取得一组样本观测值时,往往是些杂乱无章的数据,并不能直接由此推断总体的性质. 这时,还必须针对不同问题由样本构造一个相应的函数,我们称之为统计量,用它来推断总体.

定义 6.3.1 设($X_1, X_2, \cdots, X_n$)为来自总体 X 的一个容量为 n 的样本,$g(X_1, X_2, \cdots, X_n)$是 $X_1, X_2, \cdots, X_n$ 的函数,且其中不含任何未知参数,则称这类样本函数为**统计量**.

例如,若 $X \sim N(\mu, \sigma^2)$,X_1, X_2, X_3 为 X 的样本,且 μ 已知,σ 未知,则 $\sum_{i=1}^{3}(X_i - \mu)^2$,$\frac{1}{3}(X_1 + X_2 + X_3)$,$\max\{X_1, X_2, X_3\}$ 等都是统计量,而 $\frac{1}{\sigma^2}\sum_{i=1}^{3}(X_i - \mu)^2$ 则不是统计量. 统计量有以下两个特点:

(1)它是样本($X_1, X_2, \cdots, X_n$)的函数,因而也是随机变量. 当总体分布已知时,理论上总是可以求得统计量的分布的.

(2)若获得样本观测值($x_1, x_2, \cdots, x_n$),代入统计量 $g(X_1, X_2, \cdots, X_n)$ 中可求得其值 $g(x_1, x_2, \cdots, x_n)$,它叫统计量观测值,有时简称为统计值.

以下是一些常用的统计量:

(1)样本均值

$$\overline{X} = \frac{1}{n}\sum_{i=1}^{n} X_i; \tag{6.6}$$

(2)样本方差

$$S^2 = \frac{1}{n-1}\sum_{i=1}^{n}(X_i - \overline{X})^2; \tag{6.7}$$

(3)样本标准差

$$S = \sqrt{S^2} = \sqrt{\frac{1}{n-1}\sum_{i=1}^{n}(X_i - \overline{X})^2}; \tag{6.8}$$

(4)样本 k 阶原点矩

$$A_k = \frac{1}{n}\sum_{i=1}^{n} X_i^k, \quad k = 1, 2, \cdots, \tag{6.9}$$

A_k 有时也记为$\overline{X^k}$;

(5)样本 k 阶中心矩

$$B_k = \frac{1}{n}\sum_{i=1}^{n}(X_i - \overline{X})^k, \quad k = 1,2,\cdots; \tag{6.10}$$

(6)样本极差

$$R = \max_{1\leqslant i\leqslant n}\{X_i\} - \min_{1\leqslant i\leqslant n}\{X_i\}. \tag{6.11}$$

对于以上统计量,若代之以样本观测值$(x_1, x_2, \cdots, x_n)$,则可得相应的统计量观测值,它们一般以对应的小写字母表示. 例如,$\overline{x}=\frac{1}{n}\sum\limits_{i=1}^{n} x_i$ 为 $\overline{X}$ 的观测值,它是一个实数. 其余类似.

若总体 X 的 k 阶矩 $m_k = E(X^k)$存在,由辛钦大数定律可知 A_k 依概率收敛于 m_k.

6.3.2 三种常用分布

下面介绍三种常用统计量的分布,它们在数理统计中占有十分重要的位置,且都与正态分布联系密切.

1. χ^2 分布

定义 6.3.2 设 $X_1, X_2, \cdots, X_n$ 是来自标准正态总体 $N(0,1)$的样本,称统计量

$$\chi^2 = \sum_{i=1}^{n} X_i^2$$

所服从的分布是**自由度为 n 的 χ^2 分布**,记为 $\chi^2 \sim \chi^2(n)$.

定理 6.3.1 $\chi^2(n)$分布实质上就是参数为$\frac{n}{2}, \frac{1}{2}$的 Γ 分布$\Gamma\left(\frac{n}{2}, \frac{1}{2}\right)$,即 χ^2 分布有密度函数

$$f(x, n) = \begin{cases} \dfrac{1}{2^{\frac{n}{2}}\Gamma\left(\dfrac{n}{2}\right)} x^{\frac{n}{2}-1} e^{-\frac{x}{2}}, & x \geqslant 0, \\ 0, & \text{其他}. \end{cases} \tag{6.12}$$

证明 由于总体 $X \sim N(0,1)$,故每个 $X_i \sim N(0,1)$且互相独立$(i=1, 2, \cdots, n)$. 于是,由例 3.5.4 知每个 $X_i^2 \sim \Gamma\left(\frac{1}{2}, \frac{1}{2}\right)$且互相独立. 再由 Γ 分布的可加性得

$$\chi^2 = \sum_{i=1}^{n} X_i^2 \sim \Gamma\left(\frac{n}{2}, \frac{1}{2}\right).$$

从而可得 χ^2 的密度函数为(6.12)式,其图形如图 6.4 所示.

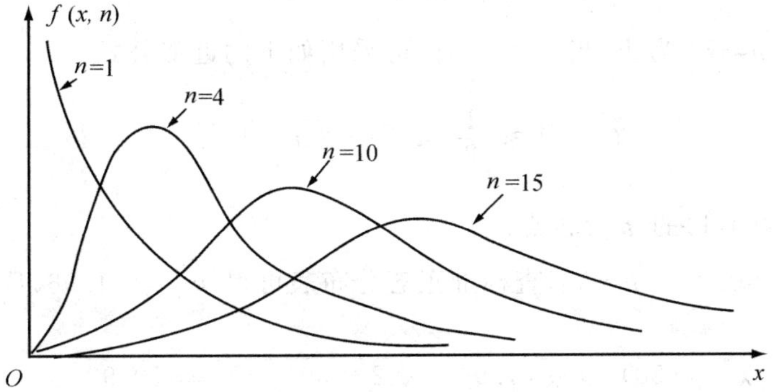

图 6.4 $\chi^2(n)$分布的密度曲线

χ^2 分布有以下性质:

(1)可加性. 设 $\chi_1^2 \sim \chi^2(n_1)$, $\chi_2^2 \sim \chi^2(n_2)$且 χ_1^2 与 χ_2^2 独立,则

$$\chi_1^2 + \chi_2^2 \sim \chi^2(n_1 + n_2). \tag{6.13}$$

一般地,若 $\chi_i^2 \sim \chi^2(n_i)$且互相独立,$(i=1,2,\cdots,m)$则

$$\sum_{i=1}^{m} \chi_i^2 \sim \chi^2\left(\sum_{i=1}^{m} n_i\right).$$

证明 由于 $\chi_1^2 \sim \Gamma\left(\frac{n_1}{2}, \frac{1}{2}\right)$, $\chi_2^2 \sim \Gamma\left(\frac{n_2}{2}, \frac{1}{2}\right)$,再由 Γ 分布的可加性知

$$\chi_1^2 + \chi_2^2 \sim \Gamma\left(\frac{n_1 + n_2}{2}, \frac{1}{2}\right) = \chi^2(n_1 + n_2).$$

(2)若 $\chi^2 \sim \chi^2(n)$,则 $E(\chi^2) = n$, $D(\chi^2) = 2n$.

证明 由 $\chi^2 \sim \Gamma\left(\frac{n}{2}, \frac{1}{2}\right)$及 Γ 分布的期望与方差知

$$E(\chi^2) = \frac{n}{2}\Big/\frac{1}{2} = n, \quad D(\chi^2) = \frac{n}{2}\Big/\left(\frac{1}{2}\right)^2 = 2n.$$

$\chi^2(n)$分布的 p 分位点记为 $\chi_p^2(n)$,即当 $\chi^2 \sim \chi^2(n)$时,有

$$P(\chi^2 \leqslant \chi_p^2(n)) = \int_0^{\chi_p^2(n)} f(x, n)\,\mathrm{d}x = p. \tag{6.14}$$

其中 $0<p<1$. $\chi_p^2(n)$的值可在书后附表中查到. 例如,若 $p=0.95$, $n=20$, 查表可得 $\chi_{0.95}^2(20)=31.410$. 它表明,若随机变量 $Y\sim\chi^2(20)$,则有

$$P(Y\leqslant 31.410)=0.95.$$

本表只列到 $n=45$ 为止,当 $n>45$ 时,可采用如下的近似公式

$$\chi_p^2(n)\approx\frac{1}{2}(u_p+\sqrt{2n-1})^2. \tag{6.15}$$

其中 u_p 为 $N(0,1)$的 p 分位点.

例如, $p=0.975$, $n=50$,查标准正态分布表可得 $u_{0.975}=1.96$,从而

$$\chi_{0.975}^2(50)\approx\frac{1}{2}(1.96+\sqrt{2\times50-1})^2=70.92.$$

例 6.3.1 从总体 $N(1,4)$中抽取一个容量为 n 的样本 $X_1, X_2, \cdots, X_n$, 记 $Y=\sum\limits_{i=1}^{n}(X_i-1)^2$. 若要使 $P(Y\leqslant100)\geqslant0.95$,问 n 至多能取多大?

解 由题设知每个 $X_i\sim N(1,4)$,互相独立,故$\dfrac{X_i-1}{2}\sim N(0,1)$,也互相独立($i=1,2,\cdots,n$). 于是

$$\sum_{i=1}^{n}\left(\frac{X_i-1}{2}\right)^2=\frac{1}{4}\sum_{i=1}^{n}(X_i-1)^2=\frac{Y}{4}\sim\chi^2(n).$$

从而

$$P(Y\leqslant100)=P\left(\frac{Y}{4}\leqslant25\right)\geqslant0.95,$$

应有 $\chi_{0.95}^2(n)=25$,查表可得 $n=15$. 即样本容量最多可取到 15.

2. t 分布

定义 6.3.3 设随机变量 $X\sim N(0,1)$, $Y\sim\chi^2(n)$且 X 与 Y 独立,称随机变量

$$t=\frac{X}{\sqrt{Y/n}} \tag{6.16}$$

所服从的分布是**自由度为 n 的 t 分布**,(或学生氏分布)记为 $t\sim t(n)$.

可以证明, $t(n)$分布的密度函数为

$$t(x,n)=\frac{\Gamma\left(\frac{n+1}{2}\right)}{\sqrt{n\pi}\,\Gamma\left(\frac{n}{2}\right)}\left(1+\frac{x^2}{n}\right)^{-\frac{n+1}{2}},\quad -\infty<x<+\infty. \tag{6.17}$$

此式的证明从略. 从 $t(x,n)$的表达式中可知,这是一个偶函数,故当 $n\geqslant 2$ 时①,有 $E(t)=0$.

$t(n)$分布的密度函数图形如图 6.5 所示. 它对称于纵轴,当 n 充分大时,其图形接近于标准正态分布. 即我们有

$$\lim_{n\to\infty} t(x,n)=\frac{1}{\sqrt{2\pi}}e^{-\frac{x^2}{2}},\quad -\infty<x<+\infty. \tag{6.18}$$

此式亦可记为

$$\lim_{n\to\infty} t(n)=N(0,1). \tag{6.19}$$

其证明超出本书要求,故也从略.

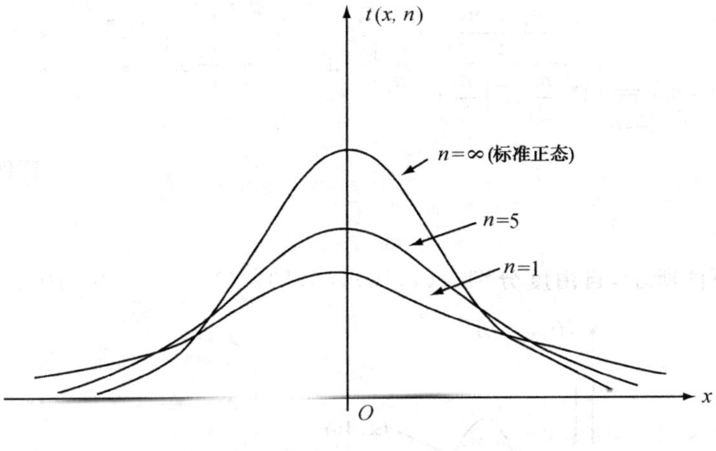

图 6.5 $t(n)$分布的密度曲线

$t(n)$分布的 p 分位点记为 $t_p(n)$,即当 $t\sim t(n)$时,

$$P(t\leqslant t_p(n))=\int_{-\infty}^{t_p(n)} t(x,n)\,dx=p.$$

其中 $0<p<1$. 它的值可由书后附表查出. 当 $n>45$ 时,可用标准正态分布近似计算,即 $t_p(n)\approx u_p$.

① 当 $n=1$ 时,可以验证 $E(t)$不存在.

由 $t(x,n)$的对称性易知，

$$t_p(n)=-t_{1-p}(n).$$

例如，取 $p=0.95$，$n=6$，查表可得 $t_{0.95}(6)=1.9432$，于是 $t_{0.05}(6)=-1.9432$，它说明，若随机变量 $t\sim t(6)$，则 $P(t\leqslant -1.9432)=0.05$.

3. F 分布

定义 6.3.4　设随机变量 $X\sim\chi^2(n_1)$，$Y\sim\chi^2(n_2)$且 X 与 Y 独立，称随机变量

$$F=\frac{X/n_1}{Y/n_2}$$

所服从的分布是**自由度为(n_1,n_2)的 F 分布**，记为 $F\sim F(n_1,n_2)$. 其中，n_1 叫第一自由度，n_2 叫第二自由度.

F 分布的密度函数为

$$f(x,n_1,n_2)=\begin{cases}\dfrac{\Gamma\left(\dfrac{n_1+n_2}{2}\right)}{\Gamma\left(\dfrac{n_1}{2}\right)\Gamma\left(\dfrac{n_2}{2}\right)}\left(\dfrac{n_1}{n_2}\right)^{\frac{n_1}{2}}x^{\frac{n_1}{2}-1}\left(1+\dfrac{n_1}{n_2}x\right)^{-\frac{n_1+n_2}{2}}, & x>0,\\ 0, & \text{其他}.\end{cases}\tag{6.20}$$

其图形如下图所示，自由度分别为(1,10)，(5,10)，(10,10)，(∞,10).

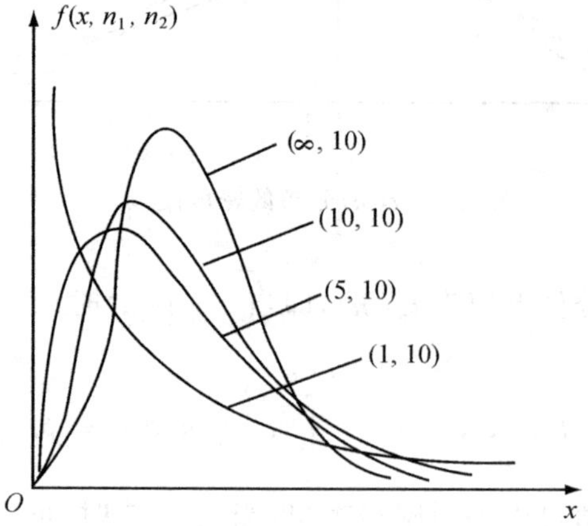

图 6.6　F 分布的密度曲线

由 F 分布的定义易知,若 $F \sim F(n_1, n_2)$,则$\frac{1}{F} \sim F(n_2, n_1)$.

$F(n_1, n_2)$分布的 p 分位点记为 $F_p(n_1, n_2)$,即若 $F \sim F(n_1, n_2)$,则有

$$P(F \leqslant F_p(n_1, n_2)) = \int_0^{F_p(n_1, n_2)} f(x_1, n_1, n_2)\,dx = p.$$

其值可在书后附表中查得. 但表中只列有 $p > \frac{1}{2}$时的一些常用值,当 $p < \frac{1}{2}$时,我们有公式:

$$F_p(n_1, n_2) = \frac{1}{F_{1-p}(n_2, n_1)}. \tag{6.21}$$

证明 当 $F \sim F(n_1, n_2)$时,则$\frac{1}{F} \sim F(n_2, n_1)$. 于是

$$P\left(F \leqslant \frac{1}{F_{1-p}(n_2, n_1)}\right) = P\left(\frac{1}{F} \geqslant F_{1-p}(n_2, n_1)\right)$$

$$= 1 - P\left(\frac{1}{F} \leqslant F_{1-p}(n_2, n_1)\right) = 1 - (1 - p) = p,$$

即有

$$F_p(n_1, n_2) = \frac{1}{F_{1-p}(n_2, n_1)}.$$

例如,$F_{0.05}(15,10) = \frac{1}{F_{0.95}(10,15)} = \frac{1}{2.54} = 0.394$. 它表明,若随机变量 $F \sim F(15,10)$,则

$$P(F \leqslant 0.394) = 0.05.$$

6.4 抽样分布定理

设 $X_1, X_2, \cdots, X_n$ 是取自总体 X 的一个样本,$g(X_1, X_2, \cdots, X_n)$是其统计量,它是一个随机变量,它服从的分布称为抽样分布. 本节将讨论一些常用统计量的分布,其样本主要来自正态总体.

6.4.1 一个总体的统计量的分布

设 $X_1, X_2, \cdots, X_n$ 是来自总体 X 的样本,以下,记 $\overline{X} = \frac{1}{n}\sum_{i=1}^{n} X_i$,

$S^2=\frac{1}{n-1}\sum_{i=1}^{n}(X_i-\overline{X})^2$. 分别表示样本均值与样本方差.

定理 6.4.1　设总体 X 有 $E(X)=\mu, D(X)=\sigma^2, X_1, X_2, \cdots, X_n$ 是来自总体 X 的样本,则

$$E(\overline{X})=\mu, \quad D(\overline{X})=\frac{\sigma^2}{n}.$$

证明　由于诸 X_i 互相独立,且与 X 同分布,故 $E(X_i)=\mu, D(X_i)=\sigma^2$ $(i=1,2,\cdots,n)$,于是

$$E(\overline{X})=E\left(\frac{1}{n}\sum_{i=1}^{n}X_i\right)=\frac{1}{n}\sum_{i=1}^{n}E(X_i)=\frac{1}{n}\cdot n\mu=\mu,$$

$$D(\overline{X})=D\left(\frac{1}{n}\sum_{i=1}^{n}X_i\right)=\frac{1}{n^2}\sum_{i=1}^{n}D(X_i)=\frac{1}{n^2}\cdot n\sigma^2=\frac{\sigma^2}{n}.$$

定理 6.4.2　设总体 $X\sim N(\mu,\sigma^2), X_1, X_2, \cdots, X_n$ 是来自总体 X 的样本,则

(1) $\overline{X}\sim N\left(\mu,\frac{\sigma^2}{n}\right)$,　　(6.22)

(2) $\frac{\overline{X}-\mu}{\sigma/\sqrt{n}}\sim N(0,1)$.　　(6.23)

证明　由于每个 X_i 服从正态分布,其线性组合 $\overline{X}=\frac{1}{n}\sum_{i=1}^{n}X_i$ 亦然. 而 $E(\overline{X})=\mu, D(\overline{X})=\frac{\sigma^2}{n}$,故知

$$\overline{X}\sim N\left(\mu,\frac{\sigma^2}{n}\right),$$

把 $\overline{X}$ 标准化,即得

$$\frac{\overline{X}-\mu}{\sqrt{\sigma^2/n}}=\frac{\overline{X}-\mu}{\sigma/\sqrt{n}}\sim N(0,1).$$

例 6.4.1　设总体 $X\sim N(100,16.4^2), X_1, X_2, \cdots, X_{80}$ 为来自 X 的样本,求概率 $P(|\overline{X}-100|>5)$.

解　由于 $E(X)=\mu=100, D(X)=\sigma^2=16.4^2$,记 $\overline{X}=\frac{1}{80}\sum_{i=1}^{80}X_i$,则 $\overline{X}\sim N\left(100,\frac{16.4^2}{80}\right)=N(100,3.362)$,于是

$$P(|\overline{X}-100|>5)=P(\overline{X}<95)+P(\overline{X}>105)$$
$$=\Phi\left(\frac{95-100}{\sqrt{3.362}}\right)+1-\Phi\left(\frac{105-100}{\sqrt{3.362}}\right)$$
$$=2(1-\Phi(2.73))=2\times(1-0.9968)$$
$$=0.064.$$

由上例可以看出，尽管总体方差较大，但只要样本容量取得足够大，则样本均值与总体均值之间差别较大($|\overline{X}-\mu|>5$)的概率是很小的，故统计中常用样本均值来估计总体均值.

类似于例 6.3.1 的讨论，我们有下列定理.

定理 6.4.3 设总体 $X\sim N(\mu,\sigma^2)$，$X_1,X_2,\cdots,X_n$ 是来自总体 X 的样本，记 $Y=\frac{1}{\sigma^2}\sum_{i=1}^{n}(X_i-\mu)^2$，则

$$Y\sim\chi^2(n). \tag{6.24}$$

证明 由于诸 X_i 互相独立，且与 X 同分布，故每个 $\frac{X_i-\mu}{\sigma}\sim N(0,1)$，且互相独立($i=1,2,\cdots,n$). 从而，$Y=\sum_{i=1}^{n}\left(\frac{(X_i-\mu)}{\sigma}\right)^2=\frac{1}{\sigma^2}\sum_{i=1}^{n}(X_i-\mu)^2\sim\chi^2(n)$.

在实际问题中，一个正态总体 $N(\mu,\sigma^2)$的参数往往是未知的. 由前所述，人们常用样本均值 $\bar{X}$ 来估计 μ 的值. 而总体方差 σ^2 则可用样本方差 S^2 或二阶中心矩 B_2 来估计. 这自然提出 S^2 或 B_2 所服从什么分布的问题. 我们有

定理 6.4.4 设总体 $X\sim N(\mu,\sigma^2)$，$X_1,X_2,\cdots,X_n$ 是来自总体 X 的样本，则

(1) $\bar{X}$ 与 S^2 独立；

(2) $\frac{(n-1)S^2}{\sigma^2}\sim\chi^2(n-1)$. (6.25)

这个定理的证明从略. 在这里我们做两点说明.

其一，本定理(2)有另外两种等价形式：

$$\frac{nB_2}{\sigma^2}\sim\chi^2(n-1) \text{ 或 } \frac{1}{\sigma^2}\sum_{i=1}^{n}(X_i-\bar{X})^2\sim\chi^2(n-1).$$

其二，所谓自由度 n，粗略地讲，是指一个统计量中含有 n 个互相独立的，不带任何约束条件的随机变量. 定理 6.4.3 中的 $\frac{1}{\sigma^2}\sum_{i=1}^{n}(X_i-\mu)^2$ 就满足

这个条件. 而定理 6.4.4 中的 $(n-1)S^2=\sum\limits_{i=1}^{n}(X_i-\overline{X})^2$,虽然也是 n 个变量的平方和,但其中蕴含一个约束条件:

$$\sum_{i=1}^{n}(X_i-\overline{X})=\sum_{i=1}^{n}X_i-n\overline{X}=0,$$

它表明,当其中 $n-1$ 个随机变量之值取定后,第 n 个就不再随机,其值唯一确定. 故我们说,$(n-1)S^2$ 的自由度为 $n-1$.

定理 6.4.5 设总体 $X\sim N(\mu,\sigma^2)$, $X_1,X_2,\cdots,X_n$ 是来自总体 X 的样本,则

$$\frac{\overline{X}-\mu}{S/\sqrt{n}}\sim t(n-1). \tag{6.26}$$

证明 由定理 6.4.2 知 $\frac{\overline{X}-\mu}{\sigma/\sqrt{n}}\sim N(0,1)$;又由定理 6.4.4 知 $\frac{(n-1)S^2}{\sigma^2}\sim\chi^2(n-1)$,且两者独立,于是由 t 分布的定义有

$$\frac{\overline{X}-\mu}{\sigma/\sqrt{n}}\Bigg/\sqrt{\frac{(n-1)S^2}{\sigma^2}\Big/(n-1)}=\frac{\overline{X}-\mu}{S/\sqrt{n}}\sim t(n-1).$$

最后我们要指出,上述诸定理(除定理 6.4.1 外)仅适用于正态总体,而非正态总体的抽样分布问题则更为复杂. 故实际问题中,往往是抽取容量较大的样本,借助中心极限定理化为近似正态分布来解决. 即有以下

定理 6.4.6 设 $X_1,X_2,\cdots,X_n$ 是来自任意总体 X 的样本,若 $E(X)=\mu$, $D(X)=\sigma^2>0$ 存在,则当 n 较大时,近似地有

(1) $\overline{X}\sim N\left(\mu,\frac{\sigma^2}{n}\right)$; (6.27)

(2) $\frac{\overline{X}-\mu}{S/\sqrt{n}}\sim N(0,1)$. (6.28)

这个定理的证明可由中心极限定理及有关概率理论得出,此处不再赘述.

6.4.2 二个总体的统计量的分布

设 X,Y 是两个总体, $X_1,X_2,\cdots,X_{n_1}$; $Y_1,Y_2,\cdots,Y_{n_2}$ 是分别来自 X 及 Y 的两个互相独立的样本,以下,记

$$\overline{X}=\frac{1}{n_1}\sum_{i=1}^{n_1}X_i,\quad \overline{Y}=\frac{1}{n_2}\sum_{i=1}^{n_2}Y_i,$$

$$S_1^2=\frac{1}{n_1-1}\sum_{i=1}^{n_1}(X_i-\overline{X})^2,\quad S_2^2=\frac{1}{n_2-1}\sum^{n}(Y_i-\overline{Y})^2$$

分别为 X 及 Y 的样本均值与样本方差.

定理 6.4.7 若两总体 $X \sim N(\mu_1, \sigma_1^2)$，$Y \sim N(\mu_2, \sigma_2)$，则统计量

$$\overline{X} - \overline{Y} \sim N\left(\mu_1 - \mu_2, \frac{\sigma_1^2}{n_1} + \frac{\sigma_2^2}{n_2}\right), \tag{6.29}$$

从而

$$U = \frac{(\overline{X} - \overline{Y}) - (\mu_1 - \mu_2)}{\sqrt{\dfrac{\sigma_1^2}{n_1} + \dfrac{\sigma_2^2}{n_2}}} \sim N(0,1). \tag{6.30}$$

证明 由定理 6.4.2 知

$$\overline{X} \sim N\left(\mu_1, \frac{\sigma_1^2}{n_1}\right), \overline{Y} \sim N\left(\mu_2, \frac{\sigma_2^2}{n_2}\right),$$

且由样本的独立性知 $\overline{X}$ 与 $\overline{Y}$ 独立，故由正态分布的可加性得

$$\overline{X} - \overline{Y} \sim N\left(\mu_1 - \mu_2, \frac{\sigma_1^2}{n_1} + \frac{\sigma_2^2}{n_2}\right),$$

把它标准化即得(6.30)式.

例 6.4.2 在两总体 N(30,15)以及 N(40,10)中分别抽取容量为 15,20 的两个独立样本，求它们的样本均值差的绝对值不大于 12 的概率.

解 设 $X_1, \cdots, X_{15}$；$Y_1, \cdots, Y_{20}$ 分别是来自总体 N(30,15)及 N(40,10)的两个样本，记

$$\overline{X} = \frac{1}{15}\sum_{i=1}^{15} X_i, \quad \overline{Y} = \frac{1}{20}\sum_{i=1}^{20} Y_i,$$

由定理 6.4.7 知

$$\overline{X} - \overline{Y} \sim N\left(30-40, \frac{15}{15} + \frac{10}{20}\right) = N(-10, 1.5).$$

从而

$$\begin{aligned} P(|\overline{X} - \overline{Y}| \leqslant 12) &= P(-12 \leqslant \overline{X} - \overline{Y} \leqslant 12) \\ &= \Phi\left(\frac{12+10}{\sqrt{1.5}}\right) - \Phi\left(\frac{-12+10}{\sqrt{1.5}}\right) \\ &= \Phi(18) - 1 + \Phi(1.63) = 0.9484. \end{aligned}$$

定理 6.4.8 若两个有相等方差的总体 $X \sim N(\mu_1, \sigma^2)$，$Y \sim N(\mu_2, \sigma^2)$，则统计量

(1)
$$T=\frac{(\bar{X}-\bar{Y})-(\mu_1-\mu_2)}{S_W\sqrt{\frac{1}{n_1}+\frac{1}{n_2}}}\sim t(n_1+n_2-2). \tag{6.31}$$

其中
$$S_W=\sqrt{\frac{(n_1-1)S_1^2+(n_2-1)S_2^2}{n_1+n_2-2}}.$$

(2)统计量
$$\frac{S_1^2}{S_2^2}\sim F(n_1-1,n_2-1). \tag{6.32}$$

证明　(1)由定理 6.4.7 知
$$U=\frac{(\bar{X}-\bar{Y})-(\mu_1-\mu_2)}{\sigma\sqrt{\frac{1}{n_1}+\frac{1}{n_2}}}\sim N(0,1);$$

又因为
$$\frac{(n_1-1)S_1^2}{\sigma^2}\sim \chi^2(n_1-1),\quad \frac{(n_2-1)S_2^2}{\sigma^2}\sim \chi^2(n_2-1),$$

且由样本的独立性知上述两者独立,于是
$$V=\frac{(n_1-1)S_1^2}{\sigma^2}+\frac{(n_2-1)S_2^2}{\sigma^2}\sim \chi^2(n_1+n_2-2).$$

再由于 U,V 互相独立,故由 t 分布的定义知
$$\frac{U}{\sqrt{V/n_1+n_2-2}}=\frac{(\bar{X}-\bar{Y})-(\mu_1-\mu_2)}{S_W\sqrt{\frac{1}{n_1}+\frac{1}{n_2}}}\sim t(n_1+n_2-2).$$

(2)由 F 分布的定义易知
$$\left[\frac{(n_1-1)S_1^2}{\sigma^2}\Big/(n_1-1)\right]\Big/\left[\frac{(n_2-1)S_2^2}{\sigma^2}\Big/(n_2-1)\right]$$
$$=\frac{S_1^2}{S_2^2}\sim F(n_1-1,n_2-1).$$

应当指出,(6.32)式还可以有一个推广. 即若两个正态总体 $N(\mu_1,\sigma_1^2)$、$N(\mu_2,\sigma_2^2)$方差不等时,有
$$\frac{S_1^2/\sigma_1^2}{S_2^2/\sigma_2^2}=\frac{\sigma_2^2S_1^2}{\sigma_1^2S_2^2}\sim F(n_1-1,n_2-1), \tag{6.33}$$

其证明与(6.32)式之证明雷同.

6.5 综合例题

例 6.5.1 设总体 $X\sim N(\mu,16)$,其中 μ 未知. $X_1,X_2,\cdots,X_9$ 是来自总体 X 的容量为 9 的样本,

(1)求概率 $P(|\bar{X}-\mu|\leqslant 3)$;

(2)记 $Y=\sum\limits_{i=1}^{9}(X_i-\bar{X})^2$,求概率 $P(Y>248)$.

分析 由于总体均值 μ 未知,而 $\sigma=4$ 已知,故可用定理 6.4.2 来计算(1)问;而第(2)问显然要用到定理 6.4.4,只是要凑成适当的形式.

解 (1)由于 $\sigma=4$,记 $\bar{X}=\frac{1}{9}\sum\limits_{i=1}^{9}X_i$,由定理 6.4.2 知

$$\frac{\bar{X}-\mu}{\sigma/\sqrt{n}}=\frac{\bar{X}-\mu}{4/3}=\frac{3}{4}(\bar{X}-\mu)\sim N(0,1),$$

从而

$$\begin{aligned}P(|\bar{X}-\mu|\leqslant 3)&=P\left\{-\frac{9}{4}\leqslant\frac{3}{4}(\bar{X}-\mu)\leqslant\frac{9}{4}\right\}\\&=\Phi(2.25)-\Phi(-2.25)\\&=2\Phi(2.25)-1=2\times 0.9878-1\\&=0.9756.\end{aligned}$$

(2)由定理 6.4.4(2)得

$$\chi^2\triangleq\frac{1}{\sigma^2}\sum_{i=1}^{9}(X_i-\bar{X})^2=\frac{Y}{16}\sim\chi^2(8).$$

于是

$$\begin{aligned}P(Y>248)&=1-P(Y\leqslant 248)=1-P\left\{\frac{Y}{16}\leqslant\frac{248}{16}\right\}\\&=1-P(\chi^2\leqslant 15.5)\end{aligned}$$

查 χ^2 分布表知 $\chi^2_{0.95}(8)=15.5$,故得

$$P(Y>248)=1-0.95=0.05.$$

例 6.5.2 设总体 X 与 Y 都服从 $N(0,16)$,$X_1,X_2,\cdots,X_{16}$;$Y_1,Y_2,\cdots,Y_{16}$ 分别是来自 X 及 Y 的互相独立的样本,(1)问统计量

$$U=\sum_{i=1}^{16}X_i\Big/\sqrt{\sum_{i=1}^{16}Y_i^2}\text{ 服从什么分布？}$$

(2)计算概率 $P(|U|\leqslant 0.69)$.

分析　由正态分布的可加性. U 表达式中的分子显然应是正态的，而分母中有正态分布的平方和，这应是 χ^2 分布，故 U 应与 t 分布有关.

解　(1)由题设知每个 $X_i\sim N(0,16)$，互相独立，于是

$$\bar{X}=\frac{1}{16}\sum_{i=1}^{16}X_i\sim N\left(0,\frac{16}{16}\right)=N(0,1).$$

又每个 $Y_i\sim N(0,4^2)$，这里 $\mu=0$，故由定理 6.4.3 知

$$Z\triangleq\frac{1}{16}\sum_{i=1}^{16}Y_i^2\sim\chi^2(16),$$

而由样本的独立性知 $\bar{X}$ 与 Z 独立，从而

$$U=\frac{\sum_{i=1}^{16}X_i}{\sqrt{\sum_{i=1}^{16}Y_i^2}}=\frac{\frac{1}{16}\sum_{i=1}^{16}X_i}{\sqrt{\frac{1}{16}\sum_{i=1}^{16}Y_i^2\Big/16}}=\frac{\bar{X}}{\sqrt{Z/16}}\sim t(16).$$

$$\begin{aligned}(2)\ P(|U|\leqslant 0.69)&=P(-0.69\leqslant U\leqslant 0.69)\\&=P(U\leqslant 0.69)-P(U<-0.69),\end{aligned}$$

而 $U\sim t(16)$，查表知 $t_{0.75}(16)=0.69$，$t_{0.25}(16)=-0.69$，故 $P(|U|\leqslant 0.69)=0.75-0.25=0.5$.

例 6.5.3　设两总体 $X\sim N(\mu_1,100)$，$Y\sim N(\mu_2,64)$，其中 μ_1,μ_2 未知. $X_1,X_2,\cdots,X_{21}$；$Y_1,Y_2,\cdots,Y_{16}$分别是来自 X 及 Y 的互相独立的样本，求两样本方差之比落入区间[0.71,3]之间的概率.

分析　由(6.33)式知样本方差比应服从 F 分布，本题主要是应求出分布参数并会查 F 分布表.

解　令 $S_1^2=\frac{1}{20}\sum_{i=1}^{21}(X_i-\bar{X})^2$，$S_2^2=\frac{1}{15}\sum_{i=1}^{16}(Y_i-\bar{Y})^2$；由题设知 $\sigma_1^2=100$，$\sigma_2^2=64$，$n_1=21$，$n_2=16$，从而由(6.33)式

$$F=\frac{64S_1^2}{100S_2^2}\sim F(n_1-1,n_2-1)=F(20,15).$$

于是

$$P\left(0.71\leqslant\frac{S_1^2}{S_2^2}\leqslant 3\right)=P(0.4544\leqslant F\leqslant 1.92)$$

$$=P(F\leqslant 1.92)-P(F<0.4544)$$

$$=P(F\leqslant 1.92)-P\left(\frac{1}{F}\geqslant 2.2\right);$$

查表知 $F_{0.9}(20,15)=1.92$，而$\frac{1}{F}\sim F(15,20)$且 $F_{0.95}(15,20)=2.2$，故得

$$P\left(0.71\leqslant\frac{S_1^2}{S_2^2}\leqslant 3\right)=0.9-(1-0.95)=0.85.$$

习　题　6

1. 对某建筑材料进行抽查，测得抗压强度样本值如下：(单位：kg/cm^2)

57.8，60.2，56.3，59.4，62.5，54.2，57.9，63.1，55.7，61.3

计算样本均值，样本方差及样本二阶中心矩.

2. 设抽样得 50 个样本观测值如下：

样本值	−1	0	1	2	3
频数	7	11	16	10	6

(1)画出条形图；

(2)写出经验分布函数并作图；

(3)计算其样本均值与样本方差.

3. 调查某城市 200 家零售商店，得到如下调查表：

月销售额(万元)	0～10	10～20	20～30	30～40	40～50	50～60	60～70
频数	30	40	55	35	20	15	5

请画出其频率直方图，并用取组中值加权的方法计算样本均值 $\overline{X}$、样本方差 S^2.

4. 设总体 $X\sim N(0,0.8^2)$，$X_1,X_2,\cdots,X_n$ 是来自总体 X 的样本，记 $Y_n=\sum\limits_{i=1}^{n}X_i^2$，若要使得 $P(Y_n\leqslant 25)\geqslant 0.9$，问 n 至多能取多大？

5. 设总体 $X\sim N(5,49)$，$X_1,X_2,\cdots,X_{16}$是来自总体 X 的样本，求 $P(\sum\limits_{i=1}^{16}(X_i-5)^2>583.69)$.

6. 在总体 $N(50,6.4^2)$中抽取一个容量为 36 的样本，求样本均值落在区间(48.7，51.3]内的概率.

7. 在总体 $N(60,15^2)$中抽取一个容量为 81 的样本，问样本均值与总体均值之差的绝对值大于 4 的概率是多少？

8. 在两个总体 $N(30,12)$，$N(20,18)$ 中分别抽取容量为 16，25 的两个互相独立的样本.

(1)求两样本均值之差在(8,12)内的概率；

(2)求两样本方差比不大于 1.41 的概率.

9. 求证：$\sum_{i=1}^{n}(X_i - a)^2 = \sum_{i=1}^{n}(X_i - \bar{X})^2 + n(\bar{X} - a)^2$ 对任何常数 a 成立.

10. 设 $X_1, X_2, \cdots, X_n$ 是来自总体 $B(n, p)$ 的样本，已知 $E(\bar{X} - np)^2 = 0.25$，求 p 的值.

11. 设 $X_1, X_2, \cdots, X_n$ 是来自总体 $N(\mu, \sigma^2)$ 的样本，其样本均值与样本方差为 $\bar{X}, S^2$，求 $E(\bar{X} + S^2)$，$D(\bar{X} + S^2)$.

12. 已知 $X \sim t(n)$，求证：$X^2 \sim F(1, n)$.

13. 设两个总体 X, Y 都服从 $N(20,3)$，今分别从两总体中抽得容量为 10，15 的互相独立的样本，求 $P(|\bar{X} - \bar{Y}| > 0.3)$.

14. 设总体 $X \sim N(\mu, 9)$，其中 μ 未知，$X_1, X_2, \cdots, X_{16}$ 是来自 X 的样本，

(1)求 $P\left(-\frac{3}{4} < \bar{X} - \mu \leqslant \frac{3}{4}\right)$；

(2) $P(S^2 \leqslant 15)$.

15. 设总体 $X \sim N(\mu, \sigma^2)$，$X_1, X_2, \cdots, X_n, X_{n+1}$ 为样本. 设 $\bar{X} = \frac{1}{n}\sum_{i=1}^{n} X_i$，$S^2 = \frac{1}{n-1}\sum_{i=1}^{n}(X_i - \bar{X})^2$，证明：

$$T = \frac{X_{n+1} - \bar{X}}{S}\sqrt{\frac{n}{n+1}} \sim t(n-1).$$

16. 设 $X_1, X_2, \cdots, X_9$ 是来自正态总体 $N(\mu, \sigma^2)$ 的样本，令 $Y_1 = \frac{1}{6}\sum_{i=1}^{6} X_i$，$Y_2 = \frac{1}{3}(X_7 + X_8 + X_9)$，$S^2 = \frac{1}{2}\sum_{i=7}^{9}(X_i - Y_2)^2$，再令

$$Z = \frac{\sqrt{2}(Y_1 - Y_2)}{S},$$

求证：$Z \sim t(2)$.

17. 设总体 $X \sim N(0,1)$，$X_1, X_2, \cdots, X_6$ 为样本，又设 $Y = (X_1 + X_3 + X_5)^2 + (X_2 + X_4 + X_6)^2$，试确定常数 c，使 cY 服从 χ^2 分布.

18. 设总体 $X \sim P(\lambda)$，$X_1, X_2, \cdots, X_n$ 为样本，求：

(1)样本均值 $\bar{X}$ 的数学期望与方差；

(2)样本均值 $\bar{X}$ 的概率分布律；

(3)当 n 充分大时，$\bar{X}$ 应近似地服从何种分布？

第 7 章　参数估计

一个总体 X 的分布函数，可以用 $F(x,\theta)$ 表示，其中 θ 是一个未知的参数或参数向量. 比如 $X\sim P(\lambda)$，$\lambda>0$，其中 $\theta=\lambda$ 是未知参数. 又如 $X\sim N(\mu,\sigma^2)$，则 $\theta=(\mu,\sigma^2)$ 是未知参数向量. 在实际问题中，总体 $F(x,\theta)$ 的参数 θ 通常是未知的，但我们却需要了解它. 因此，可以利用样本提供的信息，对参数 θ 有一个基本的估计. 这就是参数的估计问题.

参数的估计问题可以分为点估计和区间估计两大类. 我们先讨论参数的点估计问题.

7.1 点　估　计

先看一个例子.

设某厂生产的彩电寿命 X 服从正态分布 $N(\mu,\sigma^2)$，但平均寿命 μ 未知，于是厂家抽查了 100 台彩电，测得这 100 台彩电寿命的样本均值 $\bar{x}=4.2$ 万小时. 这个 $\bar{x}=4.2$ 万小时就可以作为该厂彩电平均寿命 μ 的一个估计. 这种方法就叫参数的点估计方法.

定义 7.1.1　设总体 X 的分布函数为 $F(x,\theta)$，其中 θ 为未知参数. 从总体 X 中抽取样本 $X_1,X_2,\cdots,X_n$，其观测值为 $x_1,x_2,\cdots,x_n$. 构造某个统计量 $\hat{\theta}(X_1,X_2,\cdots,X_n)$，用它的观测值 $\hat{\theta}(x_1,x_2,\cdots,x_n)$ 来估计未知参数 θ，则称 $\hat{\theta}(x_1,x_2,\cdots,x_n)$ 为 θ 的**估计值**，称 $\hat{\theta}(X_1,X_2,\cdots,X_n)$ 为 θ 的**估计量**，它是一个随机变量.

定义 7.1.1 中的估计量或估计值称为 θ 的一个**点估计**. 点估计值或点估计量都可简记为 $\hat{\theta}$.

由定义，前面彩电寿命例子中的 $\bar{x}=4.2$ 万小时就是平均寿命 μ 的一个估计值. 即 $\hat{\mu}=\bar{x}=4.2$ 万小时. 而 $\hat{\mu}=\bar{X}$ 是平均寿命 μ 的一个估计量.

由点估计量和点估计值的定义，任何一个统计量都可作为未知参数 θ 的一个估计量. 但一个估计量是否合理，则需要合乎一定的要求. 下面我们就介绍两个合乎一定理论基础的估计方法.

7.1.1　矩估计法

设总体 X 有分布函数 $F(x,\theta)$，其中 θ 为一维未知参数. 若 $E(X)$ 存在，

则 $m_1 = E(X)$是 θ 的函数,即 $m_1 = m_1(\theta)$. 由此,若能反解出 $\theta = g(m_1)$,再用样本均值 $\overline{X}$ 代替 m_1,就得到 θ 的一个估计量 $\hat{\theta} = g(\overline{X})$,这个方法就叫参数的**矩估计法**,$\hat{\theta}$ 叫 θ 的**矩估计量**.

比如,若总体 $X \sim U(0,\theta)$,θ 未知,$X_1, X_2, \cdots, X_n$ 为来自 X 的样本,由 $m_1 = E(X) = \dfrac{\theta}{2}$得 $\theta = 2m_1$,从而 θ 的矩估计量为 $\hat{\theta} = 2\overline{X}$.

矩估计法的理论解释如下:若 $m_1 = E(X)$存在,由大数定律知 $\overline{X} \xrightarrow{P} m_1$. 于是,当 n 充分大时,$\overline{X}$ 与 m_1 的取值会充分"接近",用 $\overline{X}$ 代替 m_1 后,θ 与 $\hat{\theta}$ 的误差在概率意义下会充分小,因而 $\hat{\theta}$ 是 θ 的一个较合理的估计.

例 7.1.1　已知总体 X 有密度函数

$$f(x) = \begin{cases} \dfrac{6x(\theta - x)}{\theta^3}, & 0 < x < \theta, \\ 0, & \text{其他}. \end{cases}$$

其中 θ 为未知参数. $X_1, X_2, \cdots, X_n$ 为总体 X 的一个样本.

(1)求 θ 的矩估计量 $\hat{\theta}$;

(2)若 3.5,4.2,5.3,4.4,3.7,5.8,3.9,4.8,为一组样本观测值,求 θ 的矩估计值.

解　(1)先求总体期望

$$m_1 = E(X) = \int_{-\infty}^{+\infty} xf(x)\mathrm{d}x = \int_0^\theta \frac{6x^2(\theta - x)}{\theta^3}\mathrm{d}x$$

$$= \frac{6}{\theta^3}\left[\int_0^\theta \theta x^2 \mathrm{d}x - \int_0^\theta x^3 \mathrm{d}x\right] = \frac{\theta}{2},$$

代入样本均值,即令 $\overline{X} = \dfrac{\hat{\theta}}{2}$,解得 $\hat{\theta} = 2\overline{X}$ 是 θ 的矩估计量.

(2)代入样本观测值,求出样本均值 $\bar{x} = \dfrac{1}{8}\sum_{i=1}^{8} x_i = 4.45$,则

$$\hat{\theta} = 2\bar{x} = 8.9,$$

即 $\hat{\theta} = 8.9$ 为 θ 的矩估计值.

显然,上述之 m_1,$\overline{X}$ 分别为总体 X 的一阶原点矩及一阶样本矩.

一般地,若总体 X 的分布函数 $F(x,\theta)$中,$\theta = (\theta_1, \cdots, \theta_k)$为 k 维未知参数,且 X 的直到 k 阶原点矩均存在,则可由

$$m_r = E(X^r), \quad r = 1,2,\cdots,k \tag{7.1}$$

得 k 个等式,从而反解出关于 m_r 的 k 个函数

$$\begin{cases} \theta_1 = g_1(m_1, m_2, \cdots, m_k), \\ \cdots\cdots \\ \theta_k = g_k(m_1, m_2, \cdots, m_k), \end{cases} \tag{7.2}$$

再用 r 阶样本矩 $A_r = \dfrac{1}{n}\sum\limits_{i=1}^{n} X_i^r \quad (r = 1,2,\cdots,k)$ 代替式中 m_r,得

$$\begin{cases} \hat{\theta}_1 = g_1(A_1, A_2, \cdots, A_k) = \hat{\theta}_1(X_1, \cdots, X_n), \\ \cdots\cdots \\ \hat{\theta}_k = g_k(A_1, A_2, \cdots, A_k) = \hat{\theta}_k(X_1, \cdots, X_n), \end{cases} \tag{7.3}$$

则 $\hat{\theta}=(\hat{\theta}_1,\cdots,\hat{\theta}_k)$ 为 θ 的 k 维矩估计量.

例 7.1.2 设总体 X 服从任何分布,且 X 的期望 $\mu = E(X)$ 和方差 $\sigma^2 = E(X-\mu)^2$ 均存在,这里 μ 和 σ^2 是两个未知参数,求 μ 和 σ^2 的矩估计量.

解 因为有两个未知参数,故将总体的前二阶原点矩表为参数的函数,即

$$\begin{cases} m_1 = E(X) = \mu, \\ m_2 = E(X^2) = D(X) + E^2(X) = \sigma^2 + \mu^2. \end{cases}$$

再用前二阶样本原点矩代替总体原点矩,有

$$\begin{cases} A_1 = \bar{X} = \hat{\mu}, \\ A_2 = \hat{\sigma}^2 + \hat{\mu}^2. \end{cases}$$

解出 $\hat{\mu}$ 和 $\hat{\sigma}^2$,得估计量

$$\begin{cases} \hat{\mu} = \bar{X}, \\ \hat{\sigma}^2 = A_2 - \hat{\mu}^2 = \dfrac{1}{n}\sum\limits_{T=1}^{n} X_i^2 - \bar{X}^2 = \dfrac{1}{n}\sum\limits_{T=1}^{n}(X_i - \bar{X})^2 = B_2. \end{cases}$$

这个例子的结论可作为定理使用.

例 7.1.3 设总体 $X \sim \Gamma(\alpha, \beta)$,其中 α, β 为未知参数. $X_1, X_2, \cdots, X_n$ 为来自总体 X 的样本. 求 α, β 的矩估计量.

解 由第四章知识,我们有 $E(X)=\dfrac{\alpha}{\beta}$, $D(X)=\dfrac{\alpha}{\beta^2}$,再由上例,可设

$$\begin{cases} \bar{X} = \dfrac{\hat{\alpha}}{\hat{\beta}}, \\ B_2 = \dfrac{\hat{\alpha}}{\hat{\beta}^2}, \end{cases}$$

解之,得

$$\begin{cases}\hat{\alpha}=\dfrac{\bar{X}^2}{B_2},\\ \hat{\beta}=\dfrac{\bar{X}}{B_2},\end{cases}$$

这就是 α,β 的矩估计量.

最后,我们指出,若 $\eta=g(\theta)$ 为未知参数 θ 的连续函数,则 η 也是一个未知参数.容易证明 η 的矩估计量为 $\hat{\eta}=g(\hat{\theta})$,其中 $\hat{\theta}$ 为 θ 的矩估计量.

例 7.1.4　设总体 X 服从任何分布,其二阶矩存在,且 $\mu=E(X)$, $\sigma^2=D(X)$未知.用矩估计法估计变异系数 $c_v=\dfrac{\sigma}{|\mu|}$.

解　因为 $c_v=\dfrac{\sigma}{|\mu|}$是$(\mu、\sigma^2)$的连续函数($\mu\neq0$ 时),且由例 7.1.2 知 $\hat{\mu}=\bar{X}$, $\hat{\sigma}^2=B_2$,故得 c_v 的矩估计量为

$$\hat{c}_v=\frac{\hat{\sigma}}{|\hat{\mu}|}=\frac{\sqrt{\hat{\sigma}^2}}{|\hat{\mu}|}=\frac{\sqrt{B_2}}{|\bar{X}|}=\frac{\sqrt{\dfrac{1}{n}\sum\limits_{T=1}^{n}(X_i-\bar{X})^2}}{|\bar{X}|}.$$

矩估计法一般不要求知道总体的分布情况,使用起来方便简单,应用广泛.但另一方面,它未能充分利用已知分布的信息,故有时精度较差。

7.1.2　极大似然法

设总体 X 是离散型随机变量,分布律为 $P(X=x)=p(x,\theta)$,其中 θ 是未知参数.当样本 $X_1,X_2,\cdots,X_n$ 得到一组观测值 $x_1,x_2,\cdots,x_n$ 时,由样本的独立同分布性,记

$$\begin{aligned}L(\theta)&=P\{X_1=x_1,X_2=x_2,\cdots,X_n=x_n\}\\&=P\{X_1=x_1\}P\{X_2=x_2\}\cdots P\{X_n=x_n\}\\&=\prod_{i=1}^{n}p(x_i,\theta).\end{aligned}\tag{7.4}$$

称函数 $L(\theta)$为**似然函数**.对于给定的观测值 $x_1,x_2,\cdots,x_n$,它是未知参数 θ 的函数.

下面结合例子介绍极大似然估计法的思想和方法。

设一袋中装有黑、白两种球.设 p 是从袋中随机摸得白球的概率,现要估计 p 的取值.

为此,我们做放回抽样,摸球 10 次.其结果可用随机变量表示如下:

$$X_i=\begin{cases}1, & \text{第 } i \text{ 次摸得的是白球},\\ 0, & \text{第 } i \text{ 次摸得的是黑球}.\end{cases}$$

则

$$\begin{cases}P(X_i=1)=p,\\ P(X_i=0)=1-p, i=1,2,\cdots,10.\end{cases}$$

若 10 次摸球的结果是样本观测值$(x_1,x_2,\cdots,x_{10})=(1,0,1,0,0,0,1,0,0,0)$,则有

$$\begin{aligned}L(p)&=P\{X_1=1,X_2=0,X_3=1,X_4=0,X_5=0,X_6=0,\\&\qquad X_7=1,X_8=0,X_9=0,X_{10}=0\}\\&=p^3(1-p)^7,\end{aligned}$$

这个 $L(p)=p^3(1-p)^7$ 是在 10 次摸球中出现观测值(1,0,1,0,0,0,1,0,0,0)的概率.

极大似然估计法的思想是:一随机试验有若干个可能的结果,如果在一次抽样中某一结果出现了,我们便自然认为这一结果是诸个可能的结果中出现概率最大的一个.因此,p 应该这样估计,即选择 $\hat{p}$,使得上述观测值出现的概率最大.也即是使 $L(\hat{p})$达到 $L(p)$的最大值.而求 $L(p)$的最大值点 $\hat{p}$,可由方程

$$\frac{\mathrm{d}L(p)}{\mathrm{d}p}=0$$

解得.本例解得 $\hat{p}=0.3$ 时,$L(0.3)=\max L(p)$.于是用 $\hat{p}=0.3$ 作为随机摸得白球的概率 p 的估计值是适当的.

因此,极大似然估计值 $\hat{\theta}$ 是满足

$$L(\hat{\theta})=\max L(\theta) \tag{7.5}$$

的解.

当总体 X 是连续型随机变量时,X 的概率密度函数为 $f(x,\theta)$,其中 θ 是未知参数.若取得样本观测值 $x_1,x_2,\cdots,x_n$,则因为随机变量 X_i 落在点 x_i 的邻域(设其长度为 Δx_i)内的概率近似于 $f(x_i,\theta)\Delta x_i$, $i=1,2,\cdots,n$.按前面例子的思想,θ 的估计值 $\hat{\theta}$ 应选择为使概率$\prod_{i=1}^{n}f(x_i,\theta)\Delta x_i$ 达到最大值.因为 Δx_i 与 θ 无关,故只要使$\prod_{i=1}^{n}f(x_i,\theta)$达到最大值即可.此时,记

$$L(\theta)=\prod_{i=1}^{n}f(x_i,\theta), \tag{7.6}$$

仍然称 $L(\theta)$ 为似然函数.

综合上述,我们一般定义极大似然估计值为

定义 7.1.2　设总体 X 仅含一个未知参数 θ,并且总体的分布律或密度函数已知,$x_1,x_2,\cdots,x_n$ 为一组样本观测值.若存在 θ 的一个值 $\hat{\theta}(x_1,x_2,\cdots,x_n)$,使得 $\theta=\hat{\theta}$ 时

$$L(\hat{\theta}) = \max L(\theta), \tag{7.7}$$

则称 $\hat{\theta}(x_1,x_2,\cdots,x_n)$ 是 θ 的**极大似然估计值**.而统计量 $\hat{\theta}(X_1,X_2,\cdots,X_n)$ 称为 θ 的**极大似然估计量**.

由定义可知,极大似然估计值可由方程

$$\frac{\mathrm{d}L(\theta)}{\mathrm{d}\theta} = 0 \tag{7.8}$$

解得.但由于 $\ln L$ 和 L 在 θ 的同一值处取得最大值,因而也可将方程(7.8)换为下面的方程(该方程叫**似然方程**)

$$\frac{\mathrm{d}\ln L(\theta)}{\mathrm{d}\theta} = 0. \tag{7.9}$$

例 7.1.5　设总体 $X\sim B(m,p)$,$x_1,x_2,\cdots,x_n$ 为样本观测值,求 p 的极大似然估计值和极大似然估计量.

解　总体 X 的分布律为

$$p(x,p) = C_m^x p^x (1-p)^{m-x} \quad (x = 0,1,\cdots,m),$$

所以似然函数为

$$L(p) = \prod_{i=1}^{n} p(x_i,p) = \prod_{i=1}^{n} C_m^{x_i} p^{x_i} (1-p)^{m-x_i}$$

$$= p^{\sum_{i=1}^{n} x_i} (1-p)^{nm-\sum_{i=1}^{n} x_i} \prod_{i=1}^{n} C_m^{x_i},$$

$$\ln L(p) = \sum_{i=1}^{n} x_i \ln p + (nm - \sum_{i=1}^{n} x_i)\ln(1-p) + \ln(\prod_{i=1}^{n} C_m^{x_i}),$$

由(7.9),可令

$$\frac{\mathrm{d}\ln L(p)}{\mathrm{d}p} = \frac{\sum_{i=1}^{n} x_i}{p} - \frac{(nm - \sum_{i=1}^{n} x_i)}{1-p} = 0,$$

解得 p 的极大似然估计值为

$$\hat{p} = \frac{\sum_{i=1}^{n} x_i}{nm} = \frac{\bar{x}}{m},$$

其中 $\bar{x}=\frac{1}{n}\sum_{i=1}^{n} x_i$. 而 p 的极大似然估计量为

$$\hat{p} = \frac{\overline{X}}{m}.$$

例 7.1.6 设总体 $X\sim e(\theta)$, $x_1, x_2, \cdots, x_n$ 为样本观测值. 求 θ 的极大似然估计.

解 总体 X 的概率密度函数为

$$f(x,\theta) = \begin{cases} \theta e^{-\theta x}, & x > 0, \\ 0, & x \leqslant 0. \end{cases}$$

似然函数 $L(\theta)$为

$$L(\theta) = \prod_{i=1}^{n} f(x_i, \theta) = \prod_{i=1}^{n} \theta e^{-\theta x_i} = \theta^n e^{-\theta \sum_{i=1}^{n} x_i},$$

$$\ln L(\theta) = n\ln\theta - \theta\sum_{i=1}^{n} x_i.$$

由(7.9),可令

$$\frac{d \ln L(\theta)}{d\theta} = \frac{n}{\theta} - \sum_{i=1}^{n} x_i = 0,$$

解得 θ 的极大似然估计值为

$$\hat{\theta} = \frac{n}{\sum_{i=1}^{n} x_i} = \frac{1}{\bar{x}},$$

而 θ 的极大似然估计量为

$$\hat{\theta} = \frac{1}{\overline{X}}.$$

对于参数 θ 的函数 $\eta = g(\theta)$,若 $\hat{\theta}$ 是参数 θ 的极大似然估计量,且 $\eta = g(\theta)$具有单值反函数,则可证 η 的极大似然估计量为 $\hat{\eta} = g(\hat{\theta})$.

例如,在例 7.1.6. 中,$\theta>0$. 因而 $\eta=\frac{1}{\theta}$的极大似然估计量为 $\hat{\eta}=\frac{1}{\hat{\theta}}=\overline{X}$.

当总体 X 的分布中含有多个未知参数，即 $\theta=(\theta_1,\theta_2,\cdots,\theta_k)$时，似然函数为 $L(\theta)=L(\theta_1,\theta_2,\cdots,\theta_k)$. 代替方程(7.9)，有方程组

$$\begin{cases}\dfrac{\partial \ln L(\theta)}{\partial \theta_1}=0,\\ \dfrac{\partial \ln L(\theta)}{\partial \theta_2}=0,\\ \cdots\cdots \\ \dfrac{\partial \ln L(\theta)}{\partial \theta_k}=0.\end{cases} \tag{7.10}$$

由这个方程组解得的 $\hat{\theta}_1,\hat{\theta}_2,\cdots,\hat{\theta}_k$，分别是 $\theta_1,\theta_2,\cdots,\theta_k$ 的极大似然估计值.

例 7.1.7　设总体 $X\sim N(\mu,\sigma^2)$，其中 μ,σ^2 都是未知参数. $x_1,x_2,\cdots,x_n$ 为样本观测值. 求 μ 及 σ^2 的极大似然估计.

解　似然函数为

$$L(\mu,\sigma^2)=\prod_{i=1}^{n} f(x_i,\mu,\sigma^2)=\prod_{i=1}^{n}\frac{1}{\sqrt{2\pi}\sigma}e^{-\frac{(x_i-\mu)^2}{2\sigma^2}}$$

$$=(2\pi)^{-\frac{n}{2}}(\sigma^2)^{-\frac{n}{2}}e^{-\frac{1}{2\sigma^2}\sum_{i=1}^{n}(x_i-\mu)^2},$$

$$\ln L(\mu,\sigma^2)=-\frac{n}{2}\ln(2\pi)-\frac{n}{2}\ln(\sigma^2)-\frac{1}{2\sigma^2}\sum_{i=1}^{n}(x_i-\mu)^2.$$

由(7.10)，可令

$$\begin{cases}\dfrac{\partial \ln L(\mu,\sigma^2)}{\partial \mu}=\dfrac{1}{\sigma^2}\sum\limits_{i=1}^{n}(x_i-\mu)=0,\\ \dfrac{\partial \ln L(\mu,\sigma^2)}{\partial \sigma^2}=-\dfrac{n}{2\sigma^2}+\dfrac{1}{2\sigma^4}\sum\limits_{i=1}^{n}(x_i-\mu)^2=0,\end{cases}$$

解得 μ 及 σ^2 的极大似然估计值为

$$\begin{cases}\hat{\mu}=\bar{x},\\ \hat{\sigma}^2=\dfrac{1}{n}\sum\limits_{i=1}^{n}(x_i-\bar{x})^2=b_2,\end{cases}$$

故 μ 及 σ^2 的极大似然估计量为

$$\begin{cases} \hat{\mu} = \bar{X}, \\ \hat{\sigma}^2 = \dfrac{1}{n}\sum_{i=1}^{n}(X_i - \bar{X})^2 = B_2. \end{cases}$$

由本例及例 7.1.2,可见当总体 $X \sim N(\mu, \sigma^2)$时,μ 和 σ^2 的矩估计量和极大似然估计量是相同的.

需要注意的是,当方程$\dfrac{dL(\theta)}{d\theta}=0$ 无解时,极大似然估计值应是选择这样的 $\hat{\theta}$,使得 $L(\hat{\theta})=\max L(\theta)$.

例 7.1.8 设总体 $X \sim U(0,\theta)$,$\theta>0$ 是未知参数,$x_1, x_2, \cdots, x_n$ 是样本观测值. 求 θ 的极大似然估计.

解 X 的密度函数为

$$f(x,\theta) = \begin{cases} \dfrac{1}{\theta}, & 0 < x < \theta, \\ 0, & \text{其他}. \end{cases}$$

则似然函数为

$$L(\theta) = \prod_{i=1}^{n} f(x_i, \theta) = \begin{cases} \dfrac{1}{\theta^n}, & 0 < x_i < \theta, i = 1,2,\cdots,n \\ 0, & \text{其他}. \end{cases}$$

由于$\dfrac{dL(\theta)}{d\theta}=-n\theta^{-(n-1)}=0$,在 $\theta>0$ 时无解,所以无法由该方程解出极大似然估计值 $\hat{\theta}$. 但$\dfrac{1}{\theta^n}$在 $\theta>0$ 时为单调递减函数,θ 越小$L(\theta)=\dfrac{1}{\theta^n}$越大. 另一方面,每个 x_i 应满足 $0<x_i<\theta$,故当 $\hat{\theta}=\max\limits_{1\leqslant i\leqslant n}\{x_i\}$时,$L(\hat{\theta})=\max L(\theta)$. 所以 θ 的极大似然估计值为

$$\hat{\theta} = \max_{1\leqslant i\leqslant n}\{x_i\},$$

θ 的极大似然估计量为

$$\hat{\theta} = \max_{1\leqslant i\leqslant n}\{X_i\}.$$

7.2 估计量的评选标准

由前面一节,我们知道,任何一个统计量都可以作为一个未知参数 θ 的估计量,我们只着重介绍了两种求估计量的方法. 对于这些同一参数 θ 的众

多估计量,实践中采取哪一个更好呢?这就需要有一定的标准来作评价.下面我们介绍四个评选估计量的标准.

7.2.1　无偏性

任何一个估计量都是一个随机变量.因此对于不同的样本观测值,参数的估计值就可能取不同的值,因而参数 θ 的估计值与参数的真值之间有一定的误差.对好的估计量一个较为合理的要求是,尽管这些估计值的取值不尽相同,但这些估计值应在参数真值的周围波动,且这些估计值的平均值应与参数真值 θ 充分接近,误差充分小.这就应要求这个估计量的数学期望等于被估计的参数 θ.因此我们有以下

定义 7.2.1　设 $\hat{\theta}=\hat{\theta}(X_1,X_2,\cdots,X_n)$的数学期望等于参数 θ,即

$$E(\hat{\theta}) = \theta, \tag{7.11}$$

则称 $\hat{\theta}(X_1,X_2,\cdots,X_n)$是参数 θ 的**无偏估计量**.反之称为有偏估计量.

例 7.2.1　设总体 X 服从任意分布,且 $E(X)=\mu, D(X)=\sigma^2$. $X_1,X_2,\cdots,X_n$ 是样本,证明样本均值 $\bar{X}$ 和样本方差 S^2 分别是 μ 和 σ^2 的无偏估计量.

证明

$$E(\bar{X})=E(\frac{1}{n}\sum_{i=1}^{n}X_i) = \frac{1}{n}\sum_{i=1}^{n}E(X_i) = \mu,$$

$$\begin{aligned}E(S^2) &= E\Big[\frac{1}{n-1}\sum_{i=1}^{n}(X_i-\bar{X})^2\Big]\\ &= E\Big[\frac{1}{n-1}(\sum_{i=1}^{n}X_i^2 - n\bar{X}^2)\Big]\\ &= \frac{1}{n-1}\Big[\sum_{i=1}^{n}E(X_i^2) - nE(\bar{X}^2)\Big]\\ &= \frac{1}{n-1}\Big[\sum_{i=1}^{n}(\sigma^2+\mu^2) - n(\frac{\sigma^2}{n}+\mu^2)\Big]\\ &= \sigma^2.\end{aligned}$$

在上式的推导中,用到了 $E(X_i^2)=D(X_i)+E^2(X_i)=\sigma^2+\mu^2$ 和 $E(\bar{X}^2) = D(\bar{X})+E^2(\bar{X})=\frac{\sigma^2}{n}+\mu^2$.

本例说明,无论总体服从何种分布,样本均值 $\bar{X}$ 与样本方差 S^2 都是总体均值 μ 和总体方差 σ^2 的无偏估计量.

一个参数的无偏估计量可以有许多.比如 $\hat{\mu}_1=\bar{X}$ 和 $\hat{\mu}_2=\frac{X_1+X_n}{2}$都是总体均值 μ 的无偏估计量.因此,评选估计量的标准还须进一步讨论.

7.2.2 有效性

设参数 θ 有两个无偏估计量 $\hat{\theta}_1$ 和 $\hat{\theta}_2$，其取值都在 θ 周围波动. 但若 $\hat{\theta}_1$ 的取值比 $\hat{\theta}_2$ 的取值更集中聚集在 θ 的邻近，我们便认为以 $\hat{\theta}_1$ 来估计 θ 比 $\hat{\theta}_2$ 更好些. 因此，可作如下定义.

定义 7.2.2 设 $\hat{\theta}_1=\hat{\theta}_1(X_1,X_2,\cdots,X_n)$ 和 $\hat{\theta}_2=\hat{\theta}_2(X_1,X_2,\cdots,X_n)$ 是 θ 的两个无偏估计量，若

$$D(\hat{\theta}_1)\leqslant D(\hat{\theta}_2), \tag{7.12}$$

则称 $\hat{\theta}_1$ 比 $\hat{\theta}_2$ 更**有效**.

例 7.2.2 设总体 X 在 $[0,\theta]$ 上服从均匀分布，$X_1,X_2,\cdots,X_n$ 是样本. 证明：$\hat{\theta}_1=2\bar{X}$ 和 $\hat{\theta}_2=\frac{n+1}{n}\max\limits_{1\leqslant i\leqslant n}\{X_i\}$ 都是 θ 的无偏估计，问哪一个更有效？

证明 因为 $E(X)=\frac{\theta}{2}$，故

$$E(\hat{\theta}_1)=E(2\bar{X})=2E(\bar{X})=2\cdot\frac{\theta}{2}=\theta,$$

又有

$$E(\hat{\theta}_2)=E\left[\frac{n+1}{n}\max_{1\leqslant i\leqslant n}\{X_i\}\right]=\frac{n+1}{n}E(\max_{1\leqslant i\leqslant n}\{X_i\}).$$

记 $Y=\max\limits_{1\leqslant i\leqslant n}\{X_i\}$. 注意到总体 X 的密度函数为

$$f(x,\theta)=\begin{cases}\frac{1}{\theta}, & 0<x<\theta,\theta>0,\\ 0, & \text{其他}.\end{cases}$$

由定理 3.5.10 的推论，可得 Y 的密度函数为

$$f_Y(y)=n[F(y)]^{n-1}f(y)=\begin{cases}\frac{ny^{n-1}}{\theta^n}, & 0<y<\theta,\\ 0, & \text{其他}.\end{cases}$$

于是

$$E(Y)=\int_0^\theta\frac{n}{\theta^n}y^n\mathrm{d}y=\frac{n}{n+1}\theta,$$

所以有

$$E(\hat{\theta}_2) = \frac{n+1}{n}E(Y) = \theta.$$

即 $\hat{\theta}_1$ 和 $\hat{\theta}_2$ 都是 θ 的无偏估计量. 又

$$D(\hat{\theta}_1)=D(2\bar{X})=4D(\bar{X})=4\cdot\frac{D(X)}{n}=\frac{4}{n}\cdot\frac{\theta^2}{12}=\frac{\theta^2}{3n},$$

$$D(\hat{\theta}_2)=D\left(\frac{n+1}{n}Y\right)=\frac{(n+1)^2}{n^2}D(Y),$$

但

$$E(Y^2) = \int_0^\theta \frac{n}{\theta^n}y^{n+1}dy = \frac{n}{n+2}\theta^2,$$

故

$$D(Y)=E(Y^2)-E^2(Y)=\frac{n}{n+2}\theta^2-\left(\frac{n}{n+1}\right)^2\theta^2$$

$$=\left(\frac{n}{n+2}-\frac{n^2}{(n+1)^2}\right)\theta^2.$$

所以

$$D(\hat{\theta}_2)=\frac{(n+1)^2}{n^2}D(Y)=\frac{(n+1)^2}{n^2}\left[\frac{n}{n+2}-\left(\frac{n}{n+1}\right)^2\right]\theta^2=\frac{\theta^2}{n(n+2)}.$$

由于$\frac{1}{n(n+2)}\leqslant\frac{1}{3n}$,因此 $D(\hat{\theta}_2)\leqslant D(\hat{\theta}_1)$,即 $\hat{\theta}_2$ 比 $\hat{\theta}_1$ 更有效.

7.2.3 一致性

容易看出,估计量 $\hat{\theta}(X_1,X_2,\cdots,X_n)$与样本容量 n 有关. 为明确起见,不妨记为 $\hat{\theta}_n$. 对 $\hat{\theta}_n$ 的一个自然要求是,当 n 充分大时,$\hat{\theta}_n$ 的取值与 θ 的误差应充分小,即估计量 $\hat{\theta}_n$ 的取值应稳定在参数 θ 的一个充分小的邻域内. 于是就有了下面的一致性标准:

定义 7.2.3 若对任意 $\varepsilon>0$,有

$$\lim_{n\to\infty}P(|\hat{\theta}_n-\theta|<\varepsilon)=1, \tag{7.13}$$

则称 $\hat{\theta}_n$ 是 θ 的**一致估计量**(或称相合估计量).

依定义,它表明这时 $\hat{\theta}_n$ 依概率收敛于 θ.

例 7.2.3 设总体 X 服从任何分布,且 $E(X)=\mu$,$D(X)=\sigma^2$. 证明样本

均值 $\overline{X}$ 是总体均值 μ 的一致估计量.

证明 因为样本 $X_1, X_2, \cdots, X_n$ 相互独立,且与 X 同分布,故有

$$E(X_i) = \mu, D(X_i) = \sigma^2 \quad (i = 1, 2, \cdots, n).$$

由定理 5.2.1 的推论,有

$$\lim_{n\to\infty} P\left\{\left|\frac{1}{n}\sum_{i=1}^{n} X_i - \mu\right| < \varepsilon\right\} = 1,$$

即 $\overline{X}$ 是 μ 的一致估计量.

此外,还可以证明,样本方差 S^2 是总体方差 σ^2 的一致估计量.

*7.2.4 均方误差标准

若参数 θ 的两个估计量的密度函数曲线如图 7.1. $\hat{\theta}_2$ 是 θ 的无偏估计,但 $D(\hat{\theta}_2)$较大,即 $\hat{\theta}_2$ 的取值尽管以 θ 为中心,但波动范围较大. 而 $E(\hat{\theta}_1)$与 θ 有一点误差,但 $\hat{\theta}_1$ 的取值紧密地围绕在 $E(\hat{\theta}_1)$邻近. 于是总的说来,$\hat{\theta}_1$ 的估计值与 θ 的误差会比 $\hat{\theta}_2$ 的估计值与 θ 的误差来得小,因而 $\hat{\theta}_1$ 比 $\hat{\theta}_2$ 更合理. 这种衡量估计量在 θ 周围的密集程度的标准就是均方误差.

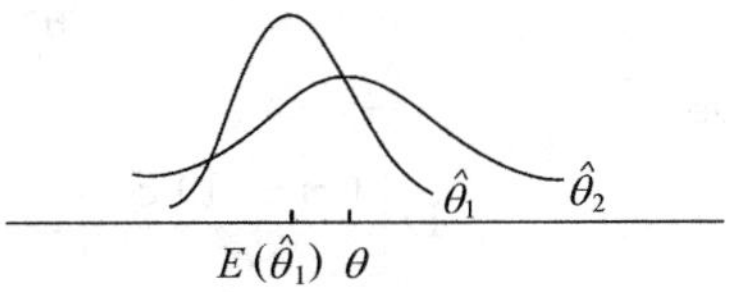

图 7.1

定义 7.2.4 对于总体 X 的未知参数 θ,$\hat{\theta}$ 是 θ 的估计量,称

$$M(\hat{\theta}) = E(\hat{\theta} - \theta)^2 \tag{7.14}$$

为 $\hat{\theta}$ 关于 θ 的均方误差. 若两个估计量 $\hat{\theta}_1$ 和 $\hat{\theta}_2$ 有

$$M(\hat{\theta}_1) \leqslant M(\hat{\theta}_2), \tag{7.15}$$

称 $\hat{\theta}_1$ **在均方误差**下比 $\hat{\theta}_2$ **更有效.**

均方误差有如下性质:

$$M(\hat{\theta}) = D(\hat{\theta}) + (E(\hat{\theta}) - \theta)^2. \tag{7.16}$$

证明
$$\begin{aligned} M(\hat{\theta}) &= E(\hat{\theta} - \theta)^2 = E(\hat{\theta} - E(\hat{\theta}) + E(\hat{\theta}) - \theta)^2 \\ &= E[(\hat{\theta} - E(\hat{\theta}))^2 + (E(\hat{\theta}) - \theta)^2 + 2(E(\hat{\theta}) - \theta)(\hat{\theta} - E(\hat{\theta})] \\ &= D(\hat{\theta}) + (E(\hat{\theta}) - \theta)^2. \end{aligned}$$

我们记 $b(\hat{\theta}) = (E(\hat{\theta}) - \theta)^2$,表示 $E(\hat{\theta})$对于 θ 偏差的平方,因而(7.16)又可写为 $M(\hat{\theta}) = D(\hat{\theta}) + b(\hat{\theta})$.

由上可见,若 $\hat{\theta}$ 是 θ 的无偏估计,则 $M(\hat{\theta}) = D(\hat{\theta})$,这样 θ 的无偏估计量

$\hat{\theta}_1$ 和 $\hat{\theta}_2$ 之间均方误差的比较就成了方差的比较. 因此无偏估计量的均方误差有效性与7.2.2.中的比较方差的有效性相同. 但用均方误差,可比较两个有偏估计量之间,或一个无偏估计量与另一个有偏估计量之间的有效性.

例 7.2.4 设总体 $X \sim N(\mu, \sigma^2)$,其中 μ, σ^2 为未知参数. 由例7.1.7和例7.2.1知 $\hat{\sigma}_1^2 = S^2$ 和 $\hat{\sigma}_2^2 = \frac{1}{n}\sum_{i=1}^{n}(X_i - \bar{X})^2$ 分别是 σ^2 的无偏估计量和极大似然估计量. 比较 $\hat{\sigma}_1^2$ 和 $\hat{\sigma}_2^2$ 的均方误差.

解 因为
$$E(\hat{\sigma}_1^2) = E(S^2) = \sigma^2,$$
所以
$$M(\hat{\sigma}_1^2) = M(S^2) = D(S^2).$$
但是我们知道
$$\frac{(n-1)S^2}{\sigma^2} \sim \chi^2(n-1),$$
于是
$$D\left[\frac{(n-1)S^2}{\sigma^2}\right] = \frac{(n-1)^2}{\sigma^4}D(S^2) = 2(n-1).$$
故得到
$$M(\hat{\sigma}_1^2)D(S^2) = \frac{2\sigma^4}{n-1}.$$
又因为
$$D(\hat{\sigma}_2^2) = D\left[\frac{n-1}{n}S^2\right] = \frac{(n-1)^2}{n^2}D(S^2) = \frac{2(n-1)\sigma^4}{n^2},$$
同时
$$E(\hat{\sigma}_2^2) = E\left[\frac{n-1}{n}S^2\right] = \frac{n-1}{n}\sigma^2,$$
$$b(\hat{\sigma}_2^2) = (E(\hat{\sigma}_2^2) - \sigma^2)^2 = \left[\frac{n-1}{n}\sigma^2 - \sigma^2\right]^2 = \frac{\sigma^4}{n^2},$$
从而
$$M(\hat{\sigma}_2^2) = D(\hat{\sigma}_2^2) + b(\hat{\sigma}_2^2) = \frac{2(n-1)\sigma^4}{n^2} + \frac{\sigma^4}{n^2} = \frac{(2n-1)\sigma^4}{n^2}.$$
由于
$$\frac{2}{n-1} > \frac{2n-1}{n^2},$$

可得 $M(\hat{\sigma}_2^2)<M(\hat{\sigma}_1^2)$. 可见 σ^2 的极大似然估计量 $\hat{\sigma}_2^2$ 比无偏估计量 $\hat{\sigma}_1^2$ 在均方误差意义下更有效.

7.3 区间估计

从总体 X 中取得样本观测值后，由参数的点估计方法，我们可以求得未知参数 θ 的估计值. 但由于样本的随机性，我们无法知道这个估计值与参数 θ 的真值是否有误差，若有，误差又在什么范围内. 因而我们希望能找出一个区间，使得参数 θ 落入该区间内的概率是可以计算的，这样我们就能在一定的可靠程度下得出估计值可能的最大误差. 这就是区间估计的思想. 我们首先介绍置信区间.

7.3.1 置信区间

定义 7.3.1 设总体 X 的分布函数 $F(x,\theta)$ 中含有未知参数 θ, X_1, X_2, …, X_n 是来自总体的一个样本. $\hat{\theta}_1=\hat{\theta}_1(X_1,X_2,\cdots,X_n)$ 和 $\hat{\theta}_2=\hat{\theta}_2(X_1,X_2,\cdots,X_n)$ 是两个统计量. 若对给定的概率 $1-\alpha$, $(0<\alpha<1)$，有

$$P\{\hat{\theta}_1<\theta<\hat{\theta}_2\}=1-\alpha, \tag{7.17}$$

则称随机区间 $(\hat{\theta}_1,\hat{\theta}_2)$ 为参数 θ 的置信度为 $1-\alpha$ 的**置信区间**. $\hat{\theta}_1$ 和 $\hat{\theta}_2$ 分别称为**置信下限**和**置信上限**. $1-\alpha$ 称为**置信度(或置信水平)**.

若给定样本观测值 $x_1,\cdots,x_n$，代入 $\hat{\theta}_1$, $\hat{\theta}_2$，得到实数区间 $(\hat{\theta}_1,\hat{\theta}_2)$ 这也叫做置信区间.

通常取 α 很小，使得 θ 落在这个区间外的事件是一个小概率事件. 比如 $\alpha=0.01$, $\alpha=0.05$ 等等. 一般说来，若 α 越小，则 θ 落在 $(\hat{\theta}_1,\hat{\theta}_2)$ 内的可靠程度越大，但这个区间也就越宽，从而估计的误差也就越大.

由定义 7.3.1，置信区间的意义是：当样本容量 n 固定时，若我们做 N 次抽样，第 k 次得到的样本观测值为 $(x_{1k},x_{2k},\cdots,x_{nk})$，这样随机地得到 N 个实数区间 $(\hat{\theta}_{1k},\hat{\theta}_{2k})$, $k=1,2,\cdots,N$；而这 N 个区间中，有的包含参数 θ 的真值，有的不包含. 但当置信度为 $1-\alpha$ 时，这 N 个区间中包含有参数 θ 的真值的区间大约占 $100(1-\alpha)\%$. 比如 $N=1000$, $\alpha=0.05$，则 1000 个区间中不包含参数真值的大约有 50 个.

对于给定的置信度 $1-\alpha$，怎样根据样本来确定未知参数 θ 的置信区间 $(\hat{\theta}_1,\hat{\theta}_2)$，就是参数 θ 的区间估计问题. 它的基本思想是：

(1)设 $X_1,X_2,\cdots,X_n$ 是总体 X 的样本，取一个 θ 的较优的点估计 $\hat{\theta}(X_1,$

$X_2,\cdots,X_n$)，最好是无偏的.

(2)从 $\hat{\theta}$ 出发，找一个样本函数 $W=W(X_1,X_2,\cdots,X_n;\theta)$，其分布已知，且只含有惟一一个未知参数 θ，W 的分位点应能从表中查到.

(3)查表求得 W 的$\frac{\alpha}{2}$及 $1-\frac{\alpha}{2}$分位点 a,b，使 $P\{a<W<b\}=1-\alpha$.

(4)从不等式 $a<W<b$ 中解出 θ，得出其等价形式 $\hat{\theta}_1(X_1,X_2,\cdots,X_n)<\theta<\hat{\theta}_2(X_1,X_2,\cdots,X_n)$. 这时有 $P\{\hat{\theta}_1<\theta<\hat{\theta}_2\}=1-\alpha$. 于是，$(\hat{\theta}_1,\hat{\theta}_2)$是 θ 的置信度为 $1-\alpha$ 的置信区间.

上述区间称为双侧置信区间. 当然，如有需要，亦可类似地求出单侧置信区间，使 $P\{\theta<\hat{\theta}_2\}=1-\alpha$ 或 $P\{\theta>\hat{\theta}_1\}=1-\alpha$.

以下我们先讨论正态总体的参数区间估计问题.

7.3.2 正态总体下未知参数的置信区间

(1)一个正态总体的情形

在本段的讨论中，总是假设总体 $X\sim N(\mu,\sigma^2)$，$X_1,X_2,\cdots,X_n$ 是来自总体 X 的一个样本. 下面分各种情形讨论.

1)已知 $\sigma^2=\sigma_0^2$，求总体均值 μ 的置信区间.

这时，我们知道 $\bar{X}$ 是 μ 的一个无偏估计，故可取样本函数 $U=\frac{\bar{X}-\mu}{\sigma_0/\sqrt{n}}$，且

$$U=\frac{\bar{X}-\mu}{\sigma_0/\sqrt{n}}\sim N(0,1),$$

对于给定的置信度 $1-\alpha$，由 $P\{U<u_{1-\frac{\alpha}{2}}\}=1-\frac{\alpha}{2}$，及 $P\{U<u_{\frac{\alpha}{2}}\}=\frac{\alpha}{2}$，及 $u_{1-\frac{\alpha}{2}}=-u_{\frac{\alpha}{2}}$(参见图 7.2)知

$$P\{|U|<u_{1-\frac{\alpha}{2}}\}=1-\alpha,$$

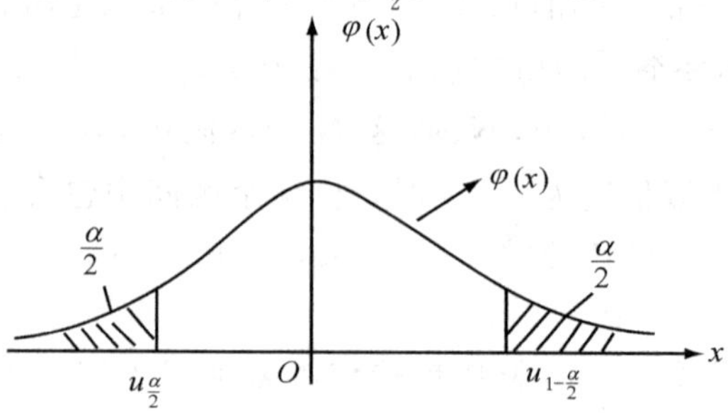

图 7.2

即

$$P\left\{-u_{1-\frac{\alpha}{2}} < \frac{\overline{X}-\mu}{\sigma_0/\sqrt{n}} < u_{1-\frac{\alpha}{2}}\right\} = 1-\alpha,$$

即

$$P\left\{\overline{X} - u_{1-\alpha/2}\frac{\sigma_0}{\sqrt{n}} < \mu < \overline{X} + u_{1-\alpha/2}\frac{\sigma_0}{\sqrt{n}}\right\} = 1-\alpha,$$

于是得到 μ 的置信度为 $1-\alpha$ 的置信区间为

$$\left(\overline{X} - u_{1-\frac{\alpha}{2}}\frac{\sigma_0}{\sqrt{n}}, \overline{X} + u_{1-\frac{\alpha}{2}}\frac{\sigma_0}{\sqrt{n}}\right). \tag{7.18}$$

例 7.3.1 从某厂生产的一种钢球中随机抽取 7 个，测得它们的直径(单位：mm)为

5.53，5.43，5.17，5.32，5.65，5.22，5.76

若钢球直径服从正态分布 $N(\mu, 0.16^2)$，求这种钢球平均直径 μ 的置信度为 95%的置信区间.

解 计算样本均值

$$\bar{x} = \frac{1}{7}(5.53 + 5.43 + \cdots + 5.76) = 5.44,$$

因为置信度为 $1-\alpha=0.95$，得 $\alpha=0.05$，$1-\dfrac{\alpha}{2}=0.975$. 查表，得 $u_{1-\frac{\alpha}{2}} = u_{0.975} = 1.96$，又 $n=7$，$\sigma_0=0.16$，于是由(7.18)，有

$$\bar{x} - u_{1-\frac{\alpha}{2}}\frac{\sigma_0}{\sqrt{n}} = 5.44 - 1.96 \times \frac{0.16}{\sqrt{7}} = 5.32,$$

$$\bar{x} + u_{1-\frac{\alpha}{2}}\frac{\sigma_0}{\sqrt{n}} = 5.44 + 1.96 \times \frac{0.16}{\sqrt{7}} = 5.56,$$

于是这种钢球平均直径 μ 的 95%置信区间为(5.32，5.56)(mm).

2) σ^2 未知，求总体均值 μ 的置信区间.

此时，我们知道样本函数

$$t = \frac{\overline{X}-\mu}{S/\sqrt{n}} \sim t(n-1),$$

对于给定的置信度 $1-\alpha$，有 $P\{t < t_{1-\frac{\alpha}{2}}(n-1)\} = 1-\dfrac{\alpha}{2}$，$P\{t < t_{\frac{\alpha}{2}}(n-1)\}$

$=\frac{\alpha}{2}$(参见图 7.3),由于 $t_{1-\frac{\alpha}{2}}(n-1)=-t_{\frac{\alpha}{2}}(n-1)$,故有

$$P\{|t|<t_{1-\frac{\alpha}{2}}(n-1)\}=1-\alpha,$$

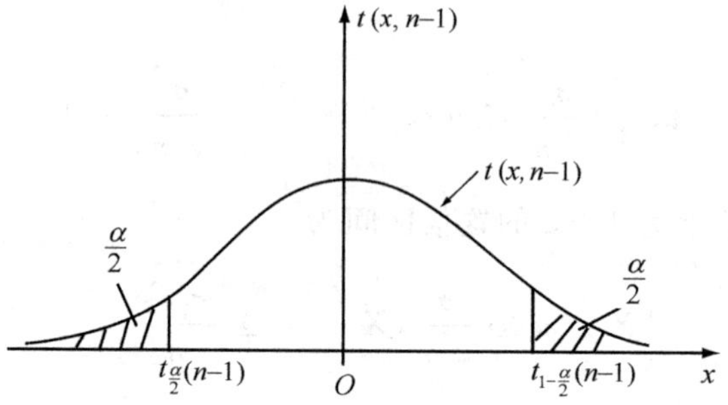

图 7.3

即

$$P\left\{\left|\frac{\bar{X}-\mu}{S/\sqrt{n}}\right|<t_{1-\frac{\alpha}{2}}(n-1)\right\}=1-\alpha,$$

即

$$P\left\{\bar{X}-t_{1-\frac{\alpha}{2}}(n-1)\frac{S}{\sqrt{n}}<\mu<\bar{X}+t_{1-\frac{\alpha}{2}}(n-1)\frac{S}{\sqrt{n}}\right\}=1-\alpha.$$

从而此时总体均值 μ 的置信度为 $1-\alpha$ 的置信区间为

$$\left(\bar{X}-t_{1-\frac{\alpha}{2}}(n-1)\frac{S}{\sqrt{n}},\bar{X}+t_{1-\frac{\alpha}{2}}(n-1)\frac{S}{\sqrt{n}}\right). \tag{7.19}$$

例 7.3.2 在例 7.3.1 中,若 σ^2 未知,求这种钢球平均直径 μ 的 95%置信区间.

解 计算样本均值和样本标准差为

$$\bar{x}=5.44,\qquad s=0.22.$$

因为置信度 $1-\alpha=0.95$,得 $1-\frac{\alpha}{2}=0.975$,又 $n=7$, $n-1=6$,查表,得 $t_{1-\frac{\alpha}{2}}(n-1)=t_{0.975}(6)=2.45$,于是

$$\bar{x}-t_{1-\frac{\alpha}{2}}(n-1)\frac{s}{\sqrt{n}}=5.44-2.45\times\frac{0.22}{\sqrt{7}}=5.24,$$

$$\bar{x}+t_{1-\frac{\alpha}{2}}(n-1)\frac{s}{\sqrt{n}}=5.44+2.45\times\frac{0.22}{\sqrt{7}}=5.64.$$

此时，这种钢球平均直径 μ 的 95%置信区间为(5.24,5.64)(mm).

3) μ 未知时，总体方差 σ^2 的置信区间.

此时，我们知道 S^2 是 σ^2 的无偏估计，故可取样本函数

$$\chi^2=\frac{(n-1)S^2}{\sigma^2}\sim\chi^2(n-1),$$

对于给定的置信度 $1-\alpha$，有 $P\{\chi^2<\chi^2_{1-\frac{\alpha}{2}}(n-1)\}=1-\frac{\alpha}{2}$，$P\{\chi^2<\chi^2_{\frac{\alpha}{2}}(n-1)\}=\frac{\alpha}{2}$(参见图 7.4)，从而有

$$P\{\chi^2_{\frac{\alpha}{2}}(n-1)<\chi^2<\chi^2_{1-\frac{\alpha}{2}}(n-1)\}=1-\alpha,$$

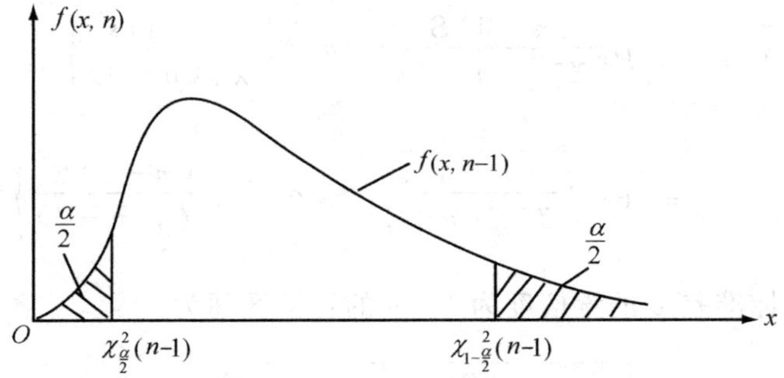

图 7.4

即

$$P\left\{\chi^2_{\frac{\alpha}{2}}(n-1)<\frac{(n-1)S^2}{\sigma^2}<\chi^2_{1-\frac{\alpha}{2}}(n-1)\right\}=1-\alpha,$$

即

$$P\left\{\frac{(n-1)S^2}{\chi^2_{1-\frac{\alpha}{2}}(n-1)}<\sigma^2<\frac{(n-1)S^2}{\chi^2_{\frac{\alpha}{2}}(n-1)}\right\}=1-\alpha.$$

于是此时，总体方差 σ^2 的置信度为 $1-\alpha$ 的置信区间为

$$\left(\frac{(n-1)S^2}{\chi^2_{1-\frac{\alpha}{2}}(n-1)},\frac{(n-1)S^2}{\chi^2_{\frac{\alpha}{2}}(n-1)}\right).\qquad(7.20)$$

例 7.3.3　在例 7.3.1 中，若 μ,σ^2 均未知，求总体方差 σ^2 的 95%置信区间.

解　由例 7.3.2,知 $s^2=0.22^2$. 又 $\frac{\alpha}{2}=0.025$, $1-\frac{\alpha}{2}=0.975$, $n=7$, $n-1=6$,查表,有 $\chi^2_{\frac{\alpha}{2}}(n-1)=\chi^2_{0.025}(6)=1.237$, $\chi^2_{1-\frac{\alpha}{2}}(n-1)=\chi^2_{0.975}(6)=14.449$,于是

$$\frac{(n-1)s^2}{\chi^2_{1-\frac{\alpha}{2}}(n-1)}=\frac{(7-1)\times 0.22^2}{14.449}=0.02,$$

$$\frac{(n-1)s^2}{\chi^2_{\frac{\alpha}{2}}(n-1)}=\frac{(7-1)\times 0.22^2}{1.237}=0.23.$$

于是总体方差 σ^2 的置信度为 95%的置信区间为(0.02,0.23).

注意,由

$$1-\alpha=P\left\{\frac{(n-1)S^2}{\chi^2_{1-\frac{\alpha}{2}}(n-1)}<\sigma^2<\frac{(n-1)s^2}{\chi^2_{\frac{\alpha}{2}}(n-1)}\right\}$$

$$=P\left\{\sqrt{\frac{(n-1)s^2}{\chi^2_{1-\frac{\alpha}{2}}(n-1)}}<\sigma<\sqrt{\frac{(n-1)S^2}{\chi^2_{\frac{\alpha}{2}}(n-1)}}\right\}$$

得到此时总体标准差 σ 的置信度为 $1-\alpha$ 的置信区间为

$$\left(\sqrt{\frac{(n-1)S^2}{\chi^2_{1-\frac{\alpha}{2}}(n-1)}},\sqrt{\frac{(n-1)S^2}{\chi^2_{\frac{\alpha}{2}}(n-1)}}\right). \tag{7.21}$$

(2)两个正态总体的情形

设某产品的质量指标 $X\sim N(\mu,\sigma^2)$. 但由于工艺改变,原料不同,设备不同或操作人员的改变,引起总体均值,总体方差有所改变. 我们此时需要了解这种改变有多大. 这就需要考虑两个正态总体均值差和总体方差比的区间估计.

设有两个正态总体 $X\sim N(\mu_1,\sigma_1^2)$, $Y\sim N(\mu_2,\sigma_2^2)$. $X_1,X_2,\cdots,X_{n_1}$ 和 $Y_1,Y_2,\cdots,Y_{n_2}$ 是分别来自 X 和 Y 的两个独立样本,其样本均值和样本方差分别为

$$\bar{X}=\frac{1}{n_1}\sum_{i=1}^{n_1}X_i,\quad \bar{Y}=\frac{1}{n_2}\sum_{j=1}^{n_2}Y_j$$

$$S_1^2=\frac{1}{n_1-1}\sum_{i=1}^{n_1}(X_i-\bar{X})^2,\quad S_2^2=\frac{1}{n_2-1}\sum_{j=1}^{n_2}(Y_j-\bar{Y})^2.$$

下面就各种情形讨论.

1) σ_1^2, σ_2^2 都已知,求总体均值差 $\mu_1 - \mu_2$ 的置信区间.

此时可知 $\overline{X} - \overline{Y}$ 是 $\mu_1 - \mu_2$ 的无偏估计,故可考虑样本函数

$$U = \frac{\overline{X} - \overline{Y} - (\mu_1 - \mu_2)}{\sqrt{\dfrac{\sigma_1^2}{n_1} + \dfrac{\sigma_2^2}{n_2}}} \sim N(0,1).$$

对于给定的置信度 $1-\alpha$,有

$$P\{|U| < u_{1-\frac{\alpha}{2}}\} = 1 - \alpha,$$

即

$$P\left\{\left|\frac{\overline{X} - \overline{Y} - (\mu_1 - \mu_2)}{\sqrt{\dfrac{\sigma_1^2}{n_1} + \dfrac{\sigma_2^2}{n_2}}}\right| < u_{1-\frac{\alpha}{2}}\right\} = 1 - \alpha.$$

即

$$P\left\{-u_{1-\frac{\alpha}{2}} < \frac{\overline{X} - \overline{Y} - (\mu_1 - \mu_2)}{\sqrt{\dfrac{\sigma_1^2}{n_1} + \dfrac{\sigma_2^2}{n_2}}} < u_{1-\frac{\alpha}{2}}\right\} = 1 - \alpha.$$

即

$$P\left\{\overline{X} - \overline{Y} - u_{1-\frac{\alpha}{2}}\sqrt{\frac{\sigma_1^2}{n_1} + \frac{\sigma_2^2}{n_2}} < \mu_1 - \mu_2 < \overline{X} - \overline{Y} + u_{1-\frac{\alpha}{2}}\sqrt{\frac{\sigma_1^2}{n_1} + \frac{\sigma_2^2}{n_2}}\right\} = 1 - \alpha.$$

得到 $\mu_1 - \mu_2$ 的 $1-\alpha$ 置信区间为

$$\left(\overline{X} - \overline{Y} - u_{1-\frac{\alpha}{2}}\sqrt{\frac{\sigma_1^2}{n_1} + \frac{\sigma_2^2}{n_2}}, \overline{X} - \overline{Y} + u_{1-\frac{\alpha}{2}}\sqrt{\frac{\sigma_1^2}{n_1} + \frac{\sigma_2^2}{n_2}}\right). \tag{7.22}$$

2) $\sigma_1^2, \sigma_2{}^2$ 都未知,但 $\sigma_1^2 = \sigma_2^2 = \sigma^2$,求 $\mu_1 - \mu_2$ 的置信区间.

我们知道样本函数

$$T = \frac{\overline{X} - \overline{Y} - (\mu_1 - \mu_2)}{S_W\sqrt{\dfrac{1}{n_1} + \dfrac{1}{n_2}}} \sim t(n_1 + n_2 - 2),$$

其中

$$S_W^2=\frac{(n_1-1)S_1^2+(n_2-1)S_2^2}{n_1+n_2-2}.$$

对于已给的置信度 $1-\alpha$,有

$$P\{|T|<t_{1-\frac{\alpha}{2}}\}=1-\alpha,$$

即

$$P\left\{-t_{1-\frac{\alpha}{2}}<\frac{\overline{X}-\overline{Y}-(\mu_1-\mu_2)}{S_W\sqrt{\frac{1}{n_1}+\frac{1}{n_2}}}<t_{1-\frac{\alpha}{2}}\right\}=1-\alpha,$$

即

$$P\left\{\overline{X}-\overline{Y}-t_{1-\frac{\alpha}{2}}S_W\sqrt{\frac{1}{n_1}+\frac{1}{n_2}}<\mu_1-\mu_2<\overline{X}-\overline{Y}+t_{1-\frac{\alpha}{2}}S_W\sqrt{\frac{1}{n_1}+\frac{1}{n_2}}\right\}=1-\alpha.$$

此时,得 $\mu_1-\mu_2$ 的置信区间为

$$\left(\overline{X}-\overline{Y}-t_{1-\frac{\alpha}{2}}S_W\sqrt{\frac{1}{n_1}+\frac{1}{n_2}},\overline{X}-\overline{Y}+t_{1-\frac{\alpha}{2}}S_W\sqrt{\frac{1}{n_1}+\frac{1}{n_2}}\right),\qquad(7.23)$$

其中 $t_{1-\frac{\alpha}{2}}=t_{1-\frac{\alpha}{2}}(n_1+n_2-2)$.

例 7.3.4　从甲,乙两个生产蓄电池的工厂的产品中,分别独立抽取一些样品.测得蓄电池的电容量(A·h)如下:

甲厂:144,141,138,142,141,143,138,137

乙厂:142,143,139,140,138,141,140,138,142,136

设两个工厂生产的蓄电池电容量分别服从正态分布 $N(\mu_1,\sigma_1^2)$和 $N(\mu_2,\sigma_2^2)$.若已知 $\sigma_1^2=\sigma_2^2=\sigma^2$,但 σ^2 未知.求总体均值差 $\mu_1-\mu_2$ 的置信度为 95%的置信区间.

解　由样本观测值,算得

$$\bar{x}=140.5,s_1^2=6.57,\quad n_1=8,$$

$$\bar{y}=139.9,s_2^2=4.77,\quad n_2=10.$$

故

$$s_W=\sqrt{\frac{(n_1-1)s_1^2+(n_2-1)s_2^2}{n_1+n_2-2}}=\sqrt{\frac{7\times 6.57+9\times 4.77}{8+10-2}}=2.36.$$

因为 $1-\alpha=0.95$,得 $1-\frac{\alpha}{2}=0.975$,查表,有 $t_{1-\frac{\alpha}{2}}(n_1+n_2-2)=t_{0.975}(16)=2.1199$,于是

$$\bar{x}-\bar{y}-t_{1-\frac{\alpha}{2}}s_W\sqrt{\frac{1}{n_1}+\frac{1}{n_2}}$$

$$=140.5-139.9-2.1199\times 2.36\times\sqrt{\frac{1}{8}+\frac{1}{10}}=-1.77,$$

$$\bar{x}-\bar{y}+t_{1-\frac{\alpha}{2}}s_W\sqrt{\frac{1}{n_1}+\frac{1}{n_2}}$$

$$=140.5-139.9+2.1199\times 2.36\times\sqrt{\frac{1}{8}+\frac{1}{10}}=2.97.$$

所以 $\mu_1-\mu_2$ 的 95%置信区间为

$$(-1.77,2.97)(A.h).$$

3)当 $\mu_1,\mu_2,\sigma_1^2,\sigma_2^2$ 未知时,总体方差比$\frac{\sigma_1^2}{\sigma_2^2}$的置信区间.

此时,我们知道样本函数

$$F=\frac{S_1^2/\sigma_1^2}{S_2^2/\sigma_2^2}\sim F(n_1-1,n_2-1),$$

对于已给的置信度 $1-\alpha$,有

$$P\{F_{\frac{\alpha}{2}}<F<F_{1-\frac{\alpha}{2}}\}=1-\alpha(\text{参见图 7.5}),$$

这里 $F_{\frac{\alpha}{2}},F_{1-\frac{\alpha}{2}}$分别是分位点 $F_{\frac{\alpha}{2}}(n_1-1,n_2-1)$,$F_{1-\frac{\alpha}{2}}(n_1-1,n_2-1)$的简写.

则有

$$P\{F_{\frac{\alpha}{2}}<\frac{S_1^2}{S_2^2}/\frac{\sigma_1^2}{\sigma_2^2}<F_{1-\frac{\alpha}{2}}\}=1-\alpha,$$

于是

$$P\left\{\frac{S_1^2}{S_2^2F_{1-\frac{\alpha}{2}}}<\frac{\sigma_1^2}{\sigma_2^2}<\frac{S_1^2}{S_2^2F_{\frac{\alpha}{2}}}\right\}=1-\alpha.$$

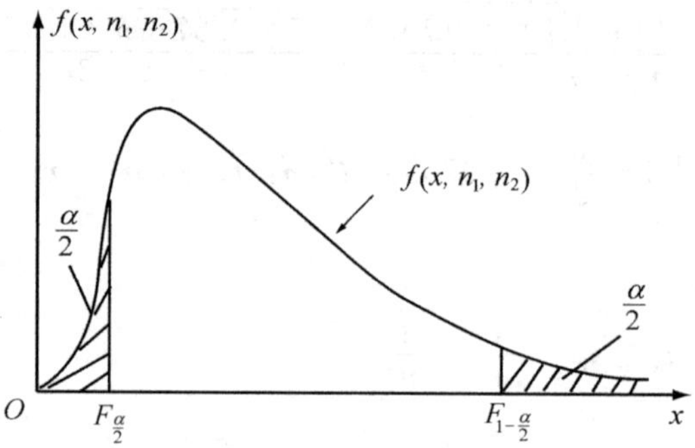

图 7.5

故$\frac{\sigma_1^2}{\sigma_2^2}$的 $1-\alpha$ 置信区间为

$$\left(\frac{S_1^2}{S_2^2 F_{1-\frac{\alpha}{2}}}, \frac{S_1^2}{S_2^2 F_{\frac{\alpha}{2}}}\right). \tag{7.24}$$

例 7.3.5　在例 7.3.4 中,若未知 σ_1^2 及 σ_2^2,现求$\frac{\sigma_1^2}{\sigma_2^2}$的 95%置信区间.

解　由例 7.3.4,知

$$s_1^2 = 6.57, s_2^2 = 4.77,$$

又 $1-\alpha=0.95$,得$\frac{\alpha}{2}=0.025$,$1-\frac{\alpha}{2}=0.975$,查表,知 $F_{1-\frac{\alpha}{2}}(n_1-1, n_2-1) = F_{0.975}(7,9)=4.20$, $F_{\frac{\alpha}{2}}(n_1-1, n_2-1) = F_{0.025}(7,9) = \frac{1}{F_{0.975}(9,7)} = \frac{1}{4.82} = 0.21$,于是

$$\frac{s_1^2}{s_2^2 F_{1-\frac{\alpha}{2}}} = \frac{6.57}{4.77 \times 4.20} = 0.33,$$

$$\frac{s_1^2}{s_2^2 F_{\frac{\alpha}{2}}} = \frac{6.57}{4.77 \times 0.21} = 6.56.$$

于是得 $\frac{\sigma_1^2}{\sigma_2^2}$ 的 95%置信区间为(0.33,6.56).

7.3.3　非正态总体中未知参数的置信区间

如果总体 X 不是服从正态分布,那么样本函数的分布是难于确定的.这

样求总体分布中未知参数的置信区间就比较困难. 但是当样本容量 n 很大时,我们可以根据中心极限定理近似地求出置信区间.

设总体 X 服从某个分布,分布函数为 $F(x,\theta)$,其中 θ 是未知参数. 则总体均值 $E(X)=\mu(\theta)$ 和总体方差 $D(X)=\sigma^2(\theta)$ 都应该是 θ 的函数. 抽取样本 $X_1,X_2,\cdots,X_n$,由于 $X_1,X_2,\cdots,X_n$ 与总体 X 相互独立且同分布,于是 X_i 与 X 有相同的期望和方差,$i=1,2,\cdots,n$. 由中心极限定理知道,当 n 充分大时(一般要求 $n\geqslant 50$),样本函数

$$U=\frac{\sum_{i=1}^{n}X_i-n\mu(\theta)}{\sqrt{n}\sigma(\theta)}=\frac{\bar{X}-\mu(\theta)}{\sigma(\theta)/\sqrt{n}}$$

近似地服从标准正态分布 $N(0,1)$. 对于给定的置信度 $1-\alpha$,有

$$P\{|U|<u_{1-\frac{\alpha}{2}}\}=P\left\{\left|\frac{\bar{X}-\mu(\theta)}{\sigma(\theta)/\sqrt{n}}\right|<u_{1-\frac{\alpha}{2}}\right\}\approx 1-\alpha, \tag{7.25}$$

设已知样本观测值为 $x_1,x_2,\cdots,x_n$,如果能从不等式

$$\left|\frac{\bar{x}-\mu(\theta)}{\sigma(\theta)/\sqrt{n}}\right|<u_{1-\frac{\alpha}{2}}, \tag{7.26}$$

解出等价的不等式

$$\hat{\theta}_1<\theta<\hat{\theta}_2, \tag{7.27}$$

那么$(\hat{\theta}_1,\hat{\theta}_2)$就是 θ 的近似的 $1-\alpha$ 置信区间.

下面我们以 0—1 分布为例来讨论怎样解不等式(7.26).

此时,总体 X 服从 0—1 分布,其分布律为

$$P\{X=x\}=p^x(1-p)^{1-x},\quad x=0,1,$$

其中 p 为未知参数. 这时

$$E(X)=p,\qquad D(X)=p(1-p).$$

对于给定的样本观测值 $x_1,x_2,\cdots,x_n$,不等式(7.26)为

$$\frac{|\bar{x}-p|}{\sqrt{\frac{p(1-p)}{n}}}<u_{1-\frac{\alpha}{2}},$$

整理上述不等式,得

$$n(\bar{x}-p)^2<u^2_{1-\frac{\alpha}{2}}p(1-p),$$

即

$$(n+u_{1-\frac{\alpha}{2}}^2)p^2-(2n\bar{x}+u_{1-\frac{\alpha}{2}}^2)p+n\bar{x}^2<0.$$

记这个不等式为

$$ap^2+bp+c<0.$$

因为 x_i 取值为 0 或 1，故 $0\leqslant\bar{x}\leqslant 1$，于是

$$b^2-4ac=(2n\bar{x}+u_{1-\frac{\alpha}{2}}^2)^2-4(n+u_{1-\frac{\alpha}{2}}^2)n\bar{x}^2$$

$$=4n\bar{x}(1-\bar{x})u_{1-\frac{\alpha}{2}}^2+u_{1-\frac{\alpha}{2}}^4>0.$$

设二次三项式 ap^2+bp+c 的两个实根为

$$\hat{p}_1=\frac{-b-\sqrt{b^2-4ac}}{2a},\quad \hat{p}_2=\frac{-b+\sqrt{b^2-4ac}}{2a}.$$

由于 $a>0$，故当且仅当 $\hat{p}_1<p<\hat{p}_2$ 时，$ap^2+bp+c<0$. 从而未知参数 p 的置信度为 $1-\alpha$ 的置信区间近似为$(\hat{p}_1,\hat{p}_2)$.

例 7.3.6　设从一批产品中抽取 100 个样品，其中有一级品 60 个. 求这批产品的一级品率的 95%置信区间.

解　设随机变量

$$X=\begin{cases}0, & \text{若抽一个样品为非一级品},\\ 1, & \text{若抽一个样品为一级品},\end{cases}$$

则 $X\sim B(1,p)$，且一级品率为 $P(X=1)=p$. 按题意，$n=100$. 在样本观测值 $x_1,x_2,\cdots,x_{100}$中，有 60 个 x_i 为 1，其余 40 个 x_i 为 0，故

$$\bar{x}=\frac{1}{100}\sum_{i=1}^{100}x_i=\frac{60}{100}=0.6.$$

对于已给的置信度 $1-\alpha=0.95$，得 $1-\frac{\alpha}{2}=0.975$，查表，$u_{1-\frac{\alpha}{2}}=u_{0.975}=1.96$，于是有

$$a=n+u_{1-\frac{\alpha}{2}}^2=100+1.96^2=103.84,$$

$$b=-(2n\bar{x}+u_{1-\frac{\alpha}{2}}^2)=-(2\times100\times0.6+1.96^2)=-123.84,$$

$$c=n\bar{x}^2=100\times0.6^2=36.$$

代入 $\hat{p}_1,\hat{p}_2$ 得

$$\hat{p}_1 = 0.5, \qquad \hat{p}_2 = 0.69.$$

所以,这批产品的一级品率 p 的 95%置信区间为

$$(0.5, 0.69).$$

7.3.4 单侧置信限

在许多实际问题中,常会遇到只需求单侧的置信上限或下限的情形. 比如某品牌的彩电,当然是平均寿命越长越好. 于是我们关心的是这个品牌彩电的平均寿命 μ 最低可能为多少,即关心平均寿命的下限. 又如一批产品的次品率 p 当然是越低越好,于是我们关心的是这批产品的次品率最高可能为多少,即关心 p 的上限.

定义 7.3.2 设总体 X 的分布函数 $F(x,\theta)$ 中含有未知参数 θ, X_1, $X_2,\cdots,X_n$ 是来自总体 X 的一个样本. 若存在统计量 $\hat{\theta}_1(X_1,X_2,\cdots,X_n)$,使得

$$P\{\theta > \hat{\theta}_1\} = 1 - \alpha, \tag{7.28}$$

则称 $\hat{\theta}_1$ 为参数 θ 的置信度为 $1-\alpha$ 的单侧置信下限. 若存在统计量 $\hat{\theta}_2(X_1,X_2,\cdots,X_n)$,使得

$$P\{\theta < \hat{\theta}_2\} = 1 - \alpha, \tag{7.29}$$

则称 $\hat{\theta}_2$ 为参数 θ 的置信度为 $1-\alpha$ 的单侧置信上限.

例 7.3.7 为估计制造某种产品所需的单件平均工时(单位:小时),现制造 5 件,记录每件所需工时如下:

$$10.5, 11, 11.2, 12.5, 12.8$$

设制造单件产品所需工时 $X \sim N(\mu,\sigma^2)$,试求均值 μ 的 95%单侧置信下限和方差 σ^2 的 95%单侧置信上限.

解 1)此时,

$$t = \frac{\bar{X} - \mu}{S/\sqrt{n}} \sim t(n-1),$$

于是

$$P\left\{\frac{\bar{X} - \mu}{S/\sqrt{n}} < t_{1-\alpha}(n-1)\right\} = 1 - \alpha,$$

即

$$P\left\{\mu > \bar{X} - t_{1-\alpha}(n-1)\frac{S}{\sqrt{n}}\right\} = 1-\alpha.$$

故 μ 的 $1-\alpha$ 单侧置信下限为 $\bar{X}-t_{1-\alpha}(n-1)\frac{S}{\sqrt{n}}$.

本例中，$\bar{x}=11.6$，$s^2=0.995$，$n=5$，$1-\alpha=0.95$，查表，$t_{1-\alpha}(n-1)=t_{0.95}(4)=2.1318$，故

$$\bar{x}-t_{1-\alpha}(n-1)\frac{s}{\sqrt{n}} = 11.6-2.1318\times\frac{\sqrt{0.995}}{\sqrt{5}} = 10.65,$$

即制造单件产品平均工时最少为 10.65(小时).

2)这时，有

$$\chi^2 = \frac{(n-1)S^2}{\sigma^2} \sim \chi^2(n-1),$$

从而

$$P\left\{\frac{(n-1)S^2}{\sigma^2} > \chi^2_{\alpha}(n-1)\right\} = 1-\alpha,$$

即

$$P\left\{\sigma^2 < \frac{(n-1)S^2}{\chi^2_{\alpha}(n-1)}\right\} = 1-\alpha,$$

于是 σ^2 的 $1-\alpha$ 单侧置信上限为 $\frac{(n-1)S^2}{\chi^2_{\alpha}(n-1)}$.

本例中，$s^2=0.995$，$\alpha=0.05$，$\chi^2_{\alpha}(n-1)=\chi^2_{0.05}(4)=0.711$，于是

$$\frac{(n-1)s^2}{\chi^2_{\alpha}(n-1)} = \frac{4\times 0.995}{0.711} = 5.598,$$

即 σ^2 的 95%单侧置信上限为 5.598.

7.4 综合例题

例 7.4.1 设总体 X 的密度函数如下

$$f(x,\theta) = \begin{cases} \theta\alpha x^{\alpha-1}e^{-\theta x^{\alpha}}, & x>0, \\ 0, & x\leqslant 0. \end{cases}$$

其中 $\theta>0,\alpha>0$,且 α 为已知.设 $x_1,x_2,\cdots,x_n$ 为来自总体 X 的一组样本观测值,求 θ 的矩估计量和极大似然估计量.

分析 因为 α 已知,故只有一个未知参数 θ.于是只须求出 $E(X)=\mu(\theta)$,再用 $\bar{X}$ 代替 $E(X)$ 得 $\bar{X}=\mu(\hat{\theta})$,解出 $\hat{\theta}$ 即得矩估计量.而求极大似然估计值,只须由 $\frac{\mathrm{d}\ln L(\theta)}{\mathrm{d}\theta}=0$ 解出 $\hat{\theta}$ 即可.

解
$$E(X)=\int_0^{+\infty} x\cdot\theta\alpha x^{\alpha-1}\mathrm{e}^{-\theta x^{\alpha}}\mathrm{d}x$$

$$\xlongequal{t=x^{\alpha}}\int_0^{+\infty}\theta\alpha t\mathrm{e}^{-\theta t}\cdot\frac{1}{\alpha}t^{\frac{1}{\alpha}-1}\mathrm{d}t=\int_0^{+\infty}\theta t^{\frac{1}{\alpha}}\mathrm{e}^{-\theta t}\mathrm{d}t$$

$$\xlongequal{y=\theta t}\int_0^{+\infty}\theta^{-\frac{1}{\alpha}}y^{\frac{1}{\alpha}}\mathrm{e}^{-y}\mathrm{d}y=\theta^{-\frac{1}{\alpha}}\Gamma\left(\frac{1}{\alpha}+1\right).$$

代入 $\bar{X}$,有
$$\bar{X}=\hat{\theta}^{-\frac{1}{\alpha}}\Gamma\left(\frac{1}{\alpha}+1\right),$$
解得
$$\hat{\theta}=\left(\frac{\Gamma\left(\frac{1}{\alpha}+1\right)}{\bar{X}}\right)^{\alpha}.$$
为 θ 的矩估计量.又
$$L(\theta)=\prod_{i=1}^{n}f(x_i,\theta)=\prod_{i=1}^{n}\theta\alpha x_i^{\alpha-1}\mathrm{e}^{-\theta x_i^{\alpha}}$$
$$=\theta^n\alpha^n\left(\prod_{i=1}^{n}x_i\right)^{\alpha-1}\mathrm{e}^{-\theta\sum\limits_{i=1}^{n}x_i^{\alpha}},$$
$$\ln L(\theta)=n\ln\theta+n\ln\alpha+(\alpha-1)\ln\left(\prod_{i=1}^{n}x_i\right)-\theta\sum_{i=1}^{n}x_i^{\alpha},$$
$$\frac{\mathrm{d}\ln L(\theta)}{\mathrm{d}\theta}=\frac{n}{\theta}-\sum_{i=1}^{n}x_i^{\alpha}=0.$$
得 θ 的极大似然估计值为
$$\hat{\theta}=\frac{n}{\sum\limits_{i=1}^{n}x_i^{\alpha}}.$$
故 θ 的极大似然估计量为

$$\hat{\theta}=\frac{n}{\sum_{i=1}^{n} X_i^{\alpha}}.$$

例 7.4.2　设 X 为任意总体，$X_1, X_2, \cdots, X_n$ 是来自 X 的样本. $\alpha_i>0$ $(i=1,2,\cdots,n)$，满足 $\sum_{i=1}^{n}\alpha_i=1$. 试证 $\sum_{i=1}^{n}\alpha_i X_i$ 是 $E(X)=\mu$ 的无偏估计量，且在 μ 的所有形为 $\sum_{i=1}^{n}\alpha_i X_i$ 的估计量中，$\bar{X}$ 的方差最小. 因而 $\bar{X}$ 比任何 $\sum_{i=1}^{n}\alpha_i X_i$ 都更有效.

分析　(1) 要证 $\sum_{i=1}^{n}\alpha_i X_i$ 是 μ 的无偏估计量，只须证 $E(\sum_{i=1}^{n}\alpha_i X_i)=\mu$.

(2) 分别求出 $D(\sum_{i=1}^{n}\alpha_i X_i)$ 和 $D(\bar{X})$，再比较两方差便可得 $\bar{X}$ 比 $\sum_{i=1}^{n}\alpha_i X_i$ 有效.

证明　因为

$$E(\sum_{i=1}^{n}\alpha_i X_i)=\sum_{i=1}^{n}\alpha_i E(X_i)=\sum_{i=1}^{n}\alpha_i\mu=\mu\sum_{i=1}^{n}\alpha_i=\mu,$$

所以 $\sum_{i=1}^{n}\alpha_i X_i$ 是 μ 的无偏估计.

又因为 $\alpha_i X_i, i=1,2,\cdots,n$，相互独立，故有

$$D(\sum_{i=1}^{n}\alpha_i X_i)=\sum_{i=1}^{n}D(\alpha_i X_i)=\sum_{i=1}^{n}\alpha_i^2 D(X_i)=D(X)\sum_{i=1}^{n}\alpha_i^2.$$

若 $\alpha_i=\frac{1}{n}, i=1,2,\cdots,n$，则

$$D(\bar{X})=D\left[\frac{1}{n}\sum_{i=1}^{n}X_i\right]=D(X)\sum_{i=1}^{n}\frac{1}{n^2}=\frac{D(X)}{n}.$$

但由拉格朗日乘数法，可证 $\sum_{i=1}^{n}\alpha_i^2\geqslant\frac{1}{n}$，故有

$$D(\sum_{i=1}^{n}\alpha_i X_i)=D(X)\sum_{i=1}^{n}\alpha_i^2\geqslant\frac{D(X)}{n}=D(\bar{X}),$$

即 $\bar{X}$ 的方差为所有 $\sum_{i=1}^{n}\alpha_i X_i$ 的方差中取最小，即 $\bar{X}$ 比所有的 $\sum_{i=1}^{n}\alpha_i X_i$ 作为 μ 的估计量都更有效.

例 7.4.3　设总体 $X\sim N(\mu,\sigma^2)$，其中 μ 和 σ^2 都未知. $X_1, X_2, \cdots, X_n$ 为

来自 X 的样本.设随机变量 L 是关于 σ^2 的置信度为 $1-\alpha$ 的置信区间长度，求 $E(L^2)$.

分析 首先应写出 L 的表达式，即置信区间的右端点减去置信区间的左端点，再求 $E(L^2)$.

解 此时，σ^2 的置信度为 $1-\alpha$ 的置信区间为

$$\left(\frac{(n-1)S^2}{\chi^2_{1-\frac{\alpha}{2}}(n-1)},\frac{(n-1)S^2}{\chi^2_{\frac{\alpha}{2}}(n-1)}\right),$$

于是

$$L=(n-1)S^2\left(\frac{1}{\chi^2_{\frac{\alpha}{2}}(n-1)}-\frac{1}{\chi^2_{1-\frac{\alpha}{2}}(n-1)}\right),$$

$$L^2=(n-1)^2S^4\left(\frac{1}{\chi^2_{\frac{\alpha}{2}}(n-1)}-\frac{1}{\chi^2_{1-\frac{\alpha}{2}}(n-1)}\right)^2.$$

由于此时

$$\frac{(n-1)S^2}{\sigma^2}\sim\chi^2(n-1),$$

有

$$D\left(\frac{(n-1)S^2}{\sigma^2}\right)=2(n-1),\quad E\left(\frac{(n-1)S^2}{\sigma^2}\right)=n-1,$$

故

$$E\left(\frac{(n-1)^2S^4}{\sigma^4}\right)-D\left(\frac{(n-1)S^2}{\sigma^2}\right)+E^2\left(\frac{(n-1)S^2}{\sigma^2}\right)$$
$$=2(n-1)+(n-1)^2=n^2-1.$$

即

$$E((n-1)^2S^4)=(n^2-1)\sigma^4.$$

所以

$$E(L^2)=\left(\frac{1}{\chi^2_{\frac{\alpha}{2}}(n-1)}-\frac{1}{\chi^2_{1-\frac{\alpha}{2}}(n-1)}\right)^2E((n-1)^2S^4)$$
$$=\left(\frac{1}{\chi^2_{\frac{\alpha}{2}}(n-1)}-\frac{1}{\chi^2_{1-\frac{\alpha}{2}}(n-1)}\right)^2(n^2-1)\sigma^4.$$

例 7.4.4　设总体 X 服从指数分布 $e(\lambda)$，概率密度函数为

$$f(x,\lambda)=\begin{cases}\lambda e^{-\lambda x}, & x>0,\\ 0, & x\leqslant 0.\end{cases}$$

其中 $\lambda>0$ 为未知参数，抽取大量样本 $X_1,X_2,\cdots,X_n,(n\geqslant 100)$，求参数 λ 的置信水平为 $1-\alpha$ 的单侧置信上限.

分析　当样本容量 n 充分大时，$\dfrac{\bar{X}-E(X)}{\sqrt{D(X)}/\sqrt{n}}$ 近似服从标准正态分布 $N(0,1)$，故只须求出 $E(X)$ 和 $D(X)$，就不难求得该单侧置信上限.

解　不难求得

$$E(X)=\frac{1}{\lambda},\quad D(X)=\frac{1}{\lambda^2}.$$

故当 n 充分大时，样本函数近似地有

$$\frac{\bar{X}-\frac{1}{\lambda}}{\frac{1}{\lambda}/\sqrt{n}}\sim N(0,1).$$

对于已给的置信度 $1-\alpha$，有

$$P\left\{\frac{\bar{X}-\frac{1}{\lambda}}{\frac{1}{\lambda}/\sqrt{n}}<u_{1-\alpha}\right\}\approx 1-\alpha,$$

解之，得

$$P\left\{\lambda<\frac{1+u_{1-\alpha}/\sqrt{n}}{\bar{X}}\right\}\approx 1-\alpha,$$

故 λ 的 $1-\alpha$ 单侧置信上限为

$$\frac{1+u_{1-\alpha}/\sqrt{n}}{\bar{X}}.$$

习　题　7

1. 在一批零件中随机抽取 8 个，测得长度如下(单位：mm)：

53.001，53.003，53.001，53.005，53.000，52.998，53.002，53.006

设零件长度测定值服从正态分布. 求均值 μ，方差 σ^2 的矩估计值，并用矩估计法估计零件

长度小于 53.004 的概率.

2. 设总体 $X \sim e(\theta)$,求 θ 的矩估计量. 若测得容量为 10 的样本观测值为

134,106,125,115,130,120,110,108,105,115

求 θ 的矩估计值.

3. 设总体 X 服从参数为 θ_1,θ_2 的指数分布,其密度函数为

$$f(x,\theta_1,\theta_2)=\begin{cases}\dfrac{1}{\theta_2}e^{-\frac{x-\theta_1}{\theta_2}}, & x>\theta_1,\\ 0, & x\leqslant\theta_1,\end{cases}$$

$-\infty<\theta_1<+\infty,\theta_2>0$. $X_1,X_2,\cdots,X_n$ 是样本. 求 θ_1 和 θ_2 的矩估计量.

4. 设 $x_1,x_2,\cdots,x_n$ 为来自总体 X 的一组样本观测值. 求下列总体密度函数中 θ 的矩估计值和极大似然估计值.

(1) $f(x,\theta)=\begin{cases}(\theta+1)x^{\theta}, & 0<x<1,\\ 0, & \text{其他};\end{cases}$

(2) $f(x,\theta)=\begin{cases}\sqrt{\theta}x^{\sqrt{\theta}-1}, & 0<x<1,\theta>0,\\ 0, & \text{其他};\end{cases}$

(3) $f(x,\theta)=\begin{cases}\dfrac{x}{\theta^2}e^{-\frac{x^2}{2\theta^2}}, & x>0,\\ 0, & x\leqslant 0.\end{cases}$

5. X 服从参数为 μ,σ^2 的对数正态分布,即 X 有密度函数

$$f(x;\mu,\sigma^2)=\begin{cases}\dfrac{1}{\sqrt{2\pi}\sigma x}e^{-\frac{1}{2\sigma^2}(\ln x-\mu)^2}, & x>0,\\ 0, & x\leqslant 0,\end{cases}$$

其中 μ,σ^2 未知. 求 μ 及 σ^2 的极大似然估计量.

6. 设 $x_1,x_2,\cdots,x_n$ 是来自总体 $N(0,\sigma^2)$ 的一组样本观测值. 求 σ^2 的极大似然估计值.

7. 设 $x_1,x_2,\cdots,x_n$ 是来自正态总体 $X\sim N(\mu,\sigma^2)$ 的一组样本观测值. 求 $P(X<t)$ 的极大似然估计值.

8. 设 $x_1,x_2,\cdots,x_n$ 是总体 X 的一组样本观测值. 设 X 的密度函数为

$$f(x,\theta)=\begin{cases}e^{-(x-\theta)}, & x\geqslant\theta,\\ 0, & x<\theta,\end{cases}$$

其中 θ 未知. 证明 θ 的极大似然估计值为 $\hat{\theta}=\min\limits_{1\leqslant i\leqslant n}\{x_i\}$

9. 从总体 X 中抽取样本 $X_1,X_2,\cdots,X_n$,确定常数 c 的值,使得

$$\hat{\sigma}^2=c\sum_{i=1}^{n-1}(X_{i+1}-X_i)^2$$

是总体方差 σ^2 的无偏估计量.

10. 设总体 X 服从参数为 p 的 0—1 分布，其分布律为

$$P(X=x)=p^x(1-p)^{1-x},x=0,1,$$

$x_1,x_2,\cdots,x_n$ 为一组样本观测值.

(1)求 p 的矩估计量和极大似然估计量；

(2)设 $T=\bar{X}^2-\frac{1}{n-1}B_2$，其中 $B_2=\frac{1}{n}\sum_{i=1}^{n}(X_i-\bar{X})^2$，证明 T 是 p^2 的无偏估计量.

11. 从总体 X 中抽取样本 X_1,X_2,X_3，证明下列统计量

$$\hat{\mu}_1=\frac{X_1}{2}+\frac{X_2}{3}+\frac{X_3}{6},\quad \hat{\mu}_2=\frac{X_1}{2}+\frac{X_2}{4}+\frac{X_3}{4},\quad \hat{\mu}_3=\frac{X_1}{3}+\frac{X_2}{3}+\frac{X_3}{3}$$

都是总体均值 $E(X)=\mu$ 的无偏估计量，并确定哪个估计量更有效.

*12. 总体 $X\sim U(0,\theta)$，抽取样本 $X_1,X_2,\cdots,X_n$，得 θ 的矩估计量 $\hat{\theta}_1=2\bar{X}$，θ 的极大似然估计量 $\hat{\theta}_2=\max\{X_1,X_2,\cdots,X_n\}$. 在均方误差下，哪一个更有效？

13. 设总体 $X\sim N(\mu,\sigma^2)$，$X_1,X_2,\cdots,X_n$ 是样本. 证明样本方差 S^2 为 σ^2 的一致估计量.

14. 对某种钢材的抗剪力进行 10 次测试得试验结果如下(单位:kg)

578,572,570,568,572,570,570,596,584,572

若已知抗剪力服从正态分布 $N(\mu,\sigma^2)$，

(1) 已知 $\sigma^2=25$，求 μ 的 95% 置信区间；

(2) 若 σ^2 未知，求 μ 的 95% 置信区间.

15. 设总体 $X\sim N(\mu,\sigma^2)$，若已知 $\sigma=\sigma_0$，要使总体均值 μ 的置信度为 $1-\alpha$ 的置信区间的长度不大于 l，问至少需要抽取多大容量的样本？

16. 使用铂球测定引力常数(单位:$10^{-11}m^3kg^{-1}s^{-2}$)，得测定值如下

6.661,6.676,6.667,6.678,6.669,6.668

设测定值服从 $N(\mu,\sigma^2)$，试求 μ 及 σ^2 的 90% 置信区间.

17. 从一批火箭推力装置中抽取 10 个进行试验，测得燃烧时间(s) 如下

50.7,54.9,54.3,44.8,42.2,69.8,53.4,66.1,48.1,34.5

设燃烧时间服从正态分布 $N(\mu,\sigma^2)$，求燃烧时间标准差 σ 的置信度为 90% 的置信区间.

18. 设两个总体 $X\sim N(\mu_1,25)$，$Y\sim N(\mu_2,19)$. 今从两个总体中分别抽得容量为 60 及 100 的两个样本，得 $\bar{x}=52.3$，$\bar{y}=49.2$，求 $\mu_1-\mu_2$ 的 95% 置信区间.

19. 甲，乙两台机床生产同一型号的滚珠. 今从甲，乙机床的产品中各抽取 8 个及 9 个样品，测得它们的直径(单位:mm) 如下

甲:15.0,14.5,15.2,15.5,14.8,15.1,15.2,14.8

乙:15.2,15.0,14.8,15.2,15.0,15.0,14.8,15.1,14.8

设滚珠直径服从正态分布

(1) 求方差比$\frac{\sigma_1^2}{\sigma_2^2}$ 的 95% 置信区间；

(2) 设 $\sigma_1^2=\sigma_2^2=\sigma^2$，求 $\mu_1-\mu_2$ 的 95% 置信区间.

20. 设总体 X 服从泊松分布 $P(\lambda)$，抽取容量 $n=100$ 的样本. 已知样本均值 $\bar{x}=4$，求总体均值 λ 的置信度为 98% 的置信区间.

21. 从一批电子元件中，抽取 100 个样品，测得它们的使用寿命的均值 $\bar{x}=2500(h)$. 设电子元件的使用寿命服从指数分布 $e(\lambda)$，求参数 λ 的置信度为 90% 的置信区间.

22. 从汽车轮胎厂生产的某种轮胎中抽取 10 个样品进行磨损试验，直至轮胎行驶到磨坏为止. 测得它们的行驶路程(km) 如下

41250，41010，42650，38970，40200，42550，43500，40400，41870，39800

设汽车轮胎行驶路程服从正态分布 $N(\mu,\sigma^2)$，求

(1) μ 的置信度为 95% 的单侧置信下限；

(2) σ 的置信度为 95% 的单侧置信上限.

23. 某车间生产一批零件，其长度 $X\sim N(\mu,\sigma^2)$，按设计要求其长度的标准差 σ 不得超过 0.3mm. 今随机抽取 10 件，测得其长度值(单位：mm) 如下

11.5，11.21，11.05，11.08，11.07，11.1，11.06，11.04，11.11，11.03

试以 95% 的置信度估计这批零件长度的标准差是否符合设计要求.

第8章 假设检验

上一章讨论了当总体分布形式已知时，对总体中未知参数的估计. 本章将介绍统计推断的另一类问题——假设检验. 根据样本观测值，检验总体参数或分布的假设是否正确，这就是假设检验问题.

8.1 基本概念

8.1.1 问题的提出

为了对假设检验有一个初步了解，先看几个实例.

例 8.1.1 某车间用一台包装机包装食盐，设包装的袋装盐重服从正态分布. 长期实践表明，其标准差为 10g，当机器正常工作时，其均值为 500g. 为检验某天包装机是否正常，从该天所包装的盐中任取 16 袋，称得其样本平均值为 510g，试问：该天机器工作是否正常？

设该天包装的袋装盐重 $X \sim N(\mu, \sigma^2)$，已知 $\sigma=10$，μ 未知. 要判断该天机器工作是否正常，就是要判断这一天包装的袋装盐重 X 的均值是否等于 500g，即是说要检验假设：$\mu=500$ 是否正确. 这个问题是有关正态总体方差已知时，对总体均值的假设检验.

例 8.1.2 A，B 两厂生产同一种铸件，假设两厂铸件的重量都服从正态分布，测得重量(单位：kg)如下：

A厂 55.7 56.3 55.1 54.8 55.9

B厂 50.6 53.4 54.7 51.3 55.8 54.8

问 A，B 两厂铸件重量的方差是否相等？

这是对两个正态总体方差比较大小的检验.

例 8.1.3 随机抽查了 100 个铸件，其表面的砂眼数如表 8.1 所示：

表 8.1

砂眼数 i	0	1	2	3	4	5	6
频数 n_i	14	27	26	20	7	3	3

试问：铸件的砂眼数是否服从泊松分布？

这是有关总体分布类型的假设检验. 假设检验分为参数检验和非参数检验两类. 若总体分布形式已知，对总体参数作的假设进行检验，则称这种检验为**参数检验**,如上面前两例都是参数检验.当总体分布未知时,对总体分布类型、两变量不相关与独立性等的检验,称之为**非参数检验**.上面的第三个例子就属于非参数检验.本章主要介绍参数检验.

8.1.2 假设检验的基本思想

我们结合例 8.1.1 来加以说明.设 $X \sim N(\mu, \sigma^2)$,其中参数 $\sigma = \sigma_0 = 10\text{g}$,$\mu$ 未知.如果机器工作正常,则总体 X 的均值 μ 应等于 500g,为此,提出如下假设

$$H_0: \mu = \mu_0 = 500; \qquad H_1: \mu \neq \mu_0. \tag{8.1}$$

常称 H_0 为**原假设**,H_1 为**备择假设**.若检验结果是原假设 H_0 正确,则不拒绝 H_0;否则,就拒绝 H_0 而接受备择假设 H_1.

因为这是有关总体均值的假设检验,所以很自然地想到能否借助于样本平均值 $\bar{X}$.我们知道,样本平均值 $\bar{X}$ 是总体均值 μ 的无偏估计,如果原假设 H_0 正确,那么 $\bar{X}$ 与 μ_0 的偏差 $|\bar{X} - \mu_0|$ 不应太大.若 $|\bar{X} - \mu_0|$ 过大,我们就有理由怀疑 H_0 的正确性而拒绝 H_0,认为机器工作不正常,需要进行检修.反之,如果 $|\bar{X} - \mu_0|$ 不是很大,即是说 $\bar{X}$ 与 μ_0 的差异是由随机因素所引起的,就不拒绝 H_0.由于当 H_0 成立时,统计量

$$U = \frac{\bar{X} - \mu_0}{\sigma / \sqrt{n}} \sim N(0,1),$$

故可以把对 $|\bar{X} - \mu_0|$ 的大小衡量归结为对 $|U|$ 的大小衡量,我们称 U 为**检验统计量**.其方法是:先给定一个小正数 α,使得

$$P\{|U| > u_{1-\alpha/2}\} = \alpha, \tag{8.2}$$

再计算统计量 U 的观测值 u,若有 $|u| > u_{1-\alpha/2}$,则拒绝 H_0,否则,就不拒绝 H_0.

作出这样判断的理论根据是概率论中的实际推断原理.这个原理告诉我们:**小概率事件在一次试验中实际不会发生**.因为 α 通常取很小的值,如 $\alpha = 0.05$ 或 0.01 等,由(8.2)知,事件 $\{|U| > u_{1-\alpha/2}\}$ 是一个小概率事件,若 H_0 正确,则在一次试验中,该事件实际上是不会发生的.在本例中,若取 $\alpha = 0.05$,查表得 $u_{1-\alpha/2} = u_{0.975} = 1.96$.如今抽样结果为 $n = 16$,$\bar{x} = 510$,且已知 $\sigma = 10$,于是统计量 $|U|$ 的观测值为

$$|u| = \left| \frac{510 - 500}{10/\sqrt{16}} \right| = 4 > 1.96.$$

小概率事件$\{|U|>1.96\}$在一次试验中竟然发生了,我们就要怀疑原假设 H_0 的正确性,故拒绝 H_0,认为这天机器工作不正常.

这里包含了反证法思想,但它与一般的反证法是有区别的. 因为这里仅仅根据小概率事件的实际推断原理来论证,所以这里的反证法是带有概率性质的. 给定的 α 称为**显著性水平**,拒绝原假设 H_0 成立的区域称为**拒绝域**,记为 W,拒绝域的边界值称为**临界值**. 如本例中,拒绝域为 $W=\{|U|>u_{1-\alpha/2}\}$,临界值为 $-u_{1-\alpha/2}$ 和 $u_{1-\alpha/2}$.

8.1.3 双侧检验与单侧检验

(8.1)式中备择假设 H_1 表示只要 $\mu>\mu_0$ 与 $\mu<\mu_0$ 中有一个成立,就可以拒绝原假设 H_0,因而称形如(8.1)中的假设检验为**双侧检验**. 但有时需要检验如下假设

$$H_0:\mu=\mu_0;\qquad H_1:\mu>\mu_0 \tag{8.3}$$

或

$$H_0:\mu\leqslant\mu_0;\qquad H_1:\mu>\mu_0. \tag{8.4}$$

形如(8.3)、(8.4)的假设检验称为**右侧检验**. 类似地,有时还需要作如下假设检验

$$H_0:\mu=\mu_0;\qquad H_1:\mu<\mu_0 \tag{8.5}$$

或

$$H_0:\mu\geqslant\mu_0;\qquad H_1:\mu<\mu_0. \tag{8.6}$$

形如(8.5)与(8.6)的假设检验称为**左侧检验**. 右侧检验与左侧检验统称为**单侧检验**. 值得一提的是,在同一显著性水平 α 下,可以证明(8.3)与(8.4)的检验方法,可使用相同的拒绝域(见后页之论述),故以下我们一般只考虑形如(8.3)式的右侧检验;同理,我们通常也只考虑形如(8.5)的左侧检验.

8.1.4 两类错误

假设检验是依据小概率事件的实际推断原理来判断的,加之抽样的随机性,这就可能导致错判. 具体来说,错误判断有如下两种可能:

(1)当原假设 H_0 实际上为真时,检验结果有可能拒绝 H_0,称这种“弃真”的错误为**第一类错误**. 犯第一类错误的概率的最大者就是显著性水平 α,即

$$P\{\text{拒绝 } H_0 \mid H_0 \text{ 为真}\}\leqslant\alpha; \tag{8.7}$$

(2)当 H_0 实际上不真时,检验结果有可能接受 H_0,称这种"纳伪"的错误为**第二类错误**.犯第二类错误的概率记为 β,即

$$P\{\text{接受 } H_0 \mid H_0 \text{ 不真}\} = \beta. \tag{8.8}$$

我们自然希望犯这两类错误的概率越小越好,但当样本容量确定后,犯这两类错误的概率不能同时减小,减小其中一个,另一个往往会增大.通常是先控制犯第一类错误的概率,当 α 被取定后,则可通过增加样本容量使 β 减小.

8.1.5 假设检验的基本步骤

由上所述可知,假设检验的步骤如下:

(1)根据实际问题提出原假设 H_0 与备择假设 H_1;

(2)选取适当的检验统计量,并在 H_0 成立的条件下确定统计量的分布;

(3)选取显著性水平 α,并根据统计量的分布查表确定临界值,及 H_0 的拒绝域;

(4)根据样本观测值计算统计量的值,并将其与临界值作比较;

(5)下结论:若统计量的值落入拒绝域,就拒绝 H_0,否则,不拒绝 H_0.

值得注意的是,由于临界值与所给定的显著性水平 α 有关,对于同一个假设检验,所给的 α 值不同,有可能使检验的结论大相径庭,所以 α 的选取也很重要.

8.2 一个正态总体参数的假设检验

设总体 $X \sim N(\mu, \sigma^2)$,从总体 X 中抽取一个容量为 n 的样本 $X_1, X_2, \cdots, X_n$,样本平均值与样本方差分别为:

$$\bar{X} = \frac{1}{n}\sum_{i=1}^{n} X_i, \qquad S^2 = \frac{1}{n-1}\sum_{i=1}^{n}(X_i - \bar{X})^2.$$

下面我们介绍关于正态总体 $N(\mu, \sigma^2)$的两个参数 μ, σ^2 的假设检验.

8.2.1 一个正态总体均值的假设检验

(1) σ^2 已知时,总体均值 μ 的假设检验

我们先考虑双侧检验:

$$H_0: \mu = \mu_0; \qquad H_1: \mu \neq \mu_0 (\mu_0 \text{ 已知}). \tag{8.9}$$

当原假设 H_0 成立时,由定理 6.4.2 知,统计量

$$U=\frac{\bar{X}-\mu_0}{\sigma/\sqrt{n}}\sim N(0,1). \tag{8.10}$$

给定显著性水平 α,查表得 $u_{1-\alpha/2}$,使得

$$P\{|U|>u_{1-\alpha/2}\}=\alpha,$$

于是,(8.9)的拒绝域为

$$W=\{|U|>u_{1-\alpha/2}\}. \tag{8.11}$$

这种检验法称为 **U 检验法**.

下面,我们讨论单侧检验,以(8.4)的右侧检验为例.由定理 6.4.2 知,

$$\frac{\bar{X}-\mu}{\sigma/\sqrt{n}}\sim N(0,1).$$

取定显著性水平 α,查表得 $u_{1-\alpha}$,使得

$$P\left\{\frac{\bar{X}-\mu}{\sigma/\sqrt{n}}>u_{1-\alpha}\right\}=\alpha.$$

由于$\frac{\bar{X}-\mu}{\sigma/\sqrt{n}}$中含有未知参数 μ,所以它不能作为统计量.但是,当 H_0 成立时,由

$$U=\frac{\bar{X}-\mu_0}{\sigma/\sqrt{n}}\leqslant\frac{\bar{X}-\mu}{\sigma/\sqrt{n}},$$

有事件

$$\left\{\frac{\bar{X}-\mu_0}{\sigma/\sqrt{n}}>u_{1-\alpha}\right\}\subset\left\{\frac{\bar{X}-\mu}{\sigma/\sqrt{n}}>u_{1-\alpha}\right\},$$

从而

$$P\left\{\frac{\bar{X}-\mu_0}{\sigma/\sqrt{n}}>u_{1-\alpha}\right\}\leqslant P\left\{\frac{\bar{X}-\mu}{\sigma/\sqrt{n}}>u_{1-\alpha}\right\}=\alpha.$$

即

$$P\{U>u_{1-\alpha}\}\leqslant\alpha. \tag{8.12}$$

故这时事件“$V>u_{1-\alpha}$”仍是一个小概率事件,即(8.4)式可用(8.3)式代替.所以,当 σ^2 已知时. $H_0:\mu=\mu_0$, $H_1:\mu>\mu_0$ 的拒绝域为

$$W=\{U>u_{1-\alpha}\}. \tag{8.13}$$

类似可以证明,(8.5)与(8.6)的左侧检验的拒绝域为

$$W = \{ U < - u_{1-\alpha} \}. \tag{8.14}$$

例 8.2.1 某种橡胶的伸长率 $X \sim N(0.53, 0.015^2)$,现改进橡胶配方,对改进配方后的橡胶取样分析,测得其伸长率如下:

0.56 0.53 0.55 0.55 0.58 0.56 0.57 0.57 0.54

已知改进配方前后橡胶伸长率的方差不变,问改进配方后橡胶的平均伸长率有无显著变化($\alpha=0.05$)?

解 检验假设

$$H_0: \mu = \mu_0 = 0.53; \qquad H_1: \mu \neq \mu_0.$$

当 H_0 成立时,统计量

$$U = \frac{\bar{X} - \mu_0}{\sigma/\sqrt{n}} \sim N(0,1).$$

对于给定的 $\alpha=0.05$,查表得

$$u_{1-\alpha/2} = u_{0.975} = 1.96,$$

得 H_0 的拒绝域为

$$W = \{| V | > 1.96\}.$$

由观测值计算得 $\bar{x}=0.557$,且 $n=9$,$\mu_0=0.53$,$\sigma=0.015$.从而统计量 $|U|$ 的观测值为

$$| u | = \left| \frac{0.557 - 0.53}{0.015/\sqrt{9}} \right| = 5.4 > 1.96.$$

由于 u 落入拒绝域,所以拒绝 H_0,在 $\alpha=0.05$ 下可认为改进配方后橡胶的平均伸长率有显著变化.

例 8.2.2 已知某种元件的使用寿命(单位:h)服从标准差 $\sigma=120$h的正态分布.按要求,该种元件的使用寿命不得低于 1800h 才算合格,今从一批这种元件中随机抽取 36 件,测得其寿命平均值为 1750h.试问:这批元件是否合格($\alpha=0.05$)?

解 显然,寿命是越长越好,故可考虑单侧检验.设元件寿命 $X \sim N(\mu, \sigma^2)$,已知 $\sigma=120$,由前的讨论,可检验假设

$$H_0: \mu = \mu_0 = 1800; \qquad H_1: \mu < \mu_0.$$

这是一个左侧检验,当原假设 H_0 成立时,统计量

$$U = \frac{\bar{X} - \mu_0}{\sigma/\sqrt{n}} \sim N(0,1).$$

取 $\alpha=0.05$,查表得

$$u_{1-\alpha} = u_{0.95} = 1.645.$$

得 H_0 的拒绝域为

$$W = \{U < -1.645\}.$$

由已知 $\sigma=120, n=36, \bar{x}=1750, \mu_0=1800$ 得统计量 U 的观测值为

$$u = \frac{1750-1800}{120/\sqrt{36}} = -2.5 < -1.645,$$

因为 $u \in W$,所以拒绝 H_0,可认为这批元件不合格.

(2) σ^2 未知时,总体均值 μ 的假设检验. 考虑(8.9)式的双侧检验. 当总体方差 σ^2 未知时,自然想到借助于样本方差 S^2,且样本方差是总体方差的无偏估计. 当 H_0 成立时,由定理 6.4.5 知,统计量

$$t = \frac{\bar{X} - \mu_0}{S/\sqrt{n}} \sim t(n-1). \tag{8.15}$$

给定显著性水平 α,查表得 $t_{1-\alpha/2}(n-1)$,使得

$$P\{|t| > t_{1-\alpha/2}(n-1)\} = \alpha.$$

故当 σ^2 未知时,(8.9)的拒绝域为

$$W = \{|t| > t_{1-\alpha/2}(n-1)\}. \tag{8.16}$$

这种检验法称为 **t 检验法**.

与(1) 类似,当 σ^2 未知时,总体均值 μ 的右侧检验与左侧检验的拒绝域分别为

$$W = \{t > t_{1-\alpha}(n-1)\} \tag{8.17}$$

以及

$$W = \{t < -t_{1-\alpha}(n-1)\}. \tag{8.18}$$

综上所述,正态总体 $N(\mu,\sigma^2)$ 的均值 μ 的假设检验如表 8.2 所示.

表 8.2 一个正态总体均值的假设检验表

H_0	H_1	σ^2 已知	σ^2 未知
		在显著性水平 α 下关于 H_0 的拒绝域	
$\mu=\mu_0$	$\mu\neq\mu_0$	$\|U\|>u_{1-\alpha/2}$	$\|t\|>t_{1-\alpha/2}(n-1)$
$\mu=\mu_0$	$\mu>\mu_0$	$U>u_{1-\alpha}$	$t>t_{1-\alpha}(n-1)$
$\mu=\mu_0$	$\mu<\mu_0$	$U<-u_{1-\alpha}$	$t<-t_{1-\alpha}(n-1)$

其中

$$U = \frac{\bar{X} - \mu_0}{\sigma/\sqrt{n}}, \qquad t = \frac{\bar{X} - \mu_0}{S/\sqrt{n}}.$$

例 8.2.3 已知某炼铁厂铁水含碳量服从均值为 4.53 的正态分布,某日随机测定了 9 炉铁水,含碳量如下:

4.43 4.50 4.58 4.42 4.47 4.60 4.53 4.46 4.42

问该日铁水平均含碳量是否仍为 4.53($\alpha=0.05$)?

解 设该日铁水含碳量 $X \sim N(\mu, \sigma^2)$,σ^2 未知,待检假设为

$$H_0: \mu = \mu_0 = 4.53; \qquad H_1: \mu \neq \mu_0.$$

由于 σ^2 未知,所以用 t 检验法. 当 H_0 成立时,统计量

$$t = \frac{\bar{X} - \mu_0}{S/\sqrt{n}} \sim t(n-1),$$

对于 $\alpha=0.05$,查表得 $t_{1-\alpha/2}(n-1) = t_{0.975}(8) = 2.306$. 得 H_0 的拒绝域为

$$W = \{|t| > 2.306\}.$$

由样本观测值计算得 $\bar{x}=4.49$,$s=0.0676$,统计量 $|t|$ 的观测值为

$$|t| = \left|\frac{4.49 - 4.53}{0.0676/\sqrt{9}}\right| = 1.775 < 2.306,$$

由于 $t \notin W$,故可接受原假设 H_0,认为该日铁水平均含碳量仍为 4.53.

8.2.2 一个正态总体方差的假设检验

我们先介绍双侧检验:

$$H_0: \sigma^2 = \sigma_0^2; \qquad H_1: \sigma^2 \neq \sigma_0^2 \quad (\sigma_0^2 \text{ 已知}). \tag{8.19}$$

(1)若 μ 已知,则由定理 6.4.3 知,当 H_0 成立时,统计量

$$\chi_0^2 = \frac{1}{\sigma_0^2}\sum_{i=1}^{n}(X_i - \mu)^2 \sim \chi^2(n), \tag{8.20}$$

对于给定 α,查表得 $\chi_{1-\alpha/2}^2(n)$ 和 $\chi_{\alpha/2}^2(n)$,使得

$$P\{\chi_0^2 < \chi_{\alpha/2}^2(n)\} = \frac{\alpha}{2}, P\{\chi_0^2 > \chi_{1-\alpha/2}^2(n)\} = \frac{\alpha}{2}.$$

故 μ 已知时,(8.19)的拒绝域为

$$W=\{\chi_0^2<\chi_{\alpha/2}^2(n) \text{ 或 } \chi_0^2>\chi_{1-\alpha/2}^2(n)\}. \tag{8.21}$$

(2)若 μ 未知,则由定理 6.4.4 知,当 H_0 成立时,统计量

$$\chi^2=\frac{(n-1)S^2}{\sigma_0^2}\sim\chi^2(n-1). \tag{8.22}$$

同上面(1)类似讨论知,当 μ 未知时,(8.19)的拒绝域为

$$W=\{\chi^2<\chi_{\alpha/2}^2(n-1) \text{ 或 } \chi^2>\chi_{1-\alpha/2}^2(n-1)\}. \tag{8.23}$$

这种检验法称为 **χ^2 检验法**.

下面,我们考虑 σ^2 的单侧检验.以左侧检验(μ 未知)为例,要检验假设

$$H_0:\sigma^2\geqslant\sigma_0^2;\quad H_1:\sigma^2<\sigma_0^2\quad(\sigma_0^2 \text{ 已知}). \tag{8.24}$$

这个检验可由 $H_0:\sigma^2=\sigma_0^2$, $H_1:\sigma^2<\sigma_0^2$ 代替.

事实上,由于统计量

$$\frac{(n-1)S^2}{\sigma^2}\sim\chi^2(n-1),$$

所以对于给定的 α,查表得 $\chi_\alpha^2(n-1)$,使得

$$P\left\{\frac{(n-1)S^2}{\sigma^2}<\chi_\alpha^2(n-1)\right\}=\alpha.$$

而当 H_0 成立时,有

$$\frac{(n-1)S^2}{\sigma_0^2}\geqslant\frac{(n-1)S^2}{\sigma^2}.$$

由于事件

$$\left\{\frac{(n-1)S^2}{\sigma_0^2}<\chi_\alpha^2(n-1)\right\}\subset\left\{\frac{(n-1)S^2}{\sigma^2}<\chi_\alpha^2(n-1)\right\},$$

所以

$$P\left\{\frac{(n-1)S^2}{\sigma_0^2}<\chi_\alpha^2(n-1)\right\}\leqslant P\left\{\frac{(n-1)S^2}{\sigma^2}<\chi_\alpha^2(n-1)\right\}=\alpha,$$

即

$$P\left\{\frac{(n-1)S^2}{\sigma_0^2}<\chi_\alpha^2(n-1)\right\}\leqslant\alpha. \tag{8.25}$$

故 μ 未知时,σ^2 的左侧检验拒绝域为

$$W=\left\{\frac{(n-1)S^2}{\sigma_0^2}<\chi_\alpha^2(n-1)\right\}. \tag{8.26}$$

其他情况类似讨论,具体结果如表 8.3 所示.

表 8.3 一个正态总体方差的假设检验表

H_0	H_1	μ 已知	μ 未知
		显著性水平 α 下关于 H_0 的拒绝域	
$\sigma^2=\sigma_0^2$	$\sigma^2\neq\sigma_0^2$	$\chi_0^2<\chi_{\alpha/2}^2(n)$ 或 $\chi_0^2>\chi_{1-\alpha/2}^2(n)$	$\chi^2<\chi_{\alpha/2}^2(n-1)$ 或 $\chi^2>\chi_{1-\alpha/2}^2(n-1)$
$\sigma^2=\sigma_0^2$	$\sigma^2>\sigma_0^2$	$\chi_0^2>\chi_{1-\alpha}^2(n)$	$\chi^2>\chi_{1-\alpha}^2(n-1)$
$\sigma^2=\sigma_0^2$	$\sigma^2<\sigma_0^2$	$\chi_0^2<\chi_\alpha^2(n)$	$\chi^2<\chi_\alpha^2(n-1)$

其中 $\chi_0^2=\frac{1}{\sigma_0^2}\sum_{i=1}^n(X_i-\mu)^2,\chi^2=\frac{(n-1)S^2}{\sigma_0^2}$.

例 8.2.4 已知维尼纶纤度在正常条件下服从方差 $\sigma_0^2=0.044^2$ 的正态分布,某日随机抽取 6 根纤维,测得其纤度为 1.35,1.50,1.56,1.48,1.44,1.53,问该日纤度的总体方差是否仍为 $0.044^2(\alpha=0.05)$?

解 设该日纤度 $X\sim N(\mu,\sigma^2)$,μ,σ^2 都未知.要检验假设

$$H_0:\sigma^2=\sigma_0^2=0.044^2;\qquad H_1:\sigma^2\neq\sigma_0^2.$$

当 H_0 成立时,统计量

$$\chi^2=\frac{(n-1)S^2}{\sigma_0^2}\sim\chi^2(n-1).$$

由 $\alpha=0.05$,查表得 $\chi_{\alpha/2}^2(n-1)=\chi_{0.025}^2(5)=0.831$,$\chi_{1-\alpha/2}^2(n-1)=\chi_{0.975}^2(5)=12.833$.故得 H_0 的拒绝域为

$$W=\{\chi^2<0.831\text{ 或 }\chi^2>12.833\}.$$

由样本观测数据计算得 $s^2=0.00555$,从而有

$$\chi^2=\frac{(6-1)\times0.00555}{0.044^2}=14.33>12.833,$$

因为 $\chi^2\in W$,所以拒绝 H_0,认为该日纤度的方差有显著变化.

8.3 两个正态总体参数的假设检验

在生产实际中常会遇到这样的问题:两个厂生产同一种产品,需要对这两

个厂的产品质量进行比较,这属于两个总体参数的假设检验问题.

设两个总体 $X\sim N(\mu_1,\sigma_1^2)$, $Y\sim N(\mu_2,\sigma_2^2)$,从这两个总体中分别抽取容量为 n_1 和 n_2 的两个独立样本 $X_1,X_2,\cdots,X_{n_1}$ 及 $Y_1,Y_2,\cdots,Y_{n_2}$. 样本均值与样本方差分别为

$$\bar{X}=\frac{1}{n_1}\sum_{i=1}^{n_1}X_i,\qquad S_1^2=\frac{1}{n_1-1}\sum_{i=1}^{n_1}(X_i-\bar{X})^2;$$

$$\bar{Y}=\frac{1}{n_2}\sum_{j=1}^{n_2}Y_j,\qquad S_2^2=\frac{1}{n_2-1}\sum_{j=1}^{n_2}(Y_j-\bar{Y})^2.$$

8.3.1 两个正态总体均值的假设检验

以双侧检验为例.

$$H_0:\mu_1=\mu_2;\qquad H_1:\mu_1\neq\mu_2.\ (\mu_1,\mu_2\text{ 都未知}). \tag{8.27}$$

(1) 若 σ_1^2,σ_2^2 已知,则由定理 6.4.7 知,当 H_0 成立时,统计量

$$U=\frac{\bar{X}-\bar{Y}}{\sqrt{\frac{\sigma_1^2}{n_1}+\frac{\sigma_2^2}{n_2}}}\sim N(0,1), \tag{8.28}$$

故 σ_1^2,σ_2^2 已知时,(8.27)的拒绝域为

$$W=\{|U|>u_{1-\alpha/2}\}. \tag{8.29}$$

(2) 若 σ_1^2,σ_2^2 未知,但 $\sigma_1^2=\sigma_2^2$,则由定理 6.4.8 知,当 H_0 成立时,统计量

$$T=\frac{\bar{X}-\bar{Y}}{S_W\sqrt{\frac{1}{n_1}+\frac{1}{n_2}}}\sim t(n_1+n_2-2), \tag{8.30}$$

其中

$$S_W=\sqrt{\frac{(n_1-1)S_1^2+(n_2-1)S_2^2}{n_1+n_2-2}}. \tag{8.31}$$

这里需要用到两个总体方差 σ_1^2 与 σ_2^2 相等的条件. 这个条件常常是从已有的经验中得到或者是事先进行了关于两个方差相等的检验,并且得到了肯定的结论. 因此,在实际应用中遇到这类问题时,一般要先进行方差相等的检验,只有在两个总体的方差被认为相等后,才能用(8.30)的 t 检验法进行两个正态总体均值相等的假设检验. 检验结果如表 8.4 所示.

表 8.4 两个正态总体均值的假设检验表

H_0	H_1	σ_1^2,σ_2^2 已知	σ_1^2,σ_2^2 未知，$\sigma_1^2=\sigma_2^2$
		在显著性水平 α 下关于 H_0 的拒绝域	
$\mu_1=\mu_2$	$\mu_1\neq\mu_2$	$\lvert U\rvert>u_{1-\alpha/2}$	$\lvert T\rvert>t_{1-\alpha/2}(n_1+n_2-2)$
$\mu_1=\mu_2$	$\mu_1>\mu_2$	$U>u_{1-\alpha}$	$T>t_{1-\alpha}(n_1+n_2-2)$
$\mu_1=\mu_2$	$\mu_1<\mu_2$	$U<-u_{1-\alpha}$	$T<-t_{1-\alpha}(n_1+n_2-2)$

其中

$$U=\frac{\overline{X}-\overline{Y}}{\sqrt{\dfrac{\sigma_1^2}{n_1}+\dfrac{\sigma_2^2}{n_2}}},\qquad T=\frac{\overline{X}-\overline{Y}}{S_W\sqrt{\dfrac{1}{n_1}+\dfrac{1}{n_2}}},$$

$$S_W=\sqrt{\frac{(n_1-1)S_1^2+(n_2-1)S_2^2}{n_1+n_2-2}}.$$

例 8.3.1 设有甲、乙两种安眠药，比较它们的治疗效果. 以 X 表示失眠病人服甲药后睡眠时间延长的时数；用 Y 表示服乙药后睡眠时间延长的时数. 现在独立观察 16 个病人，其中 8 人服甲药，另 8 人服乙药，延长时数记录如下：

X	0.1	0.1	3.5	4.3	1.8	2.7	5.4	0.8
Y	1.7	2.2	0.0	0.6	1.5	3.3	1.5	1.2

假设 X 与 Y 都服从方差相同的正态分布，试问：这两种药的疗效有无显著差异($\alpha=0.05$)?

解 设 $X\sim N(\mu_1,\sigma^2)$，$Y\sim N(\mu_2,\sigma^2)$，μ_1,μ_2,σ^2 都未知，由题意知，待检假设为：

$$H_0:\mu_1=\mu_2;\qquad H_1:\mu_1\neq\mu_2.$$

这是两个正态总体方差未知且相等时，对于两总体均值的比较的双侧检验. 当 H_0 成立时，统计量

$$T=\frac{\overline{X}-\overline{Y}}{S_W\sqrt{\dfrac{1}{n_1}+\dfrac{1}{n_2}}}\sim t(n_1+n_2-2),$$

已知 $n_1=n_2=8$，取定 $\alpha=0.05$，查表得

$$t_{1-\alpha/2}(n_1+n_2-2)=t_{0.975}(14)=2.1448.$$

由此可得 H_0 的拒绝域为

$$W=\{|T|>2.1448\}$$

由两组样本观测值计算得，$\bar{x}=2.3375$，$s_1^2=3.91125$；$\bar{y}=1.5$，$s_2^2=0.98857$. 由于 $n_1=n_2$，所以

$$s_W=\sqrt{\frac{(n_1-1)s_1^2+(n_2-1)s_2^2}{n_1+n_2-2}}$$

$$=\sqrt{\frac{s_1^2+s_2^2}{2}}=\sqrt{\frac{3.91125+0.98857}{2}}=1.565.$$

于是，统计量 T 的观察值为

$$t=\frac{2.3375-1.5}{1.565\times\sqrt{\frac{1}{8}+\frac{1}{8}}}=1.0703.$$

因为 $t\notin W$，所以不拒绝 H_0，认为甲、乙两种药的疗效无显著差异.

8.3.2 两个正态总体方差的假设检验

要检验假设：

$$H_0:\sigma_1^2=\sigma_2^2;\qquad H_1:\sigma_1^2\neq\sigma_2^2. \tag{8.32}$$

(1)当 μ_1 与 μ_2 未知时，由于样本方差是总体方差的无偏估计，所以当 H_0 成立时，S_1^2 与 S_2^2 的差异不会太大，即统计量 S_1^2/S_2^2 的观察值应接近于 1. 又

$$\chi_i^2=\frac{(n_i-1)S_i^2}{\sigma_i^2}\sim\chi^2(n_i-1)\qquad(i=1,2),$$

且 χ_1^2 与 χ_2^2 相互独立，再由 F 分布的定义得

$$\frac{S_1^2/\sigma_1^2}{S_2^2/\sigma_2^2}\sim F(n_1-1,n_2-1),$$

所以当 H_0 成立时，统计量

$$F=\frac{S_1^2}{S_2^2}\sim F(n_1-1,n_2-1). \tag{8.33}$$

对于给定的显著性水平 α，查表得临界值 $F_{1-\alpha/2}(n_1-1,n_2-1)$ 与 $F_{\alpha/2}(n_1-1,n_2-1)$，使得

$$P\{F > F_{1-\alpha/2}(n_1-1, n_2-1)\} = \frac{\alpha}{2},$$

$$P\{F < F_{\alpha/2}(n_1-1, n_2-1)\} = \frac{\alpha}{2}.$$

故当 μ_1 与 μ_2 未知时,(8.32)的拒绝域为

$$W = \{F > F_{1-\alpha/2}(n_1-1, n_2-1) \text{ 或 } F < F_{\alpha/2}(n_1-1, n_2-1)\}. \tag{8.34}$$

这种检验法称为 **F 检验法**. 由 F 分布的性质有

$$F_{\alpha/2}(n_1, n_2) = \frac{1}{F_{1-\alpha/2}(n_2, n_1)},$$

从而(8.34)可改写成

$$W = \left\{F > F_{1-\alpha/2}(n_1-1, n_2-1) \text{ 或 } F < \frac{1}{F_{1-\alpha/2}(n_2-1, n_1-1)}\right\}. \tag{8.35}$$

在实际应用时,为方便起见,常按下面方法来处理:统计量

$$F_* = \frac{\max(S_1^2, S_2^2)}{\min(S_1^2, S_2^2)} \sim F(n_{分子}-1, n_{分母}-1), \tag{8.36}$$

其中 $n_{分子}$ 与 $n_{分母}$ 分别表示 F_* 的分子和分母所对应的样本容量. 对于给定的 α,当 α 取值很小时,由 F 分布表知,$\frac{1}{F_{1-\alpha/2}(n_2, n_1)} \leqslant 1$,而由(8.36)知 F_* 的值不小于 1,所以 F_* 的值不可能小于 $1/F_{1-\alpha/2}$. 于是(8.35)可改写为

$$W = \{F_* > F_{1-\alpha/2}(n_{分子}-1, n_{分母}-1)\}. \tag{8.37}$$

因此,若 F_* 的值大于 $F_{1-\alpha/2}(n_{分子}-1, n_{分母}-1)$,则拒绝 H_0,否则,可接受 H_0.

(2)当 μ_1, μ_2 已知时,由定理 6.4.3 及 F 分布的定义知,当 H_0 成立时,统计量

$$F_0 = \frac{S_X^2}{S_Y^2} \sim F(n_1, n_2), \tag{8.38}$$

其中

$$S_X^2 = \frac{1}{n_1}\sum_{i=1}^{n_1}(X_i - \mu_1)^2, \quad S_Y^2 = \frac{1}{n_2}\sum_{j=1}^{n_2}(Y_j - \mu_2)^2. \tag{8.39}$$

同(1)类似讨论可得其拒绝域,结果见表 8.5 所示.

表 8.5　两个正态总体方差的假设检验表

H_0	H_1	μ_1,μ_2 已知	μ_1,μ_2 未知
		在显著性水平 α 下关于 H_0 的拒绝域	
$\sigma_1^2=\sigma_2^2$	$\sigma_1^2\neq\sigma_2^2$	$F_{0*}>F_{1-\alpha/2}(n_{分子},n_{分母})$	$F_*>F_{1-\alpha/2}(n_{分子}-1,n_{分母}-1)$
$\sigma_1^2=\sigma_2^2$	$\sigma_1^2>\sigma_2^2$	$F_0>F_{1-\alpha}(n_1,n_2)$	$F>F_{1-\alpha}(n_1-1,n_2-1)$
$\sigma_1^2=\sigma_2^2$	$\sigma_1^2<\sigma_2^2$	$F_0<F_\alpha(n_1,n_2)$	$F<F_\alpha(n_1-1,n_2-1)$

其中

$$F = \frac{S_1^2}{S_2^2}, \qquad F_* = \frac{\max(S_1^2, S_2^2)}{\min(S_1^2, S_2^2)},$$

S_1^2 和 S_2^2 分别为 X 与 Y 的样本方差.

$$F_0 = \frac{S_X^2}{S_Y^2}, \qquad F_{0*} = \frac{\max(S_X^2, S_Y^2)}{\min(S_X^2, S_Y^2)}$$

S_X^2 与 S_Y^2 定义见(8.39).

例 8.3.2(续例 8.1.2)　取 $\alpha=0.05$.

解　要检验假设

$$H_0:\sigma_1^2 = \sigma_2^2; \qquad H_1:\sigma_1^2 \neq \sigma_2^2.$$

由题设可得

$$n_1 = 5, \qquad \bar{x} = 55.56, \qquad s_1^2 = 0.368;$$

$$n_2 = 6, \qquad \bar{y} = 53.43, \qquad s_2^2 = 4.33.$$

因为

$$F_* = \frac{\max(S_1^2, S_2^2)}{\min(S_1^2, S_2^2)} = \frac{S_2^2}{S_1^2} \sim F(n_2-1, n_1-1),$$

所以统计量 F_* 的观测值为

$$F_* = \frac{4.33}{0.368} = 11.766.$$

对于 $\alpha=0.05$,查表得 $F_{1-\alpha/2}(n_2-1, n_1-1)=F_{0.975}(5,4)=9.36$,由此得 H_0

的拒绝域为

$$W = \{F_* > 9.36\}.$$

由 $F_* \in W$,故应拒绝 H_0,认为两厂的铸件重量的方差不相等.

8.4 0—1分布参数的假设检验

前面,我们介绍了正态总体参数的假设检验.在应用中,我们有时还需要知道总体中具有某种特征的项目所占的比例有多大.比如,某市老龄人口研究会想知道该市老龄人口所占的比重/质检员想估计产品的不合格率,等等.即是说,我们有时需要对0—1分布总体的参数 p 进行假设检验.

设总体 $X \sim B(1,p)$,其分布律为

$$P(X=k) = p^k(1-p)^{1-k}, \qquad k=0,1(0<p<1,\text{且 } p \text{ 未知}). \tag{8.40}$$

我们先提出一个待检假设:

$$H_0: p = p_0; \qquad H_1: p \neq p_0 \quad (p_0 \text{ 已知}). \tag{8.41}$$

因为由(8.40)可得

$$E(X) = p, \quad D(X) = p(1-p),$$

所以若 H_0 成立,则由中心极限定理可知,当样本容量 n 充分大时,统计量

$$U = \frac{\overline{X} - p_0}{\sqrt{p_0(1-p_0)/n}} \tag{8.42}$$

近似地服从标准正态分布 $N(0,1)$.从而可用前面所介绍的 U 检验法进行近似检验.故对于给定显著性水平 α,(8.41)的近似拒绝域为

$$W = \{|U| > u_{1-\alpha/2}\}. \tag{8.43}$$

类似地还可得出单侧检验

$$H_0: p = p_0; \quad H_1: p > p_0 \tag{8.44}$$

及

$$H_0: p = p_0; \quad H_1: p < p_0 \tag{8.45}$$

的近似拒绝域分别为

$$W=\{U>u_{1-\alpha}\} \tag{8.46}$$

与

$$W=\{U<-u_{1-\alpha}\}. \tag{8.47}$$

例 8.4.1　按规定，某种型号的电子元件的使用寿命低于 500h 为不合格品. 从某厂生产的产品中任意抽取 300 件样品进行检测，发现有 14 件的使用寿命低于 500h. 问是否可以认为该厂产品的不合格率不超过 4%（$\alpha=0.05$）?

解　设该厂产品的不合格率为 p，其待检假设是

$$H_0: p=p_0=4\%;\qquad H_1: p>p_0.$$

引入随机变量

$$X=\begin{cases}1, & \text{抽得的产品为不合格品},\\ 0, & \text{抽得的产品为合格品},\end{cases}$$

则 $X\sim B(1,p)$，有 $E(X)=p$，$D(X)=p(1-p)$. 我们选取统计量

$$U=\frac{\bar{X}-p_0}{\sqrt{p_0(1-p_0)/n}},$$

若 H_0 为真，则 U 近似地服从标准正态分布 $N(0,1)$，对于取定 $\alpha=0.05$，有 $P\{U>u_{1-\alpha}\}=P\{U>u_{0.95}\}\approx 0.05$，故得 H_0 的近似拒绝域为 $W=\{U>u_{0.95}\}=\{U>1.645\}$.

代入具体数值，由于 $\bar{x}=\frac{14}{300}=0.0467$，从而

$$u=\frac{0.0467-0.04}{\sqrt{0.04\times 0.96/300}}=0.592<1.645,$$

即 $u\notin W$，所以在 $\alpha=0.05$ 下不拒绝 H_0，认为该厂产品的不合格率不超过 4%.

8.5　总体分布的 χ^2 检验法

前面我们讨论了当总体分布形式已知时，对总体分布中未知参数的假设检验. 而当总体分布是未知时，则需要根据样本观察值对总体的分布进行推断，这就是总体分布的拟合检验. 拟合检验法不止一种，但本书只介绍其中最常用的皮尔逊(Pearson)的 χ^2 检验法.

设总体 X 的分布函数 $F(x)$ 未知，$X_1, X_2, \cdots, X_n$ 为总体 X 的一个样本，

检验假设：

$$H_0: F(x) = F_0(x); \quad H_1: F(x) \neq F_0(x) \tag{8.48}$$

这里 $F_0(x)$已知，其参数可未知，备择假设 H_1 可省略.

若总体为离散型，则需检验假设：

$$H_0: \text{总体 } X \text{ 的分布律为 } P\{X = x_i\} = p_i, i = 1,2,\cdots (p_i \text{ 已知}). \tag{8.49}$$

若总体为连续型，则待检假设是

$$H_0: X \text{ 的概率密度为 } f(x) \quad (f(x) \text{ 已知}). \tag{8.50}$$

至于概率密度 $f(x)$（或分布律）的具体形式，可由以往经验或根据样本的观测值利用直方图来推测. 关于分布中的未知参数，可先利用极大似然法求出其估计值.

χ^2 检验法的基本思想是：将随机试验的可能结果的全体分为 k 个互不相容的事件 $A_1, A_2, \cdots, A_k$，在 H_0 成立的条件下计算 $P(A_i) = p_i$，$i=1,2,\cdots,k$. 在 n 次试验中，事件 A_i 出现的频率$\frac{n_i}{n}(\sum_{i=1}^{k} n_i = n)$与 p_i 常有差异，但由大数定律可知，如果试验次数很多，在 H_0 成立的条件下，$\left|\frac{n_i}{n} - p_i\right|$的值应该比较小. 基于此，皮尔逊选用统计量

$$\chi^2 = \sum_{i=1}^{k} \frac{(n_i - np_i)^2}{np_i}, \tag{8.51}$$

并证明了如下定理.

定理 8.5.1　若 n 充分大（$n \geqslant 50$），则当 H_0 成立时，不论总体 X 服从何种分布，统计量(8.51)近似地服从自由度为 $k-r-1$ 的 χ^2 分布. 其中 r 是分布中未知参数的个数.

于是在 H_0 成立时，可计算(8.51)中 χ^2 的值，对于给定的显著性水平 α，查表得 $\chi^2_{1-\alpha}(k-r-1)$. 若 $\chi^2 > \chi^2_{1-\alpha}(k-r-1)$，则拒绝 H_0，否则，接受 H_0.

χ^2 检验法的步骤是：

(1)提出原假设 $H_0: F(x) = F_0(x)$（或 H_0: X 服从某种分布）；

(2)将实数轴分为 k 个不相交的区间$(a_0, a_1], (a_1, a_2], \cdots, (a_{k-1}, a_k)$，其中 a_0 可取至$-\infty$，a_k 可取至$+\infty$，一般有 $5 \leqslant k \leqslant 16$；

(3)计算观测值频数 n_i，即 n 个样本观测值 $x_1, x_2, \cdots, x_n$ 中落入第 i 个区间$(a_{i-1}, a_i]$中的个数$(i=1,2,\cdots,k)$；

(4)在 H_0 成立的条件下,计算 X 落入各区间的概率 $p_i=P(a_{i-1}<X\leqslant a_i)=F_0(a_i)-F_0(a_{i-1})$,进而得到理论频数 $np_i(i=1,2,\cdots,k)$;

(5)将 n_i, np_i 代入(8.51)求出 χ^2 的值;

(6)查 χ^2 分布表得 $\chi^2_{1-\alpha}(k-r-1)$;

(7)下结论:若 $\chi^2>\chi^2_{1-\alpha}(k-r-1)$,则拒绝 H_0,否则,可接受 H_0.

应注意的是,利用 χ^2 检验法时一般要求 $np_i\geqslant 5(i=1,2,\cdots,k)$,否则应适当地将相邻的区间合并,以满足此要求.当然,此时区间个数 k 亦相应减少.

例 8.5.1　例 8.1.3 之解,取 $\alpha=0.05$.

解　用随机变量 X 表示铸件的砂眼数.提出原假设

$$H_0: X \sim P(\lambda) \qquad (\lambda\text{ 未知}),$$

由于此泊松分布中参数 λ 未知,所以先用极大似然法求 λ 的估计值得

$$\hat{\lambda}=\bar{x}=\frac{1}{100}(0\times 14+1\times 27+\cdots+6\times 3)=2.$$

现在利用 χ^2 检验法检验假设

$$H_0: X \sim P(2).$$

算出理论概率 $p_i=P(X=i)=\dfrac{2^i e^{-2}}{i!}$, $i=0,1,2,\cdots$,从而得到理论频数 np_i,如表 8.6 所示.

表 8.6

i	n_i	p_i	np_i	$(n_i-np_i)^2/np_i$
0	14	0.1353	13.53	0.0163
1	27	0.2707	27.07	0.0002
2	26	0.2707	27.07	0.0423
3	20	0.1804	18.04	0.2129
4	7	0.0902	9.02 } 13.83	0.0498
5	3	0.0361	3.61 }	
6	3	0.0120	1.20 }	
合计	100			0.3215

由上表得,$\chi^2=0.3215$.合并后区间个数 $k=5$,由于分布中只有一个未知参数 λ 需要估计,所以 $r=1$,对给定 $\alpha=0.05$,查表得

$$\chi^2_{1-\alpha}(k-r-1)=\chi^2_{0.95}(3)=7.815>0.3215,$$

由 $\chi^2<\chi^2_{0.95}(3)$，故接受 H_0，认为铸件上的砂眼数服从参数为 2 的泊松分布.

例 8.5.2　检验例 6.2.1 中刀具寿命是否服从正态分布（$\alpha=0.05$）？

解　以随机变量 X 表示刀具寿命，需要检验原假设

$$H_0: X \sim N(\mu,\sigma^2) \qquad (\mu,\sigma^2 \text{ 未知}).$$

既然两参数 μ 与 σ^2 都是未知的，那么先用极大似然法求其估计值

$$\hat{\mu}=\bar{x}, \qquad \hat{\sigma}^2=\frac{1}{n}\sum_{i=1}^{n}(x_i-\bar{x})^2.$$

将例 6.2.1 中的样本观测值代入得

$$\hat{\mu}=\bar{x}=350.38, \qquad \hat{\sigma}=5.2,$$

故现在需要检验假设

$$H_0: X \sim N(350.38, 5.2^2).$$

将实数轴分为 10 个区间，第一个区间是 $(-\infty, 339.5]$，最后一个区间为 $(363.5,+\infty)$，其他各区间保持不变. 下面计算 X 落入各区间的概率.

$$\begin{aligned} p_i &= P(a_{i-1}<X\leqslant a_i) \\ &= \Phi\left(\frac{a_i-350.38}{5.2}\right)-\Phi\left(\frac{a_{i-1}-350.38}{5.2}\right), \quad i=1,2,\cdots,10. \end{aligned}$$

$$\begin{aligned} p_1 &= P(X\leqslant 339.5)=\Phi\left(\frac{339.5-350.38}{5.2}\right) \\ &= \Phi(-2.09)=0.0183. \end{aligned}$$

$$\begin{aligned} p_2 &= P(339.5<X\leqslant 342.5) \\ &= \Phi\left(\frac{342.5-350.38}{5.2}\right)-\Phi\left(\frac{339.5-350.38}{5.2}\right) \\ &= \Phi(-1.52)-\Phi(-2.09)=0.046. \end{aligned}$$

类似地计算可得 $p_3, p_4, \cdots, p_{10}$ 的值，结果见表 8.7. 合并后区间个数 $k=7$，这里有两个待估参数，故 $r=2$. 对于 $\alpha=0.05$，查表得

$$\chi^2_{1-\alpha}(k-r-1)=\chi^2_{0.95}(4)=9.488.$$

因为 $\chi^2=0.211\ll x^2_{0.95}(4)$，所以接受 H_0，认为刀具寿命服从正态分布 $N(350.38, 5.2^2)$.

表 8.7

组号	区　间	n_i	p_i	np_i	$(n_i-np_i)^2/np_i$
1	$(-\infty,339.5]$	1	0.0183	1.83	
2	$(339.5,342.5]$	5	0.046	4.6 (合 6.43)	0.0288
3	$(342.5,345.5]$	11	0.1093	10.93	0.0004
4	$(345.5,348.5]$	18	0.1858	18.58	0.0181
5	$(348.5,351.5]$	24	0.2277	22.77	0.0664
6	$(351.5,354.5]$	20	0.1981	19.81	0.0018
7	$(354.5,357.5]$	12	0.1295	12.95	0.0697
8	$(357.5,360.5]$	6	0.0597	5.97	
9	$(360.5,363.5]$	2	0.0197	1.97 (合 8.53)	0.0259
10	$(363.5,+\infty)$	1	0.0059	0.59	
合计		100			0.2111

8.6　综合例题

例 8.6.1　设总体 $X\sim N(\mu,\sigma^2)$，σ^2 已知，均值 μ 只可能取 μ_0 或 μ_1 $(>\mu_0)$二值之一，$\bar{X}$ 是总体的容量为 n 的样本的样本均值. 在给定显著性水平 α 下，检验假设

$$H_0:\mu=\mu_0;\qquad H_1:\mu=\mu_1>\mu_0$$

时，犯第二类错误的概率 $\beta=P\{\bar{X}-\mu_0<k\mid\mu=\mu_1\}$.

(1)试验证：$\beta=\Phi\left(u_{1-\alpha}-\dfrac{\mu_1-\mu_0}{\sigma/\sqrt{n}}\right)$，并由此导出关系式：

$$u_{1-\alpha}+u_{1-\beta}=\frac{\mu_1-\mu_0}{\sigma/\sqrt{n}},$$

及

$$n=(u_{1-\alpha}+u_{1-\beta})^2\cdot\frac{\sigma^2}{(\mu_1-\mu_0)^2}.$$

(2)若样本容量 n 固定，α 与 β 能否同时减小？

(3)当 $\sigma=0.12$，$\mu_1-\mu_0=0.02$，$\alpha=0.05$，$\beta=0.025$ 时，样本容量 n 至少取多少？

解 (1)由题意知,待检假设为

$$H_0: \mu = \mu_0; \qquad H_1: \mu = \mu_1 > \mu_0.$$

由于 $X \sim N(\mu, \sigma^2)$,所以在 H_1 成立的条件下有

$$\frac{\overline{X} - \mu_1}{\sigma / \sqrt{n}} \sim N(0,1).$$

犯第二类错误的概率为

$$\begin{aligned}
\beta &= P\{\overline{X} - \mu_0 < k \mid \mu = \mu_1\} \\
&= P\left\{\frac{\overline{X} - \mu_1}{\sigma/\sqrt{n}} < \frac{k - \mu_1 + \mu_0}{\sigma/\sqrt{n}} \mid \mu = \mu_1\right\} \\
&= \Phi\left(\frac{k - \mu_1 + \mu_0}{\sigma/\sqrt{n}}\right) \\
&= \Phi\left(\frac{k}{\sigma/\sqrt{n}} - \frac{\mu_1 - \mu_0}{\sigma/\sqrt{n}}\right) \\
&= \Phi\left(u_{1-\alpha} - \frac{\mu_1 - \mu_0}{\sigma/\sqrt{n}}\right).
\end{aligned}$$

这是因为在 H_0 为真时,$\frac{\overline{X} - \mu_0}{\sigma/\sqrt{n}} \sim N(0,1)$,由

$$\begin{aligned}
\alpha &= P\{\overline{X} - \mu_0 > k \mid \mu = \mu_0\} \\
&= P\left\{\frac{\overline{X} - \mu_0}{\sigma/\sqrt{n}} > \frac{k}{\sigma/\sqrt{n}} \mid \mu = \mu_0\right\}, \\
&= 1 - \Phi\left(\frac{k}{\sigma/\sqrt{n}}\right),
\end{aligned}$$

得 $\Phi\left(\frac{k}{\sigma/\sqrt{n}}\right) = 1 - \alpha$,所以$\frac{k}{\sigma/\sqrt{n}} = u_{1-\alpha}$.

由 $\beta = \Phi(-u_{1-\beta})$,以及 $\Phi(x)$的单调性得

$$u_{1-\alpha} - \frac{\mu_1 - \mu_0}{\sigma/\sqrt{n}} = -u_{1-\beta},$$

于是有

$$u_{1-\alpha} + u_{1-\beta} = \frac{\mu_1 - \mu_0}{\sigma/\sqrt{n}}, \qquad (※)$$

从而

$$n=(u_{1-\alpha}+u_{1-\beta})^2\cdot\frac{\sigma^2}{(\mu_1-\mu_0)^2}. \qquad (※※)$$

(2)由 $\Phi(u_{1-\alpha})=1-\alpha$ 及 $\Phi(x)$ 的单调递增性知，$u_{1-\alpha}$是 α 的单调递减函数，从而由(※)式知，当 α 减小时，$u_{1-\beta}$减小，因而 β 随之增大. 简而言之，当 α 减小时，β 随之增大，反之亦然. 又从(※※)式知，若要同时减少 α 和 β，则只有增加样本容量.

(3)当 $\alpha=0.05,\beta=0.025$ 时，查表得

$$u_{1-\alpha}=u_{0.95}=1.645, \qquad u_{1-\beta}=u_{0.975}=1.96,$$

又已知 $\sigma=0.12,\mu_1-\mu_0=0.02$，故(※※)式的右端为

$$(1.645+1.96)^2\times\frac{0.12^2}{0.02^2}=467.8569.$$

因此样本容量 n 至少取 468.

例 8.6.2 从甲、乙两矿各抽样数次，测得其含灰率如下：

甲矿　24.3　20.8　23.7　21.3　17.4

乙矿　18.2　16.9　20.2　16.7

假设各煤矿含灰率都服从正态分布，问甲、乙两矿煤的含灰率有无显著差异($\alpha=0.05$)?

解 用随机变量 X 与 Y 分别表示甲矿和乙矿的含灰率，设 $X\sim N(\mu_1,\sigma_1^2)$，$Y\sim N(\mu_2,\sigma_2^2)$，参数 $\mu_1,\sigma_1^2,\mu_2,\sigma_2^2$ 未知. 这是方差未知的两个正态总体均值是否相等的假设检验问题，为此，先建立待检假设

$$H_0:\sigma_1^2=\sigma_2^2;\quad H_1:\sigma_1^2\neq\sigma_2^2.$$

已知 $n_1=5,n_2=4$，由样本数据计算得

$$\bar{x}=21.5,\qquad s_1^2=7.505;$$

$$\bar{y}=18,\qquad s_2^2=2.593.$$

在 H_0 成立的条件下，统计量

$$F_*=\frac{\max(S_1^2,S_2^2)}{\min(S_1^2,S_2^2)}=\frac{S_1^2}{S_2^2}\sim F(n_1-1,n_2-1),$$

于是 F_* 的观测值为

$$F_* = \frac{7.505}{2.593} = 2.894.$$

当 $\alpha=0.05$，查表得

$$F_{1-\alpha/2}(n_1-1, n_2-1) = F_{0.975}(4,3) = 15.10,$$

由此得 H_0 的拒绝域为

$$W = \{F_* > 15.10\}.$$

由于 $F_* \notin W$，故接受 H_0，认为甲、乙两矿煤的含灰率的方差相等.

由题意知，还需检验如下假设

$$H_0^1: \mu_1 = \mu_2; \qquad H_1^1: \mu_1 \neq \mu_2.$$

这是两个正态总体方差未知而相等时，对总体均值的假设检验. 在 H_0^1 成立时，统计量

$$T = \frac{\bar{X}-\bar{Y}}{S_W\sqrt{\dfrac{1}{n_1}+\dfrac{1}{n_2}}} \sim t(n_1+n_2-2).$$

其中 $S_W=\sqrt{\dfrac{(n_1-1)S_1^2+(n_2-1)S_2^2}{n_1+n_2-2}}$. 将 $n_1=5$，$n_2=4$，$\bar{x}=21.5$，$\bar{y}=18$，$s_1^2=7.505$，$s_2^2=2.593$ 代入 T 统计量得其观测值为

$$t = \frac{21.5-18}{\sqrt{\dfrac{4\times 7.505+3\times 2.593}{5+4-2}}\times\sqrt{\dfrac{1}{5}+\dfrac{1}{4}}} = 2.245.$$

当 $\alpha=0.05$ 时，查表得

$$t_{1-\alpha/2}(n_1+n_2-2) = t_{0.975}(7) = 2.3646.$$

故知 H_0^1 的拒绝域为 $W=\{|t|>2.3646\}$. 因为 $t\notin W$，所以接受 H_0^1，认为两矿煤的含灰率无显著差异. 但由于 2.245 与临界值 2.365 比较接近，为稳妥起见，最好再抽一次样进行检验.

习 题 8

1. 已知某种零件的尺寸服从正态分布 $N(23.02, 1.5^2)$，现从一批零件中随机抽取了七件进行测量，测得尺寸数据(mm)如下：

21.00　22.04　22.32　24.01　24.68　25.02　21.63

能否认为这批零件的平均尺寸仍为23.02mm($\alpha=0.05$)?

2.糖厂用打包机装糖入包,当打包机正常工作时,打包机装糖的包重服从正态分布$N(100,2^2)$.每天开工后,需要检验打包机是否正常工作,即要检验所装糖包的总体均值是否合乎标准(100kg).某天开工后,测得9包糖重(单位:kg)如下:

99.3　98.7　100.5　101.2　98.3　99.7　99.5　102.1　100.5.

(1) 若已知总体方差保持不变,该天打包机是否正常工作($\alpha=0.05$)?

(2) 若不能确定总体方差是否变化,问该天打包机是否正常工作($\alpha=0.05$)?

3.某种导线的电阻服从正态分布,要求电阻的标准差不得超过0.004Ω.今从某厂生产的一批导线中任意抽取10根,测其电阻得$s=0.006\Omega$.能否认为这批导线电阻的标准差显著偏大($\alpha=0.05$)?

4.从一批保险丝中抽取8根,测试其熔化时间(单位:毫秒)得到数据如下:

50　48　50　53　51　55　52　51.

设熔化时间服从正态分布.问是否可以认为这批保险丝的熔化时间的方差小于35($\alpha=0.05$)?

5.某厂生产的某种型号的电池,其使用寿命长期以来服从方差$\sigma^2=5000h^2$的正态分布,现从一批这种型号的电池中随机取26只,测得其寿命的样本方差为$9200h^2$.问这批电池的寿命的方差较以往有无显著变化($\alpha=0.02$)?

6.设A、B两厂生产同种材料,已知其抗压强度均服从正态分布,且$\sigma_A^2=63^2$,$\sigma_B^2=56^2$.从A厂生产的材料中随机抽取81个样品,测得$\bar{x}_A=1070\text{kg/cm}^2$,从B厂生产的材料中抽取64个样品,测得$\bar{x}_B=1020\text{kg/cm}^2$.根据这些数据,能否认为A,B两厂生产的材料的平均抗压强度相同($\alpha=0.01$)?

7.某香烟厂生产甲、乙两种香烟,独立地随机抽取容量大小相同的烟叶标本,测其尼古丁含量(单位:mg),数据记录如下:

甲	24	25	23	30	28
乙	30	24	27	31	27

设这两种香烟的尼古丁含量都服从正态分布,并具有公共方差.试问:这两种香烟的尼古丁含量有无显著差异($\alpha=0.05$)?

8.甲、乙两台车床生产同一型号的滚珠.今从甲、乙两车床生产的滚珠中分别抽取8个及9个,测得直径(单位:mm)如下:

甲	15.0	14.5	15.2	15.5	14.8	15.1	15.2	14.8	
乙	15.2	15.0	14.8	15.2	15.0	15.0	14.8	15.1	14.8

设滚珠直径服从正态分布,试问:

(1)甲、乙两车床生产的滚珠直径的方差是否相等($\alpha=0.05$)?

(2)甲、乙两车床生产的滚珠直径的均值有无显著差异($\alpha=0.05$)?

9.某化工原料在处理前后取样分析,测得其含脂率(%)如下:

处理前	19	18	21	30	66	42	8	12	30	27
处理后	19	24	4	8	20	12	31	29	13	7

假设处理前后的含脂率都服从正态分布,且其方差σ^2不变.问处理前后含脂率的均值有

无显著变化($\alpha=0.05$)?

10. 一项调查结果声称某市老年人口的比重为 15.2%. 该市老龄人口研究会为了检验该项调查结果是否可靠,随机抽选了 400 名居民,发现其中有 62 位老年人. 调查结果是否支持该市老年人口比重为 15.2%的看法($\alpha=0.05$)?

11. 某电话站在一小时内接到电话用户的呼叫次数按每分钟记录得如下数据:

呼叫次数	0	1	2	3	4	5	6	≥7
频数	8	16	17	10	6	2	1	0

试问:每分钟内呼叫次数是否服从泊松分布($\alpha=0.05$)?

12. 测量 100 根人造纤维长度(单位:mm),所得数据如下所示:

长度	5.5～6.0	6.0～6.5	6.5～7.0	7.0～7.5	7.5～8.0	8.0～8.5	8.5～9.0	9.0～9.5	9.5～10.0	10.0～10.5	10.5～11.0
频数	2	7	6	17	17	14	16	10	7	3	1

问能认为人造纤维的长度服从正态分布吗($\alpha=0.05$)?

13. 从一个工厂生产的某种灯泡中随机抽取 120 只,测其光通量(单位:流明),统计数据如下:

光通量区间	频数 n_i	光通量区间	频数 n_i
189.5～192.5	1	207.5～210.5	23
192.5～195.5	2	210.5～213.5	22
195.5～198.5	3	213.5～216.5	14
198.5～201.5	7	216.5～219.5	8
201.5～204.5	14	219.5～222.5	6
204.5～207.5	20		

试检验这种灯泡的光通量是否服从正态分布($\alpha=0.05$)?

第 9 章　方差分析与回归分析

方差分析与回归分析是数理统计的重要方法之一，本章只对它们最基本部分做一介绍.

9.1　单因素试验的方差分析

9.1.1　问题的提出

在科学试验和生产过程中，影响一事物的因素常常很多. 比如，小麦的亩产量受到品种、肥料、土壤、水分等因素的影响，有的影响大些，有的影响小些，那么究竟哪些因素对小麦的亩产量影响显著，而哪些因素则不那么显著呢？方差分析就是鉴别各因素效应显著性的一种有效的统计方法. 它是由英国的统计学家费歇尔(R. A. Fisher)最早提出来的，可以用较少的试验有效地获得大量的信息. 这种方法最早应用于生物和农业试验方面，以后在很多方面都得到了应用. 下面介绍几个基本概念.

我们把要考察的对象的某种特征称为**指标**. 试验条件分为可控制的与不可控制的两类，称可控制的试验条件为**因素**；因素所处的状态称为该因素的**水平**. 如果在一项试验中只有一个因素在变化，称它为**单因素试验**. 若试验中变化因素多于一个，称它为**双因素**以及**多因素试验**.

例 9.1.1　有 A_1, A_2, A_3 三个厂生产同种型号的电池，为评定质量，今从各厂的产品中分别抽取 5 只电池，测得其寿命(单位：h)如表 9.1 所示. 试问各厂生产的电池的平均寿命是否有显著差异？

表 9.1

电池寿命 试验号 / 工厂	1	2	3	4	5
A_1	51	45	56	48	48
A_2	57	41	48	49	41
A_3	64	72	65	57	54

在这里，电池的寿命为指标，工厂为因素，A_1，A_2，A_3 三个厂为该因素的三个水平，这是单因素三水平试验.

表 9.1 里的数据可视为来自三个不同总体的样本观测值，将各总体的均

值依次记为 μ_1, μ_2, μ_3,由题意知,要检验假设

$$H_0: \mu_1=\mu_2=\mu_3; \quad H_1: \mu_1, \mu_2, \mu_3 \text{ 不全相等}.$$

上一章所讲的对两个总体均值的比较,实际上就是单因素两水平试验;这里单因素多水平试验就是对多个总体均值的比较,对此,方差分析是一种有效的方法.

设因素 A 有 r 个水平 $A_1, A_2, \cdots, A_r$,在水平 $A_i (i=1, 2, \cdots, r)$下进行 $n_i (n_i \geqslant 2)$次独立试验,试验记录表如表 9.2.

表 9.2

样本 试验号 水平	1	…	j	…	n_i
A_1	X_{11}	…	X_{1j}	…	X_{1n_1}
⋮	⋮		⋮		⋮
A_i	X_{i1}	…	X_{ij}	…	X_{in_i}
⋮	⋮		⋮		⋮
A_r	X_{r1}	…	X_{rj}	…	X_{rn_r}

其中 X_{ij}表示第 i 水平 A_i 进行第 j 次试验的可能结果.

假设各水平 $A_i (i=1, 2, \cdots, r)$下的样本 $X_{i1}, X_{i2}, \cdots, X_{in_i}$ 取自具有相同方差 σ^2,均值分别为 $\mu_i (i=1, 2, \cdots, r)$的正态总体 $N(\mu_i, \sigma^2)$, μ_i, σ^2 未知;并且设不同水平下的样本相互独立. 由 $X_{ij} \sim N(\mu_i, \sigma^2)$得, $X_{ij}-\mu_i \sim N(0, \sigma^2)$,记 $\varepsilon_{ij}=X_{ij}-\mu_i$,可引入如下线性模型:

$$\begin{cases} X_{ij}=\mu_i+\varepsilon_{ij}, & i=1, 2, \cdots, r;\ j=1, 2, \cdots, n_i, \\ \varepsilon_{ij} \sim N(0, \sigma^2), & \mu_i, \sigma^2 \text{ 未知,且各 } \varepsilon_{ij} \text{ 相互独立}. \end{cases} \tag{9.1}$$

对于模型(9.1)待检假设为:

$$H_0: \mu_1=\mu_2=\cdots=\mu_r; \quad H_1: \mu_1, \mu_2, \cdots, \mu_r \text{ 不全相等}. \tag{9.2}$$

记

$$\begin{cases} n=\sum_{i=1}^{r} n_i, & \mu=\dfrac{1}{n}\sum_{i=1}^{r} n_i\mu_i, \\ \alpha_i=\mu_i-\mu, & i=1, 2, \cdots, r. \end{cases} \tag{9.3}$$

称 μ 为**总均值**,称 α_i 为**水平 A_i 的效应**. 易证

$$\sum_{i=1}^{r} n_i\alpha_i=0.$$

于是,模型(9.1)可改写为

$$\begin{cases} X_{ij} = \mu + \alpha_i + \varepsilon_{ij}, \quad i = 1, 2, \cdots, r;\ j = 1, 2, \cdots, n_i. \\ \sum_{i=1}^{r} n_i \alpha_i = 0, \\ \varepsilon_{ij} \sim N(0, \sigma^2), \text{且各 } \varepsilon_{ij} \text{ 相互独立}. \end{cases} \tag{9.4}$$

相应地,假设(9.2)等价于

$$H_0: \alpha_1 = \alpha_2 = \cdots = \alpha_r = 0; \quad H_1: \alpha_1, \alpha_2, \cdots, \alpha_r \text{ 不全为零}. \tag{9.5}$$

9.1.2　基本原理

如果 H_0 成立,那么 r 个总体间无显著差异,即是说因素 A 对试验结果的影响不显著,所有 X_{ij} 可视为来自同一个总体 $N(\mu, \sigma^2)$,各 X_{ij} 间的差异只是由随机因素引起的.若 H_0 不成立,则在所有 X_{ij} 的总变差中,除随机波动引起的变差外,还应包括由于因素 A 的不同水平作用产生的差异.如果不同水平作用产生的差异比随机因素引起的差异大得多,就认为因素 A 对试验结果有显著影响,否则,就认为因素 A 对试验的影响不显著.为此,可在总变差中先将这两种差异分开,然后进行比较.记

$$\begin{cases} \overline{X}_i = \frac{1}{n_i} \sum_{j=1}^{n_i} X_{ij}, \quad i = 1, 2, \cdots, r. \\ \overline{X} = \frac{1}{n} \sum_{i=1}^{r} \sum_{j=1}^{n_i} X_{ij}. \end{cases} \tag{9.6}$$

称 $\overline{X}_i$ 为第 i 组的样本均值,$\overline{X}$ 为样本总均值.再记

$$S_T = \sum_{i=1}^{r} \sum_{j=1}^{n_i} (X_{ij} - \overline{X})^2, \tag{9.7}$$

称为**总离差平方和**.

我们将 S_T 分解如下:

$$\begin{aligned} S_T &= \sum_{i=1}^{r} \sum_{j=1}^{n_i} [(X_{ij} - \overline{X}_i) + (\overline{X}_i - \overline{X})]^2 \\ &= \sum_{i=1}^{r} \sum_{j=1}^{n_i} (X_{ij} - \overline{X}_i)^2 + \sum_{i=1}^{r} \sum_{j=1}^{n_i} (\overline{X}_i - \overline{X})^2 + 2 \sum_{i=1}^{r} \sum_{j=1}^{n_i} (X_{ij} - \overline{X}_i)(\overline{X}_i - \overline{X}). \end{aligned}$$

由于上面的交叉项(第三项)

$$2 \sum_{i=1}^{r} \sum_{j=1}^{n_i} (X_{ij} - \overline{X}_i)(\overline{X}_i - \overline{X})$$

$$= 2\sum_{i=1}^{r}(\overline{X}_i - \overline{X})\left[\sum_{j=1}^{n_i}(X_{ij} - \overline{X}_i)\right]$$

$$= 2\sum_{i=1}^{r}(\overline{X}_i - \overline{X})\cdot(n_i\overline{X}_i - n_i\overline{X}_i) = 0,$$

记

$$\begin{cases} S_A = \sum_{i=1}^{r}\sum_{j=1}^{n_i}(\overline{X}_i - \overline{X})^2 = \sum_{i=1}^{r} n_i(\overline{X}_i - \overline{X})^2, \\ S_E = \sum_{i=1}^{r}\sum_{j=1}^{n_i}(X_{ij} - \overline{X}_i)^2, \end{cases} \tag{9.8}$$

则有

$$S_T = S_A + S_E, \tag{9.9}$$

其中 S_A 的各项 $n_i(\overline{X}_i - \overline{X})^2$ 表示各组的样本均值 $\overline{X}_i$ 与样本总均值 $\overline{X}$ 的差异，故称 S_A 为**组间平方和**；它反映了从各不同水平的总体中取出的各样本之间的差异. S_E 表示从每一个总体中所取的样本内部的离差平方和，故称 S_E 为**组内平方和**(或**误差平方和**)；它反映了试验过程中由随机因素所引起的随机误差.

因为在 H_0 成立的条件下，所有 X_{ij} 都服从同一正态分布 $N(\mu,\sigma^2)$，且它们相互独立，所以由定理 6.4.4 知

$$\frac{S_T}{\sigma^2} \sim \chi^2(n-1). \tag{9.10}$$

就各组样本而言，$\sum_{j=1}^{n_i}(X_{ij} - \overline{X}_i)^2$ 是总体 $N(\mu_i, \sigma^2)$的样本方差的$(n_i$ 1)倍，于是有

$$\frac{\sum_{j=1}^{n_i}(X_{ij} - \overline{X}_i)^2}{\sigma^2} \sim \chi^2(n_i - 1), \quad i = 1, 2, \cdots, r.$$

由各 X_{ij} 相互独立及 χ^2 分布的可加性得

$$\frac{S_E}{\sigma^2} = \sum_{i=1}^{r}\frac{1}{\sigma^2}\sum_{j=1}^{n_i}(X_{ij} - \overline{X}_i)^2 \sim \chi^2\left(\sum_{i=1}^{r}(n_i - 1)\right) = \chi^2(n-r). \tag{9.11}$$

还可以证明 S_A 与 S_E 相互独立，且当 H_0 成立时，有

$$\frac{S_A}{\sigma^2} \sim \chi^2(r-1). \tag{9.12}$$

若组间变差比组内变差大得多,则说明因素的不同水平间有显著差异,应拒绝 H_0. 否则,说明各水平的效应差异不显著,可接受 H_0. 为此,选取统计量

$$F = \frac{S_A/(r-1)}{S_E/(n-r)}.$$

在 H_0 为真时,由 F 分布的定义知,统计量

$$F = \frac{S_A/(r-1)}{S_E/(n-r)} \sim F(r-1,\ n-r). \tag{9.13}$$

如果因素 A 的各水平对总体的影响有显著差异,那么 S_A 较大,因而 F 也较大. 由此可见,对于给定的显著性水平 α,拒绝域为

$$W = \{F > F_{1-\alpha}(r-1,\ n-r)\}. \tag{9.14}$$

将计算结果列成表,称为**方差分析表**(见表 9.3).

表 9.3 单因素方差分析表

方差来源	平方和	自由度	F 值	F 的临界值
组　间 组　内 总　和	S_A S_E S_T	$r-1$ $n-r$ $n-1$	$F=\frac{S_A/(r-1)}{S_E/(n-r)}$	$F_{1-\alpha}(r-1,\ n-r)$

由(9.6)得,$\overline{X}=\frac{1}{n}\sum\limits_{i=1}^{r} n_i\overline{X}_i$,故 n_1 个 $\overline{X}_1$,n_2 个 $\overline{X}_2$,…,n_r 个 $\overline{X}_r$ 这共计 n 个数的样本方差为

$$S_i^2 = \frac{1}{n-1}\sum_{i=1}^{r} n_i(\overline{X}_i - \overline{X})^2,$$

从而,由(9.8)有

$$S_A = (n-1)S_i^2.$$

因此,在计算 S_T,S_A 时常采用下面的公式:

$$S_T = (n-1)S_0^2, \tag{9.15}$$

$$\begin{cases} S_A = (n-1)S_i^2, \\ S_E = S_T - S_A. \end{cases} \tag{9.16}$$

其中 S_0^2 是所有 $X_{ij}(i=1, 2,\cdots, r;\ j=1, 2,\cdots, n_i)$的样本方差；$S_i^2$ 是 n_1 个 $\overline{X}_1$，n_2 个 $\overline{X}_2$，…，n_r 个 $\overline{X}_r$ 这共计 n 个数的样本方差.

特别地，对于单因素等重复试验，即 $n_1 = n_2 = \cdots = n_r \triangleq s$，则由(9.6)得 $\overline{X}=\frac{1}{r}\sum_{i=1}^{r}\overline{X}_i$. 由(9.8)式有

$$S_A = s\sum_{i=1}^{r}(\overline{X}_i - \overline{X})^2 = s(r-1)S_*^2, \tag{9.17}$$

其中 S_*^2 表示 $\overline{X}_1$，$\overline{X}_2$，…，$\overline{X}_r$ 的样本方差.

为了简化计算，有时可将 X_{ij} 都减去同一个常数，甚至还可以再乘以一个不为零的数，使得变换后的数据比较简单，便于计算. 可以证明，这样不会影响分析的结果.

例 9.1.2 (续例 9.1.1) 取 $\alpha=0.05$，要检验的假设是

$$H_0: \mu_1 = \mu_2 = \mu_3;\quad H_1: \mu_1, \mu_2, \mu_3 \text{ 不全相等}.$$

解 由题设知，$r=3$，$n_1=n_2=n_3=5$，$n=15$. 根据表 9.1 中的观测数据及(9.15)式得 S_T 的观测值为

$$S_T = (n-1)S_0^2 = 14S_0^2 = 1114.933.$$

由(9.6)式得

$$\overline{x_1} = 49.6, \quad \overline{x_2} = 47.2, \quad \overline{x_3} = 62.4,$$

故 $S_* = 8.1715$. 于是，按照(9.17)计算得

$$S_A = s(r-1)S_*^2 = 5\times(3-1)S_*^2 = 667.733.$$

将 S_T 与 S_A 的值代入(9.16)得

$$S_E = S_T - S_A = 1114.933 - 667.733 = 447.2.$$

从而计算统计量 F 的观测值为：

$$F = \frac{667.733/2}{447.2/12} = 8.958.$$

当 $\alpha=0.05$ 时，查表得

$$F_{1-\alpha}(r-1, n-r) = F_{0.95}(2, 12) = 3.89.$$

将计算结果列成方差分析表：

方差来源	平方和	自由度	F值	F的临界值
组　间 组　内 总　和	$S_A=667.733$ $S_E=447.2$ $S_T=1114.933$	2 12 14	$F=8.958$	$F_{0.95}(2,12)=3.89$

由上表知 $F>F_{0.95}(2,12)$，从而拒绝 H_0，认为这三个厂生产的电池的平均寿命有显著差异.

9.2　双因素试验的方差分析

在实际应用中，有时要同时考虑两个因素的影响. 例如，若要同时考察小麦品种和肥料对小麦亩产量的影响，就需要进行双因素方差分析.

设因素 A 有 r 个水平 $A_1, A_2, \cdots, A_r$，因素 B 有 s 个水平 $B_1, B_2, \cdots, B_s$. 对于双因素试验的方差分析，这里，我们仅讨论无重复试验的情形.

对因素 A/B 各种水平的每一对组合 (A_i, B_j) $(i=1,2,\cdots,r;\ j=1,2,\cdots,s)$ 只进行一次试验，并假定试验是相互独立的，试验结果见表 9.4.

表 9.4

因素 A ＼ 样本 ＼ 因素 B	B_1	$\cdots$	B_j	$\cdots$	B_s
A_1	X_{11}	$\cdots$	X_{1j}	$\cdots$	X_{1s}
$\vdots$	$\vdots$		$\vdots$		$\vdots$
A_i	X_{i1}	$\cdots$	X_{ij}	$\cdots$	X_{is}
$\vdots$	$\vdots$		$\vdots$		$\vdots$
A_r	X_{r1}	$\cdots$	X_{rj}	$\cdots$	X_{rs}

设 $X_{ij}\sim N(\mu_{ij},\sigma^2)$，$\mu_{ij}$，$\sigma^2$ 未知，各样本 X_{ij} $(i=1,2,\cdots,r;\ j=1,2,\cdots,s)$ 相互独立，引入线性模型：

$$\begin{cases} X_{ij}=\mu_{ij}+\varepsilon_{ij}, & i=1,2,\cdots,r;\ j=1,2,\cdots,s. \\ \varepsilon_{ij}\sim N(0,\sigma^2), & \text{且各 } \varepsilon_{ij} \text{ 相互独立.} \end{cases} \tag{9.18}$$

记

$$\begin{cases} \mu = \dfrac{1}{rs}\sum_{i=1}^{r}\sum_{j=1}^{s}\mu_{ij} \\ \mu_{i\cdot} = \dfrac{1}{s}\sum_{j=1}^{s}\mu_{ij}, \quad \alpha_i = \mu_{i\cdot} - \mu,\ i = 1, 2, \cdots, r. \\ \mu_{\cdot j} = \dfrac{1}{r}\sum_{i=1}^{r}\mu_{ij}, \quad \beta_j = \mu_{\cdot j} - \mu,\ j = 1, 2, \cdots, s. \end{cases} \tag{9.19}$$

称 μ 为**总均值**. $\mu_{i\cdot}$称为在**水平 $\mathbf{A}_i$ 下的均值**,α_i 称为**水平 $\mathbf{A}_i$ 的效应**. $\mu_{\cdot j}$称为在**水平 $\mathbf{B}_j$ 下的均值**,β_j 称为**水平 $\mathbf{B}_j$ 的效应**. $\mu_{ij} - \mu$ 为水平组合(A_i, B_j)对试验的**总效应**. 于是

$$\mu_{ij} = \mu + \alpha_i + \beta_j.$$

易证

$$\sum_{i=1}^{r}\alpha_i = 0, \qquad \sum_{j=1}^{s}\beta_j = 0.$$

从而,模型(9.18)可改写为:

$$\begin{cases} X_{ij} = \mu + \alpha_i + \beta_j + \varepsilon_{ij}, \\ \varepsilon_{ij} \sim N(0, \sigma^2),\ \text{且各 } \varepsilon_{ij} \text{ 相互独立}. \end{cases} \tag{9.20}$$

其中 $i=1, 2, \cdots, r;\ j=1, 2, \cdots, s$.

要判断因素 A,B 的影响是否显著,就是要检验假设:

$$\begin{aligned} &H_{0A}:\ \alpha_1 = \alpha_2 = \cdots = \alpha_r = 0;\ H_{1A}:\ \alpha_1,\ \alpha_2,\ \cdots, \alpha_r \text{ 不全为零}; \\ &H_{0B}:\ \beta_1 = \beta_2 = \cdots = \beta_s = 0;\ H_{1B}:\ \beta_1,\ \beta_2,\ \cdots, \beta_s \text{ 不全为零}. \end{aligned} \tag{9.21}$$

同单因素方差分析一样,要检验上述假设,需将总离差平方和进行分解. 记

$$\begin{cases} \overline{X} = \dfrac{1}{rs}\sum_{i=1}^{r}\sum_{j=1}^{s}X_{ij}, \\ \overline{X}_{i\cdot} = \dfrac{1}{s}\sum_{j=1}^{s}X_{ij}, \\ \overline{X}_{\cdot j} = \dfrac{1}{r}\sum_{i=1}^{r}X_{ij}, \end{cases} \tag{9.22}$$

为了把总离差平方和 $S_T = \sum_{i=1}^{r}\sum_{j=1}^{s}(X_{ij} - \overline{X})^2$ 分 解,引进统计量:

$$\begin{cases} S_A = \sum_{i=1}^{r}\sum_{j=1}^{s}(\overline{X}_{i\cdot} - \overline{X})^2 = s\sum_{i=1}^{r}(\overline{X}_{i\cdot} - \overline{X})^2, \\ S_B = \sum_{i=1}^{r}\sum_{j=1}^{s}(\overline{X}_{\cdot j} - \overline{X})^2 = r\sum_{j=1}^{s}(\overline{X}_{\cdot j} - \overline{X})^2, \\ S_E = \sum_{i=1}^{r}\sum_{j=1}^{s}(X_{ij} - \overline{X}_{i\cdot} - \overline{X}_{\cdot j} + \overline{X})^2, \end{cases} \tag{9.23}$$

可以证明(见例 9.5.1),有

$$S_T = S_A + S_B + S_E, \tag{9.24}$$

S_A, S_B 分别称为**因素 A 的离差平方和与因素 B 的离差平方和**,S_E 称为**误差平方和**,它是由随机因素所引起的.

当 H_{0A}成立时,由(9.22)及(9.19)得 $\overline{X}_{i\cdot} \sim N\left(\mu, \frac{\sigma^2}{s}\right)$. 又由(9.22)知,$\overline{X}=\frac{1}{r}\sum_{i=1}^{r}\overline{X}_{i\cdot}$,从而 $\overline{X}_{1\cdot}, \overline{X}_{2\cdot}, \cdots, \overline{X}_{r\cdot}$ 这 r 个数的样本方差为

$$S_{i\cdot}^2 = \frac{1}{r-1}\sum_{i=1}^{r}(\overline{X}_{i\cdot} - \overline{X})^2, \tag{9.25}$$

由定理 6.4.4,有

$$\frac{(r-1)S_{i\cdot}^2}{\sigma^2/s} \sim \chi^2(r-1).$$

由(9.23)及(9.25)知,$S_A = s(r-1)S_{i\cdot}^2$,故

$$\frac{S_A}{\sigma^2} \sim \chi^2(r-1). \tag{9.26}$$

同理可证,当 H_{0B}成立时,有

$$\frac{S_B}{\sigma^2} \sim \chi^2(s-1). \tag{9.27}$$

进一步还可以证明 S_A, S_B, S_E 相互独立,且

$$\frac{S_E}{\sigma^2} \sim \chi^2((r-1)(s-1)). \tag{9.28}$$

因此,当 H_{0A}为真时,有

$$F_A = \frac{S_A/(r-1)}{S_E/((r-1)(s-1))} \sim F(r-1, (r-1)(s-1)). \tag{9.29}$$

若 H_{0B}成立，则

$$F_B = \frac{S_B/(s-1)}{S_E/((r-1)(s-1))} \sim F(s-1,\ (r-1)(s-1)). \quad (9.30)$$

对于给定的显著性水平 α，H_{0A}与 H_{0B}的拒绝域分别为

$$W_A = \{F_A > F_{1-\alpha}(r-1,\ (r-1)(s-1))\} \quad (9.31)$$

及

$$W_B = \{F_B > F_{1-\alpha}(s-1,\ (r-1)(s-1))\}. \quad (9.32)$$

将计算结果列成方差分析表如表 9.5 所示.

表 9.5 双因素无重复试验方差分析表

方差来源	平方和	自由度	F 值	F 的临界值
因素 A	S_A	$r-1$	$F_A=\frac{S_A/(r-1)}{S_E/((r-1)(s-1))}$	$F_{1-\alpha}(r-1,\ (r-1)(s-1))$
因素 B	S_B	$s-1$	$F_B=\frac{S_B/(s-1)}{S_E/((r-1)(s-1))}$	$F_{1-\alpha}(s-1,\ (r-1)(s-1))$
误差	S_E	$(r-1)(s-1)$		
总和	S_T	$rs-1$		

同单因素方差分析类似，常采用下面几个公式计算离差平方和.

$$S_T = (rs-1)S_0^2, \quad (9.33)$$

其中 S_0^2 表示所有 $X_{ij}(i=1, 2, \cdots, r;\ j=1, 2, \cdots, s)$的样本方差.

$$S_A = s(r-1)S_{i\cdot}^2, \quad (9.34)$$

其中 $S_{i\cdot}^2$ 表示 $\overline{X}_{1\cdot}, \overline{X}_{2\cdot}, \cdots, \overline{X}_{r\cdot}$ 这 r 个数的样本方差.

$$S_B = r(s-1)S_{\cdot j}^2, \quad (9.35)$$

其中 $S_{\cdot j}^2$表示 $\overline{X}_{\cdot 1}, \overline{X}_{\cdot 2}, \cdots, \overline{X}_{\cdot s}$这 s 个数的样本方差. 将 S_T, S_A, S_B 的值代入(9.24)得

$$S_E = S_T - S_A - S_B. \quad (9.36)$$

同单因素方差分析一样，为了简化计算，有时可将 X_{ij}减去同一个数，甚至可以再乘以同一个不为零的数. 可以证明，这样不会影响方差分析的结果.

例 9.2.1 设四名工人操作机器 A_1, A_2, A_3 各一天，其日产量如表 9.6 所示，问机器之间或工人之间是否有显著差异($\alpha=0.05$)?

表 9.6

工人 日产量 机器	B_1	B_2	B_3	B_4	$\overline{x}_{i\cdot}$
A_1	50	47	47	53	49.25
A_2	53	54	57	58	55.5
A_3	52	42	41	48	45.75
$\overline{x}_{\cdot j}$	51.67	47.67	48.33	53	

解 由题意知 $r=3$, $s=4$,按照公式(9.33)计算得 S_T 的观测值为

$$S_T=(12-1)S_0^2=11S_0^2=317.67.$$

分别由(9.22)计算 $\overline{x}_{i\cdot}$ 及 $\overline{x}_{\cdot j}$($i=1,2,3$;$j=1,2,3,4$),计算结果见表 9.6.按照公式(9.34)~(9.36)计算得

$$S_A=8S_{i\cdot}^2=195.17,$$

$$S_B=9S_{\cdot j}^2=59.68,$$

$$S_E=S_T-S_A-S_B=62.82.$$

由(9.29)及(9.30)得

$$F_A=\frac{195.17/2}{62.82/6}=9.32,$$

$$F_B=\frac{59.68/3}{62.82/6}=1.90.$$

当 $\alpha=0.05$ 时,查表得

$$F_{1-\alpha}(r-1,(r-1)(s-1))=F_{0.95}(2,6)=5.14,$$

$$F_{1-\alpha}(s-1,(r-1)(s-1))=F_{0.95}(3,6)=4.76.$$

下面,我们列方差分析表.

方差来源	平方和	自由度	F 值	F 的临界值
因素 A	$S_A=195.17$	2	$F_A=9.32$	$F_{0.95}(2,6)=5.14$
因素 B	$S_B=59.68$	3	$F_B=1.90$	$F_{0.95}(3,6)=4.76$
误差	$S_E=62.82$	6		
总和	$S_T=317.67$	11		

由此表知，$F_A > F_{0.95}(2,6)$，$F_B < F_{0.95}(3,6)$，说明机器之间有显著差异，而工人之间无显著差异.

在实际应用中，对于双因素试验，往往还需考虑两个因素 A 与 B 的交互作用. 限于本教材的性质，此类讨论从略，有兴趣的读者可参阅有关书籍.

9.3 一元线性回归

自然界中变量与变量之间的关系可以分为确定性关系与不确定性关系两种. 比如，圆的周长 C 与半径 r 之间就存在确定性关系 $C=2\pi r$，这是一种函数关系. 而另一种关系是非确定性的，例如，消费者对某种商品的月需求量与该种商品的价格有一定关系，一般说来，价格增高时需求量会减少，反之，需求量会上升. 但即使价格不变，每月需求量也不尽相同. 我们称这种关系为**相关关系**. 对相关关系的研究常用的数学工具是回归分析，这是用一个或一组非随机变量去估计或预测某个随机变量的取值的统计分析方法.

9.3.1 一元线性回归模型

设两个变量 x 及 y 之间存在如下关系：

$$\begin{cases} y = \alpha + \beta x + \varepsilon, \\ \varepsilon \sim N(0,\ \sigma^2). \end{cases} \tag{9.37}$$

其中 α,β,σ^2 是未知参数，x 是普通变量. 由于 ε 是随机变量，故 y 也是随机变量. 易知

$$y \sim N(\alpha + \beta x,\ \sigma^2), \tag{9.38}$$

记

$$\tilde{y} = \alpha + \beta x, \tag{9.39}$$

称(9.37)式为**一元线性回归模型**，(9.39)式为 y 关于 x 的**回归函数**.

为了确定未知参数 α,β 的值，可以取一个容量为 n 的样本$(x_1,\ y_1)$，$(x_2,\ y_2)$，…，$(x_n,\ y_n)$，回归分析就是要根据样本找出 α,β 的估计值 $\hat{\alpha},\hat{\beta}$，用经验回归函数

$$\hat{y} = \hat{\alpha} + \hat{\beta} x \tag{9.40}$$

近似地描述 y 与 x 的相关关系. 这个函数所表示的直线叫**回归直线**. 也称(9.40)式为 y 关 x 的**回归方程**. $\hat{\alpha},\hat{\beta}$ 叫**回归系数**.

这里有一个前提，即 x 与 y 的关系必须大体上是线性的. 为了确定这一

点,可以把诸样本点描在一个直角坐标平面上,得到的图称为**散点图**. 如果这些点大体上散布在某条直线附近,则可以认为回归函数是直线型的,变量 x 与 y 之间存在一定的线性关系.

例 9.3.1　某企业广告费支出与销售额(单位:百万元)资料如表 9.7 所示.

表 9.7

广告费 x	6	4	8	2	5
销售额 y	50	40	70	30	60

画出散点图如图 9.1 所示. 从图中可看出,大体上销售额 y 是随着广告费 x 的增加而增加,大致成一直线. 可以认为 y 与 x 满足(9.37)所述的线性模型. 现在的问题是如何合理地选择 α,β 的估计值 $\hat{\alpha},\hat{\beta}$,使得总偏差平方和

$$Q=\sum_{i=1}^{n}(y_i-\tilde{y}_i)^2$$

达到最小. 这里 y_i 为实测值,$\tilde{y}_i=\alpha+\beta x_i$ 为理论值. 我们可以利用最小二乘法做到这一点.

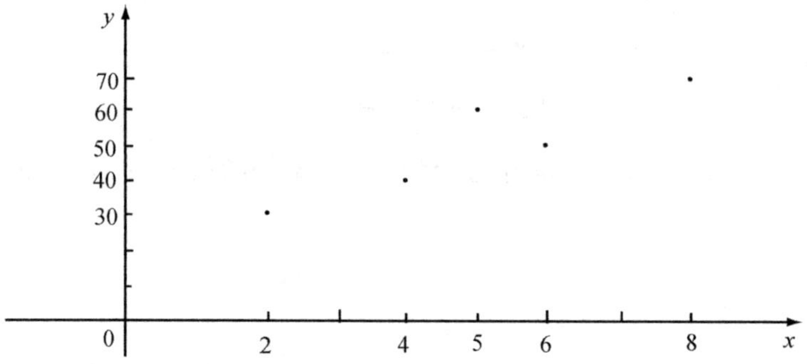

图 9.1

9.3.2　最小二乘法

设一个容量为 n 的样本 $(x_1, y_1),(x_2, y_2),\cdots,(x_n, y_n)$,记

$$Q(\alpha,\beta)=\sum_{i=1}^{n}[y_i-(\alpha+\beta x_i)]^2. \tag{9.41}$$

我们选取适当的 α,β,使 $Q(\alpha,\beta)$ 之值达到最小. 为此,分别求 $Q(\alpha,\beta)$ 对 α 及 β 的偏导数,并令之为零,得

$$\begin{cases}\dfrac{\partial Q}{\partial \alpha}=-2\sum\limits_{i=1}^{n}(y_i-\alpha-\beta x_i)=0,\\[2ex] \dfrac{\partial Q}{\partial \beta}=-2\sum\limits_{i=1}^{n}(y_i-\alpha-\beta x_i)x_i=0.\end{cases}\tag{9.42}$$

若记 $\overline{x}=\frac{1}{n}\sum\limits_{i=1}^{n}x_i$，$\overline{x^2}=\frac{1}{n}\sum\limits_{i=1}^{n}x_i^2$，$\overline{y}=\frac{1}{n}\sum\limits_{i=1}^{n}y_i$，$\overline{xy}=\frac{1}{n}\sum\limits_{i=1}^{n}x_iy_i$，整理上式，可得

$$\begin{cases}\alpha+\overline{x}\beta=\overline{y},\\ \overline{x}\alpha+\overline{x^2}\beta=\overline{xy}.\end{cases}\tag{9.43}$$

这个方程组叫**正规方程组**. 由此可解得 α 与 β 的最小二乘估计为

$$\begin{cases}\hat{\alpha}=\overline{y}-\hat{\beta}\overline{x},\\[1ex] \hat{\beta}=\dfrac{\overline{xy}-\overline{x}\cdot\overline{y}}{\overline{x^2}-(\overline{x})^2}.\end{cases}\tag{9.44}$$

由此可得 y 对 x 的回归方程

$$\hat{y}=\hat{\alpha}+\hat{\beta}x=\overline{y}+\hat{\beta}(x-\overline{x}).\tag{9.45}$$

这是一条经过点$(\overline{x},\overline{y})$且斜率为 $\hat{\beta}$ 的直线.

例 9.3.2 求例 9.3.1 中销售额 y 关于广告费 x 的线性回归方程.

解 显然 $n=5$，根据例 9.3.1 所给数据，列出计算表 9.8.

表 9.8

i	1	2	3	4	5	平均值
x_i	6	4	8	2	5	5
y_i	50	40	70	30	60	50
x_i^2	36	16	64	4	25	29
x_iy_i	300	160	560	60	300	276

从而可得

$$\overline{x}=5,\quad \overline{y}=50,\quad \overline{x^2}=29,\quad \overline{xy}=276.$$

于是由(9.44)有

$$\hat{\beta}=\frac{276-5\times 50}{29-25}=6.5,$$

$$\hat{\alpha} = \overline{y} - \hat{\beta}\overline{x} = 50 - 6.5 \times 5 = 17.5.$$

回归方程为

$$\hat{y} = 17.5 + 6.5x.$$

其直线与散点的关系见图 9.2 所示，显线直线经过点(5,50).

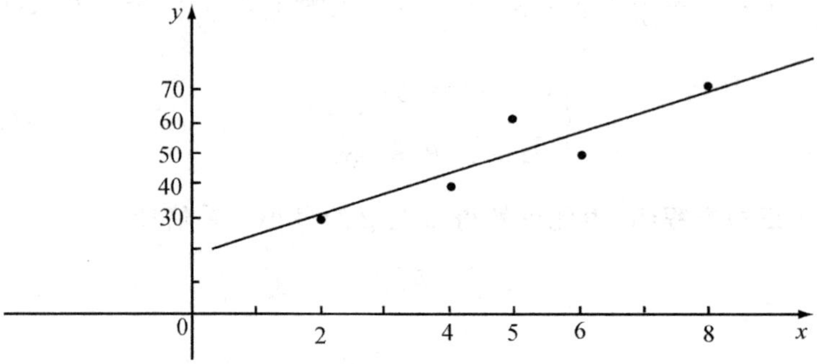

图 9.2

下面我们简单讨论一下 $\hat{\alpha}$ 与 $\hat{\beta}$ 的性质.

定理 9.3.1　$\hat{\alpha}, \hat{\beta}$ 分别是 α 与 β 的无偏估计，且有

$$\hat{\alpha} \sim N\left(\alpha, \frac{\sigma^2 \overline{x^2}}{n[\overline{x^2} - (\overline{x})^2]}\right), \quad \hat{\beta} \sim N\left(\beta, \frac{\sigma^2}{n[\overline{x^2} - (\overline{x})^2]}\right).$$

证明　由 $E(y_i) = \alpha + \beta x_i$ 可知，$E(\overline{y}) = \alpha + \beta\overline{x}$，且

$$E(\overline{xy}) = \frac{1}{n}\sum_{i=1}^{n} E(x_i y_i) = \frac{1}{n}\sum_{i=1}^{n} x_i \cdot E(y_i)$$

$$= \frac{1}{n}\sum_{i=1}^{n} x_i(\alpha + \beta x_i) = \alpha\overline{x} + \beta\overline{x^2}.$$

从而由(9.44)得

$$E(\hat{\beta}) = \frac{E(\overline{xy}) - \overline{x} \cdot E(\overline{y})}{\overline{x^2} - (\overline{x})^2} = \frac{\alpha\overline{x} + \beta\overline{x^2} - \overline{x}(\alpha + \beta\overline{x})}{\overline{x^2} - (\overline{x})^2} = \beta,$$

$$E(\hat{\alpha}) = E(\overline{y}) - \overline{x} \cdot E(\hat{\beta}) = \alpha + \beta\overline{x} - \beta\overline{x} = \alpha.$$

故 $\hat{\alpha}, \hat{\beta}$ 分别是 α 及 β 的无偏估计.

又由(9.38)知 $y_i \sim N(\alpha + \beta x_i, \sigma^2)$ $(i = 1, 2, \cdots, n)$，且 $y_1, y_2, \cdots, y_n$ 相互独立，而 $\hat{\alpha}$ 与 $\hat{\beta}$ 均为 $y_1, y_2, \cdots, y_n$ 的线性组合，故 $\hat{\alpha}$ 和 $\hat{\beta}$ 都服从正态分布，

从而易知 $\overline{y}\sim N(\alpha+\beta\overline{x},\ \frac{\sigma^2}{n})$. 由(9.44)式并略加计算得

$$D(\hat{\beta})=\frac{D(\overline{xy}-\overline{x}\cdot\overline{y})}{[\overline{x^2}-(\overline{x})^2]^2}=\frac{\frac{1}{n^2}\sum_{i=1}^{n}(x_i-\overline{x})^2D(y_i)}{[\overline{x^2}-(\overline{x})^2]^2}$$

$$=\frac{\sigma^2}{n[\overline{x^2}-(\overline{x})^2]};$$

$$D(\hat{\alpha})=D(\overline{y})+(\overline{x})^2D(\hat{\beta})=\frac{\sigma^2}{n}+(\overline{x})^2\cdot\frac{\sigma^2}{n[\overline{x^2}-(\overline{x})^2]}$$

$$=\frac{\sigma^2\ \overline{x^2}}{n[\overline{x^2}-(\overline{x})^2]}.$$

9.3.3 回归方程的显著性检验

在用最小二乘法求回归直线时,并不需要预先假定 y 与 x 之间一定存在线性关系. 即使是平面上一些杂乱无章的散点也可以用(9.44)式配出一条直线. 但这是毫无意义的. 因此,有必要检验两个变量 y 与 x 之间是否存在一定的线性相关关系,即应对线性模型(9.37)提出如下假设:

$$H_0:\ \beta=0;\qquad H_1:\ \beta\neq 0. \tag{9.46}$$

$|\beta|$的大小反映了自变量 x 对 y 的影响程度. 若经检验拒绝 H_0,则可以认为 x 对 y 有显著影响,我们求出线性回归方程是有意义的;若检验结果是不能拒绝 H_0,则线性回归方程不具有实用价值. 为了对 H_0 作检验,我们需要先做一些预备工作.

设$(x_1,\ y_1)$,$(x_2,\ y_2)$,…,$(x_n,\ y_n)$是一个容量为 n 的样本. 根据样本作出回归方程 $\hat{y}=\hat{\alpha}+\hat{\beta}x$,即对每一个 x_i,记 $\hat{y}_i=\hat{\alpha}+\hat{\beta}x_i$ 为回归值. 记

$$S_T=\sum_{i=1}^{n}(y_i-\overline{y})^2, \tag{9.47}$$

称 S_T 为**离差平方和**,将其进行分解:

$$S_T=\sum_{i=1}^{n}[(\hat{y}_i-\overline{y})+(y_i-\hat{y}_i)]^2$$

$$=\sum_{i=1}^{n}(\hat{y}_i-\overline{y})^2+\sum_{i=1}^{n}(y_i-\hat{y}_i)^2+2\sum_{i=1}^{n}(\hat{y}_i-\overline{y})(y_i-\hat{y}_i).$$

不难证明交叉项等于零,若记

$$\begin{cases} S_R = \sum_{i=1}^{n}(\hat{y}_i - \bar{y})^2, \\ S_E = \sum_{i=1}^{n}(y_i - \hat{y}_i)^2. \end{cases} \tag{9.48}$$

则有

$$S_T = S_R + S_E. \tag{9.49}$$

这里 S_R 叫**回归平方和**,它反映了回归方程的理论值 $\hat{y}_1$, $\hat{y}_2$,…,$\hat{y}_n$ 对平均值 $\bar{y}$ 的离散程度;S_E 叫**剩余平方和**或**残差平方和**,它是实际观察值 y_i 与回归值 $\hat{y}_i$ 的离差平方和,反映了随机因素对 y 取值的影响,从(9.49)知,它等于从总离差平方和中扣除 x 对 y 的线性影响后的剩余部分.

若记 $\overline{y^2} = \frac{1}{n}\sum_{i=1}^{n} y_i^2$,则由(9.47)有

$$S_T = n[\overline{y^2} - (\bar{y})^2], \tag{9.50}$$

又由(9.48)得

$$S_R = \hat{\beta}^2 \sum_{i=1}^{n}(x_i - \bar{x})^2 = \frac{n(\overline{xy} - \bar{x} \cdot \bar{y})^2}{\overline{x^2} - (\bar{x})^2}. \tag{9.51}$$

可以证明,若 H_0 成立,则有

$$\begin{cases} S_T/\sigma^2 \sim \chi^2(n-1), \\ S_R/\sigma^2 \sim \chi^2(1), \\ S_E/\sigma^2 \sim \chi^2(n-2), \end{cases} \tag{9.52}$$

且 S_R 与 S_E 相互独立,$\hat{\beta}$ 与 S_E 也相互独立.

由此,我们可以得出对回归系数 $\hat{\beta}$ 作显著性检验的三种常用方法.

(1) F 检验法. 取统计量

$$F = \frac{S_R}{S_E/(n-2)},$$

则当 H_0 为真时有

$$F = \frac{S_R}{S_E/(n-2)} \sim F(1, n-2). \tag{9.53}$$

对于给定的显著性水平 α,H_0 的拒绝域为

$$W=\{F>F_{1-\alpha}(1,\ n-2)\}. \tag{9.54}$$

(2) t 检验法. 取统计量

$$t=\frac{\hat{\beta}\sqrt{n[\overline{x^2}-(\overline{x})^2]}}{\sqrt{S_E/(n-2)}}.$$

当 H_0 成立时,由定理 9.1 知

$$\frac{\hat{\beta}\sqrt{n[\overline{x^2}-(\overline{x})^2]}}{\sigma}\sim N(0,\ 1),$$

又由(9.52)及 S_E 与 $\hat{\beta}$ 相互独立得

$$t=\frac{\hat{\beta}\sqrt{n[\overline{x^2}-(\overline{x})^2]}}{\sqrt{S_E/(n-2)}}\sim t(n-2). \tag{9.55}$$

于是对于给定的显著性水平 α, H_0 的拒绝域为

$$W=\{|t|>t_{1-\alpha/2}(n-2)\}. \tag{9.56}$$

(3)相关系数检验法. 取统计量

$$R=\frac{\overline{xy}-\overline{x}\cdot\overline{y}}{\sqrt{\overline{x^2}-(\overline{x})^2}\sqrt{\overline{y^2}-(\overline{y})^2}}, \tag{9.57}$$

称 R 为样本相关系数. 以 R 作为 x 与 y 的相关系数 ρ_{xy} 的估计值显然是适当的,R 取值的大小反映了 x 与 y 线性相关的程度. 对于给定的显著性水平 α,可查表求得临界值 c,当 $|R|>c$ 时,可拒绝 H_0. 于是 H_0 的拒绝域为

$$W=\{|R|>c\}. \tag{9.58}$$

这个临界值可由书后附表给出. 可以证明,这三个检验法彼此等价.

例 9.3.3 在例 9.3.2 中,取 $\alpha=0.05$,检验

$$H_0: \beta=0; \quad H_1: \beta\neq 0.$$

解 由表 9.8 得 $\overline{y^2}=2700$,又由例 9.3.2 的计算知 $\overline{x}=5$, $\overline{y}=50$, $\overline{x^2}=29$, $\overline{xy}=276$. 从而按照(9.50)与(9.51)计算得

$$S_T=5\times(2700-50^2)=1000,$$

$$S_R=\frac{5\times(276-5\times 50)^2}{29-5^2}=845.$$

于是由(9.49)有

$$S_E = S_T - S_R = 155.$$

现在计算三种统计量的观测值.

$$F = \frac{845}{155/3} = 16.355,$$

$$t = \frac{6.5 \times \sqrt{5 \times (29 - 25)}}{\sqrt{155/3}} = 4.044,$$

$$r = \frac{276 - 5 \times 50}{\sqrt{29 - 25}\,\sqrt{2700 - 2500}} = 0.92.$$

而三种检验的临界值分别为

$$F_{0.95}(1, 3) = 10.1, \qquad t_{0.975}(3) = 3.1824, \qquad c = 0.878.$$

由此可见,三种检验结果都是拒绝 H_0,可以认为销售额 y 与广告费 x 之间存在一定程度的线性相关关系.

9.3.4 预测与控制

对于给定 x 的任一值 x_0,由线性模型知道,不可能求出 y 相应的精确值 y_0,我们只能预测 y 的观测值 y_0 的取值范围. 对于给定的置信度,求出 y_0 的置信区间,称之为**预测区间**. 对于 x 的任一值 x_0,由(9.37)式有

$$y_0 = \alpha + \beta x_0 + \varepsilon_0, \quad \varepsilon_0 \sim N(0, \sigma^2). \tag{9.59}$$

若取其回归值

$$\hat{y}_0 = \hat{\alpha} + \hat{\beta} x_0, \tag{9.60}$$

作为 y_0 的估计值,它的可靠性有多大? 为此,应对 y_0 进行区间估计. 可以证明

$$y_0 - \hat{y}_0 \sim N\left(0, \left[1 + \frac{1}{n} + \frac{(x_0 - \overline{x})^2}{n[\overline{x^2} - (\overline{x})^2]}\right]\right). \tag{9.61}$$

又因为 $S_E/\sigma^2 \sim \chi^2(n-2)$,且 y_0, $\hat{y}_0$ 与 S_E 相互独立,所以统计量

$$t = \frac{y_0 - \hat{y}_0}{\sigma\sqrt{1 + \frac{1}{n} + \frac{(x_0 - \overline{x})^2}{n[\overline{x^2} - (\overline{x})^2]}}} \Big/ \sqrt{\frac{S_E}{\sigma^2}/(n-2)}$$

$$= \frac{y_0 - \hat{y}_0}{\sqrt{\dfrac{S_E}{n-2}\left\{1+\dfrac{1}{n}+\dfrac{(x_0-\overline{x})^2}{n[\overline{x^2}-(\overline{x})^2]}\right\}}} \sim t(n-2). \quad (9.62)$$

对于置信度 $1-\alpha$，由

$$P\{|t| < t_{1-\alpha/2}(n-2)\} = 1-\alpha,$$

得 y_0 的置信度为 $1-\alpha$ 的预测区间为

$$(\hat{y}_0 - \delta(x_0), \hat{y}_0 + \delta(x_0)). \quad (9.63)$$

其中

$$\delta(x_0) = t_{1-\alpha/2}(n-2)\sqrt{\frac{S_E}{n-2}\left\{1+\frac{1}{n}+\frac{(x_0-\overline{x})^2}{n[\overline{x^2}-(\overline{x})^2]}\right\}}. \quad (9.64)$$

若对于任意 x，作曲线

$$y_1(x) = \hat{y} - \delta(x),$$

及

$$y_2(x) = \hat{y} + \delta(x).$$

则可以预测大约有 $100(1-\alpha)\%$ 的试验点落入这两条曲线所形成的带形区域内(如图 9.3).

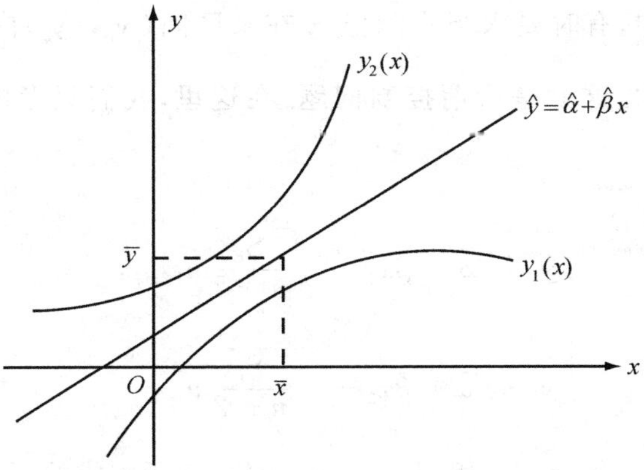

图 9.3

在应用时，样本容量 n 常常很大，是 $t_{1-\alpha/2}(n-2) \approx u_{1-\alpha/2}$，且对于 $\overline{x}$ 附近的 x，可得到较短的预测区间，此时 y 的置信度为 $1-\alpha$ 的预测区间近似地

等于

$$\left(\hat{y}-\sqrt{\frac{S_E}{n-2}}u_{1-\alpha/2},\hat{y}+\sqrt{\frac{S_E}{n-2}}u_{1-\alpha/2}\right). \tag{9.65}$$

例 9.3.4　在例 9.3.1 中,求广告费 $x_0=4.8$ 时,销售额 y_0 的 95%的预测区间.

解　由例 9.3.2 知回归方程为

$$\hat{y}=17.5+6.5x,$$

于是

$$\hat{y}_0=17.5+6.5x_0=17.5+6.5\times 4.8=48.7.$$

当 $1-\alpha=95\%$ 时,$t_{1-\alpha/2}(n-2)=t_{0.975}(3)=3.1824$.

由例 9.3.2 及例 9.3.3 知

$$\overline{x}=5,\ S_E=155,\ n[\overline{x^2}-(\overline{x})^2]=20,$$

于是由(9.64)得

$$\delta(4.8)=t_{0.975}(3)\sqrt{\frac{155}{3}\times\left[1+\frac{1}{5}+\frac{(4.8-5)^2}{20}\right]}=25.08.$$

由(9.63)式知,当 $x=4.8$ 时,y_0 的 95%的预测区间为(23.62,73.78).

在实际问题中,有时要求当观测值 y 在某区间$(y_1,\ y_2)$内取值时,把 x 控制在某个范围内. 这就是所谓**控制问题**. 在这里,我们只考虑 n 很大的情况. 由(9.65)式有

$$\begin{cases} y_1=\hat{\alpha}+\hat{\beta}x_1-\sqrt{\dfrac{S_E}{n-2}}u_{1-\alpha/2}, \\ y_2=\hat{\alpha}+\hat{\beta}x_2+\sqrt{\dfrac{S_E}{n-2}}u_{1-\alpha/2}. \end{cases} \tag{9.66}$$

对于给定的 $y_1,\ y_2$,解此方程组得 $x_1,\ x_2$ 的值,其所构成的区间作为 x 的控制区间.

9.3.5　可线性化的曲线回归

上面讨论的是一元线性回归,但若由散点图或经验上认为两变量之间不

能用线性关系来描述，这就比较复杂. 不过，其中有些曲线回归可通过变量替换，将非线性回归化为线性回归，然后用前面所介绍的线性回归方法来处理. 常用的几种形式如下（设 $\varepsilon \sim N(0, \sigma^2)$）：

（1）$y = a + \dfrac{b}{x} + \varepsilon$.

若令 $u = \dfrac{1}{x}$，则 $y = a + bu + \varepsilon$.

（2）$y = ax^b\varepsilon_0$，$x > 0$，$\ln\varepsilon_0 \sim N(0, \sigma^2)$.

当 $a > 0$ 时，令 $v = \ln y$，$u = \ln x$，$c = \ln a$，$\varepsilon = \ln\varepsilon_0$，则有 $v = c + bu + \varepsilon$；

当 $a < 0$ 时，令 $v = \ln(-y)$，$u = \ln x$，$c = \ln(-a)$，$\varepsilon = \ln\varepsilon_0$，则有 $v = c + bu + \varepsilon$.

（3）$y = ae^{bx+\varepsilon}$.

当 $a > 0$ 时，令 $v = \ln y$，$c = \ln a$，则 $v = c + bx + \varepsilon$；

当 $a < 0$ 时，令 $v = \ln(-y)$，$c = \ln(-a)$，则 $v = c + bx + \varepsilon$.

（4）$y = \dfrac{1}{a + be^{-x} + \varepsilon}$.

令 $v = \dfrac{1}{y}$，$u = e^{-x}$，则 $v = a + bu + \varepsilon$.

（5）$f(y) = a + bx + \varepsilon$，设 $f(y)$ 有单值反函数.

令 $v = f(y)$，则 $v = a + bx + \varepsilon$.

例 9.3.5　某地区 6 年来轻工业产品利润总额 y 与年次 x 的试验数据如表 9.9 所示. 由经验知，年次 x 与利润总额 y（单位：亿元）有如下关系：

$$y = ab^x\varepsilon_0, \qquad \ln\varepsilon_0 \sim N(0, \sigma^2).$$

表 9.9

年次 x	1	2	3	4	5	6
利润总额 y	11.35	11.85	12.44	13.07	13.59	14.41

其中 a，b 均为正数. 求 y 关于 x 的回归方程.

解　将 $y = ab^x\varepsilon_0$ 两边取对数得

$$\ln y = \ln a + x\ln b + \ln\varepsilon_0,$$

令　$v = \ln y$，$\alpha = \ln a$，$\beta = \ln b$，$\varepsilon = \ln\varepsilon_0$，则有

$$v = \alpha + \beta x + \varepsilon, \qquad \varepsilon \sim N(0, \sigma^2).$$

由表 9.9 中 (x, y) 的数据可得到 (x, v) 见表 9.10 所示.

表 9.10

y_i	11.35	11.85	12.44	13.07	13.59	14.41
$v_i=\ln y_i$	2.4292	2.4723	2.5209	2.5703	2.6093	2.6679
x_i	1	2	3	4	5	6
x_iv_i	2.4292	4.9446	7.5627	10.2812	13.0465	16.0074

由此可得

$$\overline{x}=3.5,\qquad \overline{x^2}=15.1667,$$

$$\overline{v}=2.545,\qquad \overline{xv}=9.0453.$$

按照(9.44)计算得

$$\hat{\beta}=\frac{\overline{xv}-\overline{x}\,\overline{v}}{\overline{x^2}-(\overline{x})^2}=\frac{9.0453-3.5\times 2.545}{15.1667-3.5^2}=0.0472.$$

$$\hat{\alpha}=\overline{v}-\hat{\beta}\overline{x}=2.545-0.0472\times 3.5=2.3798.$$

故 v 关于 x 的回归方程为

$$\hat{v}=2.3798+0.0472x.$$

由 $\alpha=\ln a$，$\beta=\ln b$ 得

$$\hat{a}=e^{\hat{\alpha}}=e^{2.3798}=10.8027,$$

$$\hat{b}=e^{\hat{\beta}}=e^{0.0472}=1.0483.$$

于是 y 关于 x 的回归方程为

$$\hat{y}=10.8027(1.0483)^x.$$

9.4　多元线性回归简介

前面介绍了两个变量之间的相关关系，若要解决一个随机变量与一组变量的相关关系问题，这就要用多元回归分析.

设随机变量 y 与 m 个变量 x_1，x_2，…，x_m 有如下关系：

$$\begin{cases} y=\alpha+\beta_1x_1+\beta_2x_2+\cdots+\beta_mx_m+\varepsilon, \\ \varepsilon\sim N(0,\sigma^2). \end{cases}\qquad(9.67)$$

其中 α，$\beta_i(i=1,2,\cdots,m)$，σ^2 为未知参数，$x_i(i=1,2,\cdots,m)$为普通变量，

由 $\varepsilon \sim N(0, \sigma^2)$知，$y$ 也是随机变量，且有

$$y \sim N(\alpha + \beta_1 x_1 + \beta_2 x_2 + \cdots + \beta_m x_m, \sigma^2), \tag{9.68}$$

称(9.68)为 **m 元线性回归模型**.

设有样本观测值$(x_{11}, \cdots, x_{m1}; y_1)$，$(x_{12}, \cdots, x_{m2}; y_2)$，…，$(x_{1n}, \cdots, x_{mn}; y_n)$，这里 x_{ij}表示 x_i 的第 j 次观测值，$i=1, 2, \cdots, m$，$j=1, 2, \cdots, n$. 与一元线性回归类似，下面利用最小二乘法来估计参数 $\alpha, \beta_1, \beta_2, \cdots, \beta_m$. 记

$$Q = \sum_{j=1}^{n} [y_j - (\alpha + \beta_1 x_{1j} + \beta_2 x_{2j} + \cdots + \beta_m x_{mj})]^2, \tag{9.69}$$

求$\frac{\partial Q}{\partial \alpha}, \frac{\partial Q}{\partial \beta_1}, \cdots, \frac{\partial Q}{\partial \beta_m}$，并令它们等于零，有

$$\begin{cases} \dfrac{\partial Q}{\partial \alpha} = -2\sum_{j=1}^{n}[y_j - (\alpha + \beta_1 x_{1j} + \cdots + \beta_m x_{mj})] = 0, \\ \dfrac{\partial Q}{\partial \beta_1} = -2\sum_{j=1}^{n}[y_j - (\alpha + \beta_1 x_{1j} + \cdots + \beta_m x_{mj})]x_{1j} = 0, \\ \cdots\cdots \\ \dfrac{\partial Q}{\partial \beta_m} = -2\sum_{j=1}^{n}[y_j - (\alpha + \beta_1 x_{1j} + \cdots + \beta_m x_{mj})]x_{mj} = 0. \end{cases} \tag{9.70}$$

将方程组(9.70)整理得正规方程组

$$\begin{cases} n\alpha + (\sum_{j=1}^{n} x_{1j})\beta_1 + \cdots + (\sum_{j=1}^{n} x_{mj})\beta_m = \sum_{j=1}^{n} y_j, \\ (\sum_{j=1}^{n} x_{1j})\alpha + (\sum_{j=1}^{n} x_{1j}^2)\beta_1 + \cdots + (\sum_{j=1}^{n} x_{1j}x_{mj})\beta_m = \sum_{j=1}^{n} x_{1j}y_j, \\ \cdots\cdots \\ (\sum_{j=1}^{n} x_{mj})\alpha + (\sum_{j=1}^{n} x_{mj}x_{1j})\beta_1 + \cdots + (\sum_{j=1}^{n} x_{mj}^2)\beta_m = \sum_{j=1}^{n} x_{mj}y_j. \end{cases} \tag{9.71}$$

若记

$$X = \begin{bmatrix} 1 & x_{11} & x_{21} & \cdots & x_{m1} \\ 1 & x_{12} & x_{22} & \cdots & x_{m2} \\ \vdots & \vdots & \vdots & & \vdots \\ 1 & x_{1n} & x_{2n} & \cdots & x_{mn} \end{bmatrix},$$

$$\beta = \begin{bmatrix} \alpha \\ \beta_1 \\ \vdots \\ \beta_m \end{bmatrix}, \quad Y = \begin{bmatrix} y_1 \\ y_2 \\ \vdots \\ y_n \end{bmatrix}.$$

则正规方程组(9.71)可写成

$$X^{T}X\beta = X^{T}Y. \tag{9.72}$$

解(9.72)式得

$$\hat{\beta} = \begin{bmatrix} \hat{\alpha} \\ \hat{\beta}_1 \\ \vdots \\ \hat{\beta}_m \end{bmatrix} = (X^{T}X)^{-1}X^{T}Y.$$

从而得到回归方程

$$\hat{y} = \hat{\alpha} + \hat{\beta}_1 x_1 + \hat{\beta}_2 x_2 + \cdots + \hat{\beta}_m x_m. \tag{9.73}$$

实际操作时,关于多元线性回归的标准程序有软件包可利用.

9.5　综合例题

例 9.5.1　证明(9.24)式成立.

证明　将 S_T 分解,并由(9.23)知

$$\begin{aligned} S_T &= \sum_{i=1}^{r}\sum_{j=1}^{s}(X_{ij} - \overline{X})^2 \\ &= \sum_{i=1}^{r}\sum_{j=1}^{s}[(\overline{X}_{i\cdot} - \overline{X}) + (\overline{X}_{\cdot j} - \overline{X}) + (X_{ij} - \overline{X}_{i\cdot} - \overline{X}_{\cdot j} + \overline{X})]^2 \\ &= S_A + S_B + S_E + 2\sum_{i=1}^{r}\sum_{j=1}^{s}(\overline{X}_{i\cdot} - \overline{X})(\overline{X}_{\cdot j} - \overline{X}) \\ &\quad + 2\sum_{i=1}^{r}\sum_{j=1}^{s}(\overline{X}_{i\cdot} - \overline{X})(X_{ij} - \overline{X}_{i\cdot} - \overline{X}_{\cdot j} + \overline{X}) \\ &\quad + 2\sum_{i=1}^{r}\sum_{j=1}^{s}(\overline{X}_{\cdot j} - \overline{X})(X_{ij} - \overline{X}_{i\cdot} - \overline{X}_{\cdot j} + \overline{X}). \end{aligned}$$

因为

$$\begin{aligned} &\sum_{i=1}^{r}\sum_{j=1}^{s}(\overline{X}_{i\cdot} - \overline{X})(\overline{X}_{\cdot j} - \overline{X}) \\ &= \sum_{i=1}^{r}(\overline{X}_{i\cdot} - \overline{X})\left[\sum_{j=1}^{s}(\overline{X}_{\cdot j} - \overline{X})\right] \\ &= \sum_{i=1}^{r}(\overline{X}_{i\cdot} - \overline{X})(s\overline{X} - s\overline{X}) = 0, \end{aligned}$$

又

$$\begin{aligned}
&\sum_{i=1}^{r}\sum_{j=1}^{s}(\overline{X}_{i\cdot}-\overline{X})(X_{ij}-\overline{X}_{i\cdot}-\overline{X}_{\cdot j}+\overline{X}) \\
&=\sum_{i=1}^{r}(\overline{X}_{i\cdot}-\overline{X})\left[\sum_{j=1}^{s}(X_{ij}-\overline{X}_{i\cdot}-\overline{X}_{\cdot j}+\overline{X})\right] \\
&=\sum_{i=1}^{r}(\overline{X}_{i\cdot}-\overline{X})(s\overline{X}_{i\cdot}-s\overline{X}_{i\cdot}-s\overline{X}+s\overline{X}) \\
&=0.
\end{aligned}$$

同理可得$\sum\limits_{i=1}^{r}\sum\limits_{j=1}^{s}(\overline{X}_{\cdot j}-\overline{X})(X_{ij}-\overline{X}_{i\cdot}-\overline{X}_{\cdot j}+\overline{X})=0$. 由此可见 S_T 的展式中三个交叉项都等于零,故

$$S_T = S_A + S_B + S_E.$$

例 9.5.2 红铃虫的产卵数 y 与温度 x(℃)的一组试验数据如表 9.11 所示.

表 9.11

温度 x	21	23	25	27	29	32	35
产卵数 y	7	11	21	24	66	115	325

(1)求 y 关于 x 的回归方程,并进行显著性检验($\alpha=0.05$).

(2)求红铃虫产卵期温度为 $x_0=30$℃时,产卵数 y_0 的 95%的预测区间.

解 (1)先画散点图,如图 9.4 所示. 从图可以看出 y 与 x 之间呈指数关系,设 $y=\alpha_0 e^{\beta x+\varepsilon}$, $\varepsilon\sim N(0,\sigma^2)$, $\alpha_0>0$. 下面将非线性回归化为线性回归,为此,令 $v=\ln y$, $\alpha=\ln\alpha_0$,则有

$$v = \alpha + \beta x + \varepsilon,\ \varepsilon \sim N(0, \sigma^2).$$

由表 9.11 中(x, y)的数据可得到(x, v)如表 9.12 所示.

表 9.12

产卵数 y_i	7	11	21	24	66	115	325
$v_i=\ln y_i$	1.9459	2.3979	3.0445	3.1781	4.1897	4.7449	5.7838
温度 x_i	21	23	25	27	29	32	35
x_iv_i	40.8639	55.1517	76.1125	85.8087	121.5013	151.8368	202.4330

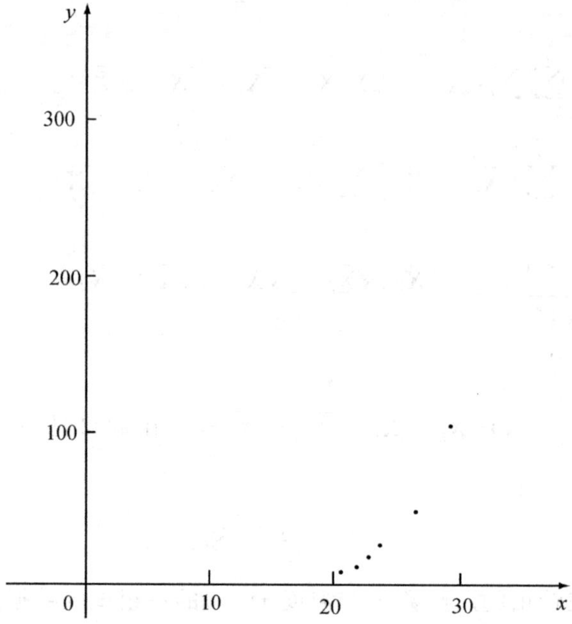

图 9.4

由表 9.12 中的数据计算得

$$\overline{x} = 27.4286, \quad \overline{x^2} = 773.4286,$$

$$\overline{v} = 3.6121, \quad \overline{v^2} = 14.6322, \quad \overline{xv} = 104.8154.$$

将其代入(9.44)得

$$\hat{\beta} = \frac{104.8154 - 27.4286 \times 3.6121}{773.4286 - 27.4286^2} = 0.272,$$

$$\hat{\alpha} = \overline{v} - \hat{\beta}\overline{x} = 3.6121 - 0.272 \times 27.4286 = -3.848.$$

从而,v 关于 x 的回归方程为

$$\overline{v} = -3.848 + 0.272x.$$

又由 $\alpha = \ln \alpha_0$ 得

$$\hat{\alpha}_0 = e^{\hat{\alpha}} = e^{-3.848} = 0.0213,$$

故 y 关于 x 的回归方程为

$$\hat{y} = 0.0213e^{0.272x}.$$

由(9.49)～(9.51)得

$$S_T = 7 \times (14.6322 - 3.6121^2) = 11.0945,$$

$$S_R = \frac{7 \times (104.8154 - 27.4286 \times 3.6121)^2}{773.4286 - 27.4286^2} = 10.9323,$$

$$S_E = S_T - S_R = 0.1622.$$

下面分别按照(9.53),(9.55),(9.57)计算三种统计量的观测值：

$$F = \frac{10.9323}{0.1622/5} = 337.00,$$

$$t = \frac{0.272\sqrt{7 \times (773.4286 - 27.4286^2)}}{\sqrt{0.1622/5}} = 18.3537,$$

$$r = \frac{104.8154 - 27.4286 \times 3.6121}{\sqrt{773.4286 - 27.4286^2} \cdot \sqrt{14.6322 - 3.6121^2}} = 0.9927.$$

当 $\alpha=0.05$ 时，三种检验的临界值分别为

$$F_{0.95}(1, 5) = 6.61, \quad t_{0.975}(5) = 2.5706, \quad c = 0.754.$$

由此可知，三种检验结果都是拒绝 H_0，说明回归显著.

(2)对于给定置信度 $1-\alpha=95\%$，查表知

$$t_{1-\alpha/2}(n-2) = t_{0.975}(5) = 2.5706.$$

由(9.64)得

$$\delta(30)=2.5706\times\sqrt{\frac{0.1622}{5}\left[1+\frac{1}{7}+\frac{(30-27.4286)^2}{7\times(773.4286-27.4286^2)}\right]}$$

$$=0.5046.$$

对于给定 $x_0=30$℃时，$\hat{v}_0=-3.848+0.272\times30=4.312$，于是 $\widehat{\ln y}$ 的预测区间为 4.312 ± 0.5046，故 y 的95%的预测区间为(45，124).

习 题 9

1. 现有A,B,C,D四种不同配方的饲料，用每一种饲料分别喂养6只同一品种同时孵化出的小鸡，共饲养了56天，每只鸡的增重(单位:g)数据如表9.13所示.

表 9.13

样本 试验号 水平	1	2	3	4	5	6
A	370	420	450	490	500	450
B	490	380	400	390	500	410
C	330	340	400	380	470	360
D	410	480	400	420	380	410

问这四种不同的饲料对小鸡增重有无显著影响($\alpha=0.05$)?

2. 某灯泡厂用 4 种不同材料制成灯丝,检验灯丝材料对灯泡寿命的影响,其试验数据如表 9.14 所示.

表 9.14

寿命 试验号 水平	1	2	3	4	5	6	7	8
A_1	1600	1610	1650	1680	1700	1720	1800	
A_2	1580	1640	1640	1700	1750			
A_3	1460	1550	1600	1620	1640	1600	1740	1820
A_4	1510	1520	1530	1570	1600	1680		

设灯泡寿命服从正态分布,试问灯泡寿命是否因灯丝材料不同而有显著差异($\alpha=0.05$)?

3. 某化工厂在用钡泥制取硝酸钡试验中,考虑到溶钡的溶出率受酸度的影响,今在四种不同的溶钡酸度下各做 4 次试验,测得废水中硝酸钡的含量(%)如表 9.15 所示.

表 9.15

硝酸钡含量 试验号 溶钡酸度	1	2	3	4
A	6.17	6.73	6.45	6.53
B	5.89	5.73	5.50	5.61
C	5.01	5.19	5.37	5.26
D	4.28	4.75	4.79	4.50

在显著性水平 $\alpha=0.01$ 下检验溶钡酸度对废水中的硝酸钡含量是否存在显著影响?

4. 测量 12 棵某种树的高度 y(单位:尺)和离地面 1.5 米处的直径 x(单位:寸),其数据如表 9.16 所示(1 米=3 尺=30 寸).

表 9.16

直径 x	0.9	1.2	2.9	3.1	3.3	3.9	4.3	6.2	9.6	12.6	16.1	25.8
高度 y	18	26	32	36	44.5	35.6	40.5	57.5	67.3	84	67	87.5

(1) 试问高度 y 与直径 x 之间是否存在线性相关关系($\alpha=0.05$)?

(2) 若存在线性相关关系,求出 y 关于 x 的回归方程.

5. 在彩色显像中,根据以往经验,形成染料光学密度 y 与析出银的光学密度 x 之间有如下关系式:

$$y = a\mathrm{e}^{-\frac{b}{x}} \qquad (b > 0).$$

现对 x 及 y 同时作 11 次试验,测得数据如表 9.17 所示.

表 9.17

x	0.47	0.43	0.38	0.31	0.25	0.20	0.14	0.10	0.07	0.06	0.05
y	1.29	1.25	1.19	1.12	1.00	0.79	0.59	0.37	0.23	0.14	0.10

求 y 关于 x 的回归方程. 并求当 $x=0.13$ 时 y 的 95% 的预测区间.

习题答案

习题 1

1. (1) 不成立；(2) 成立；(3) 不成立.

2. (1) $\Omega=\{(i, j) \mid i, j=1, 2, 3, 4, 5, 6\}$, $A=\{(5,6), (6, 5), (6, 6)\}$.

   $B=\{(1, 2), (2, 1), (2, 4), (4, 2), (1, 5), (5, 1), (3, 3), (3, 6), (6, 3), (4, 5), (5, 4), (6, 6)\}$；

   (2) $\Omega=\{(x, y) \mid x^2+y^2=1\}$, $A=\{(x, y)\in\Omega \mid x>0, y>0\}$,

   $B=\left\{(\cos\theta, \sin\theta) \mid 0\leqslant\theta\leqslant\frac{\pi}{4}\right\}$；

   (3) $\Omega=\{(i, j, k) \mid i, j, k=1, 2, 3, 4, 5, 6$, 且 $i\neq j\neq k\}$,

   $A=\{(4, 5, 6), (4, 6, 5), (5, 4, 6), (6, 4, 5), (5, 6, 4), (6, 5, 4)\}$,

   $B=\{(i, 4, k) \mid i, k=1, 2, 3, 5, 6$ 且 $i\neq k\}$.

3. (1) $A_1\cup A_2\cup A_3$, (2) $\overline{A_1 A_2 A_3}$, (3) $\overline{A}_1\overline{A}_2 A_3$, (4) $A_1 A_2 A_3$,

   (5) $A_1 A_2\overline{A}_3\cup A_1\overline{A}_2 A_3\cup\overline{A}_1 A_2 A_3$, (6) $\overline{A_1 A_2\cup A_2 A_3\cup A_1 A_3}$.

4. (1) 至少一个正品；(2) 至少两个正品；(3) 最多有一个零件不是正品.

5. $\frac{5}{8}$.

6. 0.2, 0.3.

7. (1) $A\subset B$, 0.5；(2) $A\cup B=\Omega$, 0.1.

8. 0.504

9. (1) 0.205；(2) 0.795；(3) 0.5298.

10. 0.0039.

11. 0.0008.

12. 0.2099.

13. (1) 0.923；(2) 0.077.

14. $P(A)=\frac{7}{15}$, $P(B)=\frac{14}{15}$, $P(C)=\frac{7}{30}$.

15. (1) 0.0545；(2) 0.29.

16. 0.3056.

17. $\frac{2}{3}$.

18. $\frac{7}{12}$.

19. 0.14, 0.676.

20. (1) $\frac{1}{5}$；(2) $\frac{3}{5}$.

21. (1) 0.24, (2) 0.424.

22．(1) 0.034，(2) 最有可能由丙地生产.

23．0.0094，0.17.

24．(1) 0.7447；(2) 0.3429.

25．(1) $\frac{2}{5}$；(2) 0.4856.

26．(1) 0.895；(2) 0.395.

27．(1) 0.44；(2) 0.13.

29．0.923.

30．并联 4 个.

31．(1) $p^n(2-p^n)$；(2) $p^n(2-p)^n$.

32．$3p^2-p^3-2p^4+p^5$.

33．0.1601

34．0.7866 $\left(=\frac{C_{47}^3}{C_{50}^3}\cdot(0.98)^3+\frac{C_{47}^2\cdot C_3^1}{C_{50}^3}\cdot(0.98)^2\cdot(0.05)+\frac{C_{47}^1\cdot C_3^2}{C_{50}^3}\cdot(0.98)\cdot(0.05)^2+\frac{C_3^3}{C_{50}^3}\cdot(0.05)^3\right)$.

35．$2p^2+2p^3-5p^4+2p^5$.

习题 2

1.

X	3	4	5
p_k	0.1	0.3	0.6

Y	6	7	8	9	10	11	12
p_k	0.1	0.1	0.2	0.2	0.2	0.1	0.1

2.

X	1	2	3	4	5
p_k	0.9	0.09	0.009	0.0009	0.0001

$P(X\leqslant 3)=0.999$.

3.

X	1	2	3	4
p_k	$\frac{1}{14}$	$\frac{3}{7}$	$\frac{3}{7}$	$\frac{1}{14}$

4．(1)

X	0	1	2	3	4
p_k	0.2066	0.4508	0.2817	0.0578	0.0031

(2)

Y	0	1	2	3	4	5	6
p_k	0.2621	0.3932	0.2458	0.0819	0.0154	0.0015	0.0001

5. $P(X=k)=0.76\cdot(0.24)^{k-1}$, $k=1, 2, \cdots$,

$P(Y=0)=0.4$, $P(Y=k)=0.76\cdot(0.6)^{k}\cdot(0.4)^{k-1}$, $k=1, 2, \cdots$.

6.

X	0	1	2	3	4	5
p_k	0.6532	0.2969	0.0467	0.0031	0.0001	0.0000

7. (1) $a=\frac{2}{5}$; (2) $\frac{1}{9}$; (3) $\frac{2}{15}$.

8. (1) 0.2759; (2) 0.8202; (3) 0.4557; (4) 0.8031; (5) 5 部; 2 部.

9. 若 λ 为整数,则 $k=\lambda-1$ 及 $k=\lambda$ 射都取得最大值,最大值为 $\frac{\lambda^{\lambda-1}e^{-\lambda}}{(\lambda-1)!}$;

若 λ 不是整数,则当 $k=[\lambda]$ 时取得最大值,其值为 $\frac{\lambda^{k}e^{-\lambda}}{k!}$.

10. (1) 0.9596; (2) 0.6160; (3) 8 件; (4) 5 件.

11. 用二项分布计算,$P(X=4)\approx0.1689$,用泊松分布计算,$P(X=4)\approx0.1680$,相对误差约为 5.3‰.

12. (1) $q^{r}(q=1-p)$.

13. $F_X(x)=\begin{cases}0, & x<3,\\ 0.1, & 3\leqslant x<4,\\ 0.4, & 4\leqslant x<5,\\ 1, & x\geqslant 5.\end{cases}$ $F_Y(y)=\begin{cases}0, & x<1,\\ \frac{1}{14}, & 1\leqslant x<2,\\ \frac{7}{14}, & 2\leqslant x<3,\\ \frac{13}{14}, & 3\leqslant x<4,\\ 1, & x\geqslant 4.\end{cases}$

14. (1)

X \ Y	0	1	2
0	0	0	$\frac{1}{35}$
1	0	$\frac{6}{35}$	$\frac{6}{35}$
2	$\frac{3}{35}$	$\frac{12}{35}$	$\frac{3}{35}$
3	$\frac{2}{35}$	$\frac{2}{35}$	0

(2)

X	0	1	2	3
$p_{i\cdot}$	$\frac{1}{35}$	$\frac{12}{35}$	$\frac{18}{35}$	$\frac{4}{35}$

Y	0	1	2
$p_{\cdot j}$	$\frac{5}{35}$	$\frac{20}{35}$	$\frac{10}{35}$

(3) $\frac{3}{5}$, $\frac{2}{3}$;

(4)

$X\mid Y=2$	0	1	2
p_k	$\frac{1}{10}$	$\frac{6}{10}$	$\frac{3}{10}$

15. (1)

X \ Y	1	2	3	4	5	6
1	$\frac{1}{36}$	$\frac{1}{36}$	$\frac{1}{36}$	$\frac{1}{36}$	$\frac{1}{36}$	$\frac{1}{36}$
2	0	$\frac{2}{36}$	$\frac{1}{36}$	$\frac{1}{36}$	$\frac{1}{36}$	$\frac{1}{36}$
3	0	0	$\frac{3}{36}$	$\frac{1}{36}$	$\frac{1}{36}$	$\frac{1}{36}$
4	0	0	0	$\frac{4}{36}$	$\frac{1}{36}$	$\frac{1}{36}$
5	0	0	0	0	$\frac{5}{36}$	$\frac{1}{36}$
6	0	0	0	0	0	$\frac{6}{36}$

(2) $\frac{21}{36}$;(3) $\frac{7}{36}$;

(4)

X	1	2	3	4	5	6
$p_{i\cdot}$	$\frac{1}{6}$	$\frac{1}{6}$	$\frac{1}{6}$	$\frac{1}{6}$	$\frac{1}{6}$	$\frac{1}{6}$

Y	1	2	3	4	5	6
$p_{\cdot j}$	$\frac{1}{36}$	$\frac{3}{36}$	$\frac{5}{36}$	$\frac{7}{36}$	$\frac{9}{36}$	$\frac{11}{36}$

(5) 不独立.

16. (1)

X \ Y	1	3
0	0	$\frac{1}{8}$
1	$\frac{3}{8}$	0
2	$\frac{3}{8}$	0
3	0	$\frac{1}{8}$

(2)

X	0	1	2	3
$p_{i\cdot}$	$\frac{1}{8}$	$\frac{3}{8}$	$\frac{3}{8}$	$\frac{1}{8}$

Y	1	3
$p_{\cdot j}$	$\frac{3}{4}$	$\frac{1}{4}$

17.

Y | X=0	1	2
p_k	$\frac{2}{5}$	$\frac{3}{5}$

X | Y=1	0	1
p_k	$\frac{1}{4}$	$\frac{3}{4}$

X | Y=2	0	1
p_k	$\frac{1}{2}$	$\frac{1}{2}$

18. $\alpha=\frac{2}{9}$, $\beta=\frac{1}{9}$.

19. $\frac{71}{24}$, $\frac{12}{53}$.

20. (1) $Y\sim\begin{bmatrix}0 & 1\\ 0.28 & 0.72\end{bmatrix}$;　　(2) $Z\sim\begin{bmatrix}-1 & 0 & 1\\ 0.064 & 0.504 & 0.432\end{bmatrix}$.

21. (1) $Y\sim\begin{bmatrix}0 & 1 & 4\\ 0.3 & 0.6 & 0.1\end{bmatrix}$, $F_Y(y)=\begin{cases}0, & y<0,\\ 0.3, & 0\leqslant y<1,\\ 0.9, & 1\leqslant y<4,\\ 1, & y\geqslant 4.\end{cases}$

(2) $Z\sim\begin{bmatrix}-1 & 0 & 1\\ 0.1 & 0.6 & 0.3\end{bmatrix}$.

22. $U\sim\begin{bmatrix}-1 & 0 & \frac{\sqrt{2}}{2} & 1\\ \frac{2}{9} & \frac{1}{9} & \frac{4}{9} & \frac{2}{9}\end{bmatrix}$.

23.

Z	0	1	2	3	4
p_k	$\frac{6}{35}$	$\frac{6}{35}$	$\frac{18}{35}$	$\frac{2}{35}$	$\frac{3}{35}$

W	−1	0	1
p_k	$\frac{2}{7}$	$\frac{4}{7}$	$\frac{1}{7}$

24. 略

25. $P\left(\overline{X}=\frac{k}{n}\right)=C_n^k p^k q^{n-k}$, $k=0, 1, 2, \cdots, n$.

习题 3

1. $e^{-\frac{2}{c}}$.

2. (1) $\frac{1}{\pi}$;　　(2) $F(x)=\begin{cases}0, & x<-1,\\ \frac{1}{2}+\frac{1}{\pi}\arcsin x, & -1\leqslant x<1,\\ 1, & x\geqslant 1;\end{cases}$　　(3) $\frac{1}{3}$.

3. (1) $F(x)=\begin{cases}0, & x<0,\\ \dfrac{x^3}{8}, & 0\leqslant x<2,\\ 1, & x\geqslant 2.\end{cases}$ (2) $f(x)=\begin{cases}\dfrac{3}{8}x^2, & 0\leqslant x\leqslant 2,\\ 0, & \text{其他}.\end{cases}$ (3) $\dfrac{1}{8}$.

4. $F(x)=\begin{cases}\dfrac{1}{2}e^x, & x<0,\\ 1-\dfrac{1}{2}e^{-x}, & x\geqslant 0.\end{cases}$

5. $F(x)=\begin{cases}\dfrac{1}{2}e^x, & x<0,\\ \dfrac{1}{2}+\dfrac{x^2}{4}, & 0\leqslant x<1,\\ x-\dfrac{x^2}{4}, & 1\leqslant x<2,\\ 1, & x\geqslant 2.\end{cases}$

6. $\dfrac{20}{27}$.

8. (1) $6e^{-\frac{5}{3}}(1-e^{-\frac{1}{3}})$; (2) $1-e^{-2}$.

9. (1) 0.2177; (2) 0.5013; (3) 0.1212; (4) 0.9876.

10. (1) 0.9573; (2) 0.2358; (3) 0.2128; (4) 0.2417.

11. 0.6826.

12. (1) 0.8413; (2) 186.45(cm); (3) 0.96.

13. (1) $k=\dfrac{1}{4}$; (2) $\dfrac{5}{64}$; (3) $\dfrac{3}{16}$; (4) $\dfrac{1}{4}$.

14. (1) $A=6$;

(2) $F(x,y)=\begin{cases}(1-e^{-2x})(1-e^{-3y}), & x>0,\ y>0,\\ 0, & \text{其他}.\end{cases}$

(3) $(1-e^{-2})(1-e^{-9})$, $\dfrac{2}{5}$,

(4) 独立.

15. (1) $f(x,y)=\begin{cases}\dfrac{1}{2}, & 1\leqslant x\leqslant 2,\ 2\leqslant y\leqslant 4,\\ 0, & \text{其他}.\end{cases}$

$f_X(x)=\begin{cases}1, & 1\leqslant x\leqslant 2,\\ 0, & \text{其他}.\end{cases}$ $f_Y(y)=\begin{cases}\dfrac{1}{2}, & 2\leqslant y\leqslant 4,\\ 0, & \text{其他}.\end{cases}$

(2) 设

$G_0=\{(x,y)\mid 1\leqslant x\leqslant 2,\ 2\leqslant y\leqslant 4\}$, $G_1=\{(x,y)\mid 1\leqslant x\leqslant 2,\ y>4\}$,

$G_2=\{(x,y)\mid 2\leqslant y\leqslant 4,\ x>2\}$, $G_3=\{(x,y)\mid x>2,\ y>4\}$.

则 $F(x,y)=\begin{cases}0, & (x,y)\in \mathbf{R}^2-\bigcup\limits_{i=0}^{3}G_i,\\ \dfrac{1}{2}(x-1)(y-2), & (x,y)\in G_0,\\ x-1, & (x,y)\in G_1,\\ \dfrac{1}{2}(y-2), & (x,y)\in G_2,\\ 1, & (x,y)\in G_3.\end{cases}$

16. (1) $f(x,y)=\begin{cases}\dfrac{1}{2}e^{-\frac{y}{2}}, & y>0,\ 0<x<1,\\ 0, & \text{其他}.\end{cases}$ (2) 0.1445.

17. $a=\dfrac{5}{3}$或$\dfrac{7}{3}$.

18. (1) $f_X(x)=\begin{cases}3x^2, & 0<x<1,\\ 0, & \text{其他}.\end{cases}$　$f_Y(y)=\begin{cases}\dfrac{3}{2}(1-y^2), & 0<y<1,\\ 0, & \text{其他}.\end{cases}$

X与Y不独立.

(2) $0<y<1$ 时. $f_{X|Y}(x\mid y)=\begin{cases}\dfrac{2x}{1-y^2}, & y<x<1,\\ 0, & \text{其他}.\end{cases}$ $0<x<1$ 时, $f_{Y|X}(y\mid x)$

$=\begin{cases}\dfrac{1}{x}, & 0<y<x,\\ 0, & \text{其他}.\end{cases}$

(3) $f_Z(z)=\begin{cases}\dfrac{3}{2}(1-z^2), & 0\leqslant z\leqslant 1,\\ 0, & \text{其他}.\end{cases}$

19. $f_X(x)=\begin{cases}\dfrac{3}{2}x^2+x, & 0\leqslant x\leqslant 1,\\ 0, & \text{其他}.\end{cases}$　$f_Y(y)=\begin{cases}\dfrac{1}{4}+\dfrac{y}{8}, & 1\leqslant y\leqslant 3,\\ 0, & \text{其他}.\end{cases}$

当 $1\leqslant y\leqslant 3$ 时, $f_{X|Y}(x\mid y)=\begin{cases}\dfrac{6x^2+2xy}{2+y}, & 0\leqslant x\leqslant 1,\\ 0, & \text{其他}.\end{cases}$

当 $0\leqslant x\leqslant 1$ 时, $f_{Y|X}(y\mid x)=\begin{cases}\dfrac{3x+y}{6x+4}, & 1\leqslant y\leqslant 3,\\ 0, & \text{其他}.\end{cases}$

$P\left(X<\dfrac{1}{2}\mid Y=2\right)=\dfrac{3}{16}$, $P\left(X<\dfrac{1}{2}\mid Y\leqslant 2\right)=\dfrac{5}{28}$.

20. (1) $f_X(x)=\begin{cases}\dfrac{\ln x}{x^2}, & 1<x<+\infty,\\ 0, & \text{其他}.\end{cases}$　$f_Y(y)=\begin{cases}\dfrac{1}{2}, & 0<y\leqslant 1,\\ \dfrac{1}{2y^2}, & 1<y<+\infty,\\ 0, & y\leqslant 0.\end{cases}$

(2) $1-\dfrac{2}{e}$，$\dfrac{1}{2}$.

(3) 当 $1<x<+\infty$ 时，$f_{Y|X}(y|x)=\begin{cases}\dfrac{1}{2y\ln x}, & \dfrac{1}{x}<y<x,\\ 0, & \text{其他}.\end{cases}$

当 $0<y\leqslant 1$ 时，$f_{X|Y}(x|y)=\begin{cases}\dfrac{1}{x^2 y}, & \dfrac{1}{y}\leqslant x<+\infty,\\ 0, & \text{其他}.\end{cases}$

当 $1<y<+\infty$ 时，$f_{X|Y}(x|y)=\begin{cases}\dfrac{y}{x^2}, & y\leqslant x<+\infty,\\ 0, & \text{其他}.\end{cases}$

(4) $\dfrac{1}{2}$，$\dfrac{3}{4}$.

21. $f(x,y)=\begin{cases}\dfrac{1}{x}e^{-x}, & 0<y<x<+\infty,\\ 0, & \text{其他}.\end{cases}$

22. $f_Y(y)=\begin{cases}\dfrac{1}{2y}, & e^2<y<e^4,\\ 0, & \text{其他}.\end{cases}$

23. $f_Y(y)=\begin{cases}3(1-y)^5 e^{-(1-y)^3}, & y<1,\\ 0, & \text{其他}.\end{cases}$

24. $f_Y(y)=\begin{cases}\dfrac{2}{\pi(y^2+1)}, & y>0,\\ 0, & \text{其他}.\end{cases}$　$\dfrac{1}{2}$.

25. $f_Y(y)=\begin{cases}\dfrac{1}{3}, & 2\leqslant y\leqslant 5,\\ 0, & \text{其他}.\end{cases}$　$f_Z(z)=\begin{cases}\dfrac{1}{2\sqrt{2z}}, & 8\leqslant z\leqslant 18,\\ 0, & \text{其他}.\end{cases}$

26. $f_Y(y)=\begin{cases}\dfrac{2}{3}e^{-\frac{8-2y}{3}}, & y<4,\\ 0, & \text{其他}.\end{cases}$　$f_Z(z)=\begin{cases}\dfrac{1}{\sqrt{z}}e^{-2\sqrt{z}}, & z>0,\\ 0, & \text{其他}.\end{cases}$

27. $F_Z(z)=\begin{cases}1-e^{-\frac{z}{m\sigma^2}}, & z\geqslant 0,\\ 0, & \text{其他}.\end{cases}$　$f_Z(z)=\begin{cases}\dfrac{1}{m\sigma^2}e^{-\frac{Z}{m\sigma^2}}, & z>0,\\ 0, & \text{其他}.\end{cases}$

28. (i) $f_Z(z)=\begin{cases}1-e^{-z}, & 0\leqslant z\leqslant 1,\\ e^{-z}(e-1), & z>1,\\ 0, & \text{其他}.\end{cases}$　(ii) $f_Z(z)=\begin{cases}z, & 0\leqslant z\leqslant 1,\\ 2-z, & 1<z\leqslant 2,\\ 0, & \text{其他}.\end{cases}$

(iii) $f(z)=\dfrac{1}{2\pi}\left[\Phi\left(\dfrac{z+\pi-\mu}{\sigma}\right)-\Phi\left(\dfrac{z-\pi-\mu}{\sigma}\right)\right]$，$-\infty<z<+\infty$.

(iv) $f_Z(z)=\begin{cases}\frac{1}{2}z^2, & 0\leqslant z\leqslant 1,\\ -z^2+3z-\frac{3}{2}, & 1<z\leqslant 2,\\ \frac{1}{2}z^2-3z+\frac{9}{2}, & 2<z\leqslant 3,\\ 0, & \text{其他}.\end{cases}$

29. (i) $f_Z(z)=\begin{cases}ze^{-z}, & z>0,\\ 0, & \text{其他}.\end{cases}$ (ii) $f_Z(z)=\begin{cases}\frac{1}{2}e^{-z}, & z>0,\\ \frac{1}{2}e^{z}, & z<0.\end{cases}$

30. 0.3544.

31. 提示:求出 X^2、Y^2 的联合分布函数,并计算其联合密度及边缘密度.

32. $f_Z(z)=\begin{cases}\frac{2}{(z+2)^2}, & z>0,\\ 0, & \text{其他}.\end{cases}$

33. (i) $f_1(z)=\begin{cases}(\lambda+\theta)e^{-(\lambda+\theta)z}, & z>0,\\ 0, & \text{其他}.\end{cases}$

(ii) $f_2(z)=\begin{cases}\lambda e^{-\lambda z}+\theta e^{-\theta z}-(\lambda+\theta)e^{-(\lambda+\theta)z}, & z>0,\\ 0, & \text{其他}.\end{cases}$

(iii) $f_3(z)=\begin{cases}\frac{\lambda\theta}{\theta-\lambda}[e^{-\lambda z}-e^{-\theta z}], & z>0,\\ 0, & \text{其他}.\end{cases}$

34. (1) $f_Z(z)=\begin{cases}\frac{(20-z)^2}{576}, & 8\leqslant z\leqslant 20,\\ 0, & \text{其他}.\end{cases}$ (2) 0.7703.

习题 4

1. $\frac{1}{3}$, $\frac{2}{3}$, $\frac{35}{24}$.

2. $\frac{2}{a}$.

3. $\frac{1}{2a}\sqrt{2\pi}$.

4. $\frac{1}{p}$, $\frac{q}{p^2}$.

5. $\frac{3}{8}$, $\frac{77}{192}$.

6. $a=\frac{1}{2}$, $b=\frac{1}{\pi}$, $E(X)=0$, $D(X)=\frac{1}{2}$.

7. 3500 吨.

8. 1000 元.

9. $2(1-e^{-2})$.

10. $-1,76,2$.

11. 1.5 件.

12. 6.97(次).

13. (1) $\frac{5}{3},\frac{47}{24}$;(2) $\frac{27}{8}$;(3) $\frac{5}{9},\frac{47}{64}$.

14. (1) $\frac{12}{7},\frac{8}{7}$;(2) $\frac{12}{7}$;(3) $\frac{24}{49},\frac{20}{49}$.

16. $\boldsymbol{n}$, $2\boldsymbol{n}$.

17. $\sqrt{\frac{\pi}{2}}a$, $\frac{4-\pi}{2}a^2$.

18. (1) $E(U)=17$; (2) $D(V)=31$.

19. 12.

20. $\lambda^3+3\lambda^2+\lambda,\lambda$.

21. $\frac{1}{9}$, 0.174, $\frac{439}{144}$.

22. $-\frac{12}{49}$, -0.5477, $\frac{60}{7}$.

23. (2) $\alpha=\frac{1}{4}$, $\beta=\frac{1}{8}$ 或 $\alpha=\frac{1}{8}$, $\beta=\frac{1}{4}$;

(3) 当 $\alpha=\frac{1}{4}$, $\beta=\frac{1}{8}$ 时不独立,当 $\alpha=\frac{1}{8}$, $\beta=\frac{1}{4}$ 时独立.

24. (1) $E(X)=\frac{2}{3}$, $E(Y)=\frac{1}{3}$; (2) $D(X)=\frac{2}{9}$, $D(Y)=\frac{1}{18}$;

(3) $\mathrm{Cov}(X, Y)=-\frac{1}{18}$, $\rho_{XY}=-\frac{1}{2}$;(4) 负相关,不独立.

25. $V=\begin{bmatrix}\frac{11}{36} & -\frac{1}{36}\\ -\frac{1}{36} & \frac{11}{36}\end{bmatrix}$, $\rho_{XY}=-\frac{1}{11}$.

26. $V=\begin{bmatrix}\frac{3}{80} & \frac{3}{160}\\ \frac{3}{160} & \frac{19}{320}\end{bmatrix}$, $\rho_{XY}=\frac{3}{\sqrt{57}}=0.3974$.

27. (1)

U \ V	0	1
0	$\frac{1}{4}$	0
1	$\frac{1}{4}$	$\frac{1}{2}$

(2) $\rho_{UV}=\frac{1}{\sqrt{3}}$.

29. $\rho_{UV}=\frac{\alpha^2-\beta^2}{\alpha^2+\beta^2}$.

30. (1) $\frac{1}{3}$, 3;(2)0;(3)0.1506.

31．(1) 0,2;(2)0;(3) 不独立,也不相关.

32．(1) 0.(2) 略.

33．(1) $u_{0.9}=1.28$；(2) $u_{0.1}=-u_{0.9}=-1.28$；(3) $u_{0.95}=1.645$.

34．当 λ 不是整数,众数为[λ];当 λ 是整数时,众数为 λ 或 λ−1.

35．0.4013.

习题 5

2．0.975.

4．(1) 0.9;(2) 0.5885.

5．(1) 1.5;(2) 5;(3) $\frac{\theta}{2}$.

6．0.383.

7．0.1112.

8．(1)0.1212;(2)997.

9．(1) 0.0062;(2) 807.84 千瓦.

10．113.2 千瓦.

11．(1) 0.0013;(2)0.84.

12．(1) 240;(2) 65.

习题 6

1．$\overline{x}=58.84$，$s^2=8.84$，$b_2=7.9564$.

2．(2) $F_n(x)=\begin{cases}0, & x<-1,\\ 0.14, & -1\leqslant x<0,\\ 0.36, & 0\leqslant x<1,\\ 0.68, & 1\leqslant x<2,\\ 0.88, & 2\leqslant x<3,\\ 1, & x\geqslant 3.\end{cases}$

(3) $\overline{x}=0.94$，$s^2=1.4861$.

3．$\overline{x}=27$，$s^2=242.21$

4．29.

5．0.75.

6．0.7776.

7．0.0164.

8．(1) 0.901;(2) 0.95.

10．$\rho=0.5$.

11．$\mu+\sigma^2$，$\frac{\sigma^2}{n}+\frac{2\sigma^4}{n-1}$.

13．0.6744.

14．(1) 0.6826;(2) 0.95.

17. $c=\frac{1}{3}$.

18. (1) $E(\overline{X})=\lambda$, $D(\overline{X})=\frac{\lambda}{n}$;

(2) 利用可加性可得 $P\left(\overline{X}=\frac{k}{n}\right)=\frac{(n\lambda)^k}{k!}e^{-n\lambda}$, $k=0, 1, 2, \cdots$;

(3) $\overline{X}$ 近似地 $\sim N\left(\lambda, \frac{\lambda}{n}\right)$.

习题 7

1. $\hat{\mu}=53.002$, $\hat{\sigma}^2=6\times10^{-6}$, $\hat{p}\{X<53.004\}=0.7939$.

2. $\hat{\theta}=\frac{1}{\overline{X}}=0.00856$.

3. $\hat{\theta}_1=\overline{X}-\sqrt{\frac{1}{n}\sum_{i=1}^{n}(X_i-\overline{X})^2}$, $\hat{\theta}_2=\sqrt{\frac{1}{n}\sum_{i=1}^{n}(X_i-\overline{X})^2}$.

4. (1) 矩估计, $\hat{\theta}_M=\frac{2\overline{x}-1}{1-\overline{x}}$, 极大似然估计, $\hat{\theta}_L=-\left(1+\frac{n}{\sum_{i=1}^{n}L_n x_i}\right)$;

(2) $\hat{\theta}_M=\left(\frac{\overline{x}}{1-\overline{x}}\right)^2$, $\hat{\theta}_L=\frac{n^2}{(\sum_{i=1}^{n}L_n x_i)^2}$;

(3) $\hat{\theta}_M=\sqrt{\frac{2}{\pi}}\overline{x}$, $\hat{\theta}_L=\sqrt{\frac{\sum_{i=1}^{n}x_i^2}{2n}}$.

5. $\hat{\mu}=\frac{1}{n}\sum_{i=1}^{n}lnx_i$, $\hat{\sigma}^2=\frac{1}{n}\sum_{i=1}^{n}(lnx_i-\hat{\mu})^2$.

6. $\hat{\sigma}^2=\sum_{i=1}^{n}x_i^2/n$.

7. $\hat{p}\{X<t\}=\Phi\left(\frac{t-\overline{x}}{\sqrt{b_2}}\right)$.

8. $\hat{\theta}=\min\{x_1, x_2, \cdots, x_n\}$.

9. $c=\frac{1}{2(n-1)}$.

10. (1) $\hat{p}_M=\overline{x}$, $\hat{p}_L=\overline{x}$.

11. $D(\hat{\mu}_3)$ 最小.

12. 提示:可利用例 7.2.2 结果证 $M(\hat{\theta}_1)>M(\hat{\theta}_2)$,

13. 提示:可利用切比雪夫不等式证.

14. (1) $572.1<\mu<578.3$;

(2) $568.97<\mu<581.43$.

15. $n\geqslant\left(2u_{1-\frac{\alpha}{2}}\frac{\sigma_0}{l}\right)^2$.

16. $6.665<\mu<6.675$, $1.76\times10^{-5}<\sigma^2<17.02\times10^{-5}$.

17. $7.70<\sigma<17.36$.

18．$1.57<\mu_1-\mu_2<4.63$.

19．(1) $0.803<\frac{\sigma_2^2}{\sigma_1^2}<17.834$；(2) $-0.2268<\mu_1-\mu_2<0.2740$.

20．$3.71<\lambda<4.32$.

21．$33\times10^{-5}<\lambda<46\times10^{-5}$.

22．(1) $\mu>40394$；(2) $\sigma<2344$.

23．符合设计要求.

习题 8

1．能.

2．(1) 正常；(2) 正常.

3．认为标准差偏大.

4．认为方差小于 35.

5．有显著变化.

6．不能.

7．无显著差异.

8．(1) 相等；(2) 无显著差异.

9．无显著变化.

10．支持.

11．服从泊松分布.

12．服从正态分布.

13．服从正态分布.

习题 9

1．无显著影响.

2．没有显著影响.

3．存在显著影响.

4．(1) 存在线性相关；(2) $\hat{y}=29.318+2.7156x$.

5．$\hat{y}=1.73e^{-\frac{0.146}{x}}$. 预测区间为(0.529, 0.598).

参 考 文 献

［1］ 复旦大学.概率论(第一、二册).北京:人民教育出版社,1979

［2］ 中山大学数学系.概率论与数理统计.北京:高等教育出版社,1980

［3］ 唐嗣政.概率论与数理统计.成都:成都科技大学出版社,1995

［4］ 盛骤,谢式千,潘承毅.概率论与数理统计(第二版).北京:高等教育出版社,1989

［5］ Strait, Peggy Tang. A First Course in Probability and Statistics with Applications. Harcour Brace Jovanovich, INC, 1983

［6］ C. R. Rao. Linear Statistical Inference and Its Applications. John WiLey,1973

附表 1　标准正态分布表

$$\Phi(z)=\int_{-\infty}^{z}\frac{1}{\sqrt{2\pi}}e^{-u^2/2}\,du=P(Z\leqslant z)$$

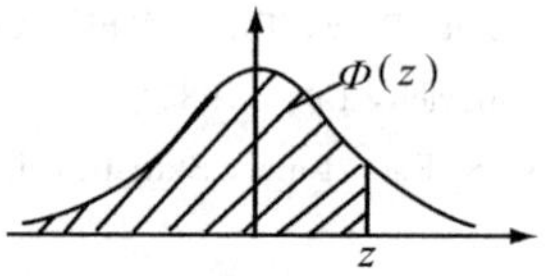

z	0	1	2	3	4	5	6	7	8	9
0.0	0.5000	0.5040	0.5080	0.5120	0.5160	0.5199	0.5239	0.5279	0.5319	0.5359
0.1	0.5398	0.5438	0.5478	0.5517	0.5557	0.5596	0.5636	0.5675	0.5714	0.5753
0.2	0.5793	0.5832	0.5871	0.5910	0.5948	0.5987	0.6026	0.6064	0.6103	0.6141
0.3	0.6179	0.6217	0.6255	0.6293	0.6331	0.6368	0.6406	0.6443	0.6480	0.6517
0.4	0.6554	0.6591	0.6628	0.6664	0.6700	0.6736	0.6772	0.6808	0.6844	0.6879
0.5	0.6915	0.6950	0.6985	0.7019	0.7054	0.7088	0.7123	0.7157	0.7190	0.7224
0.6	0.7257	0.7291	0.7324	0.7357	0.7389	0.7422	0.7454	0.7486	0.7517	0.7549
0.7	0.7580	0.7611	0.7642	0.7673	0.7703	0.7734	0.7764	0.7794	0.7823	0.7852
0.8	0.7881	0.7910	0.7939	0.7967	0.7995	0.8023	0.8051	0.8078	0.8106	0.8133
0.9	0.8159	0.8186	0.8212	0.8238	0.8264	0.8289	0.8315	0.8340	0.8365	0.8389
1.0	0.8413	0.8438	0.8461	0.8485	0.8508	0.8531	0.8554	0.8577	0.8599	0.8621
1.1	0.8643	0.8665	0.8686	0.8708	0.8729	0.8749	0.8770	0.8790	0.8810	0.8830
1.2	0.8849	0.8869	0.8888	0.8907	0.8925	0.8944	0.8962	0.8980	0.8997	0.9015
1.3	0.9032	0.9049	0.9066	0.9082	0.9099	0.9115	0.9131	0.9147	0.9162	0.9177
1.4	0.9192	0.9207	0.9222	0.9236	0.9251	0.9265	0.9278	0.9292	0.9306	0.9319
1.5	0.9332	0.9345	0.9357	0.9370	0.9382	0.9394	0.9406	0.9418	0.9430	0.9441
1.6	0.9452	0.9463	0.9474	0.9484	0.9495	0.9505	0.9515	0.9525	0.9535	0.9545
1.7	0.9554	0.9564	0.9573	0.9582	0.9591	0.9599	0.9608	0.9616	0.9625	0.9633
1.8	0.9641	0.9648	0.9656	0.9664	0.9671	0.9678	0.9686	0.9693	0.9700	0.9706
1.9	0.9713	0.9719	0.9726	0.9732	0.9738	0.9744	0.9750	0.9756	0.9762	0.9767
2.0	0.9772	0.9778	0.9783	0.9788	0.9793	0.9798	0.9803	0.9808	0.9812	0.9817
2.1	0.9821	0.9826	0.9830	0.9834	0.9838	0.9842	0.9846	0.9850	0.9854	0.9857
2.2	0.9861	0.9864	0.9868	0.9871	0.9874	0.9878	0.9881	0.9884	0.9887	0.9890
2.3	0.9893	0.9896	0.9898	0.9901	0.9904	0.9906	0.9909	0.9911	0.9913	0.9916
2.4	0.9918	0.9920	0.9922	0.9925	0.9927	0.9929	0.9931	0.9932	0.9934	0.9936
2.5	0.9938	0.9940	0.9941	0.9943	0.9945	0.9946	0.9948	0.9949	0.9951	0.9952
2.6	0.9953	0.9955	0.9956	0.9957	0.9959	0.9960	0.9961	0.9962	0.9963	0.9964
2.7	0.9965	0.9966	0.9967	0.9968	0.9969	0.9970	0.9971	0.9972	0.9973	0.9974
2.8	0.9974	0.9975	0.9976	0.9977	0.9977	0.9978	0.9979	0.9979	0.9980	0.9981
2.9	0.9981	0.9982	0.9982	0.9983	0.9984	0.9984	0.9985	0.9985	0.9986	0.9986
3.0	0.9987	0.9990	0.9993	0.9995	0.9997	0.9998	0.9998	0.9999	0.9999	1.0000

注：表中末行系函数值 $\Phi(3.0)$，$\Phi(3.1)$，…，$\Phi(3.9)$

附表 2　泊松分布表

$$1-F(x-1)=\sum_{r=x}^{r=\infty}\frac{e^{-\lambda}\lambda^{r}}{r!}$$

x	$\lambda=0.2$	$\lambda=0.3$	$\lambda=0.4$	$\lambda=0.5$	$\lambda=0.6$
0	1.0000000	1.0000000	1.0000000	1.0000000	1.0000000
1	0.1812692	0.2591818	0.3296800	0.323469	0.451188
2	0.0175231	0.0369363	0.0615519	0.090204	0.121901
3	0.0011485	0.0035995	0.0079263	0.014388	0.023115
4	0.0000568	0.0002658	0.0007763	0.001752	0.003358
5	0.0000023	0.0000158	0.0000612	0.000172	0.000394
6	0.0000001	0.0000008	0.0000040	0.000014	0.000039
7			0.0000002	0.000001	0.000003

x	$\lambda=0.7$	$\lambda=0.8$	$\lambda=0.9$	$\lambda=1.0$	$\lambda=1.2$
0	1.0000000	1.0000000	1.0000000	1.0000000	1.0000000
1	0.503415	0.550671	0.593430	0.632121	0.698806
2	0.155805	0.191208	0.227518	0.264241	0.337373
3	0.034142	0.047423	0.062857	0.080301	0.120513
4	0.005753	0.009080	0.013459	0.018988	0.033769
5	0.000786	0.001411	0.002344	0.003660	0.007746
6	0.000090	0.000184	0.000343	0.000594	0.001500
7	0.000009	0.000021	0.000043	0.000083	0.000251
8	0.000001	0.000002	0.000005	0.000010	0.000037
9				0.000001	0.000005
10					0.000001

x	$\lambda=1.4$	$\lambda=1.6$	$\lambda=1.8$	$\lambda=2.0$	
0	1.000000	1.000000	1.000000	1.000000	
1	0.753403	0.798103	0.834701	0.864665	
2	0.408167	0.475069	0.537163	0.593994	
3	0.166502	0.216642	0.269379	0.323323	
4	0.053725	0.078813	0.108708	0.142876	

续附表 2

x	λ=1.4	λ=1.6	λ=1.8	λ=2.0		
5	0.014253	0.023682	0.036407	0.052652		
6	0.003201	0.006040	0.010378	0.016563		
7	0.000622	0.001336	0.002569	0.004533		
8	0.000107	0.000260	0.000562	0.001096		
9	0.000016	0.000045	0.000110	0.000237		
10	0.000002	0.000007	0.000019	0.000046		
11		0.000001	0.000003	0.000008		

x	λ=2.5	λ=3.0	λ=3.5	λ=4.0	λ=4.5	λ=5.0
0	1.000000	1.000000	1.000000	1.000000	1.000000	1.000000
1	0.917915	0.950213	0.969803	0.981684	0.988891	0.993262
2	0.712703	0.800852	0.864112	0.908422	0.938901	0.959572
3	0.456187	0.576810	0.679153	0.761897	0.826422	0.875348
4	0.242424	0.352768	0.463367	0.566530	0.657704	0.734974
5	0.108822	0.184737	0.274555	0.371163	0.467896	0.559507
6	0.042021	0.083918	0.142386	0.214870	0.297070	0.384039
7	0.014187	0.033509	0.065288	0.110674	0.168949	0.237817
8	0.004247	0.011905	0.026739	0.051134	0.086586	0.133372
9	0.001140	0.003803	0.009874	0.021368	0.040257	0.068094
10	0.000277	0.001102	0.003315	0.008132	0.017093	0.031828
11	0.000062	0.000292	0.001019	0.002840	0.006669	0.013695
12	0.000013	0.000071	0.000289	0.000915	0.002404	0.005453
13	0.000002	0.000016	0.000076	0.000274	0.000805	0.002019
14		0.000003	0.000019	0.000076	0.000252	0.000698
15		0.000001	0.000004	0.000020	0.000074	0.000226
16			0.000001	0.000005	0.000020	0.000069
17				0.000001	0.000005	0.000020
18					0.000001	0.000005
19						0.000001

附表 3　t 分布表

$P(t(n) \leqslant t_p(n)) = p$

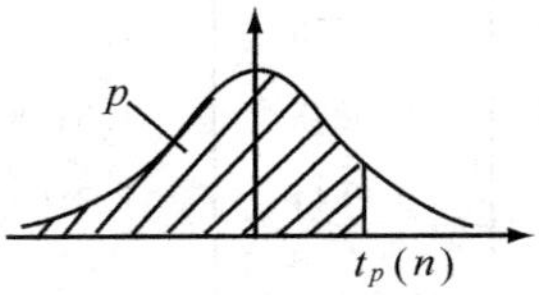

n \ p	0.75	0.90	0.95	0.975	0.99	0.995
1	1.0000	3.0777	6.3138	12.7062	31.8207	63.6574
2	0.8165	1.8856	2.9200	4.3027	6.9646	9.9248
3	0.7649	1.6377	2.3534	3.1824	4.5407	5.8409
4	0.7407	1.5332	2.1318	2.7764	3.7469	4.6041
5	0.7267	1.4759	2.0150	2.5706	3.3649	4.0322
6	0.7176	1.4398	1.9432	2.4469	3.1427	3.7074
7	0.7111	1.4149	1.8946	2.3646	2.9980	3.4995
8	0.7064	1.3968	1.8595	2.3060	2.8965	3.3554
9	0.7027	1.3830	1.8331	2.2622	2.8214	3.2498
10	0.6998	1.3722	1.8125	2.2281	2.7638	3.1693
11	0.6974	1.3634	1.7959	2.2010	2.7181	3.1058
12	0.6955	1.3562	1.7823	2.1788	2.6810	3.0545
13	0.6938	1.3502	1.7709	2.1604	2.6503	3.0123
14	0.6924	1.3450	1.7613	2.1448	2.6245	2.9768
15	0.6912	1.3406	1.7531	2.1315	2.6025	2.9467
16	0.6901	1.3368	1.7459	2.1199	2.5835	2.9208
17	0.6892	1.3334	1.7396	2.1098	2.5669	2.8982
18	0.6884	1.3304	1.7341	2.1009	2.5524	2.8784
19	0.6876	1.3277	1.7291	2.0930	2.5395	2.8609
20	0.6870	1.3253	1.7247	2.0860	2.5280	2.8453

续附表 3

n \ p	0.75	0.90	0.95	0.975	0.99	0.995
21	0.6864	1.3232	1.7207	2.0796	2.5177	2.8314
22	0.6858	1.3212	1.7171	2.0739	2.5083	2.8188
23	0.6853	1.3195	1.7139	2.0687	2.4999	2.8073
24	0.6848	1.3178	1.7109	2.0639	2.4922	2.7969
25	0.6844	1.3163	1.7081	2.0595	2.4851	2.7874
26	0.6840	1.3150	1.7058	2.0555	2.4786	2.7787
27	0.6837	1.3137	1.7033	2.0518	2.4727	2.7707
28	0.6834	1.3125	1.7011	2.0484	2.4671	2.7633
29	0.6830	1.3114	1.6991	2.0452	2.4620	2.7564
30	0.6828	1.3104	1.6973	2.0423	2.4573	2.7500
31	0.6825	1.3095	1.6955	2.0395	2.4528	2.7440
32	0.6822	1.3086	1.6939	2.0369	2.4487	2.7385
33	0.6820	1.3077	1.6924	2.0345	2.4448	2.7333
34	0.6818	1.3070	1.6909	2.0322	2.4411	2.7284
35	0.6816	0.3062	1.6896	2.0301	2.4377	2.7238
36	0.6814	1.3055	1.6883	2.0281	2.4345	2.7195
37	0.6812	1.3049	1.6871	2.0262	2.4314	2.7154
38	0.6810	1.3042	1.6860	2.0244	2.4286	2.7116
39	0.6808	1.3036	1.6849	2.0227	2.4258	2.7079
40	0.6807	1.3031	1.6839	2.0211	2.4233	2.7045
41	0.6805	1.3025	1.6829	2.0195	2.4208	2.7012
42	0.6804	1.3020	1.6820	2.0181	2.4185	2.6981
43	0.6802	1.3016	1.6811	2.0167	2.4163	2.6951
44	0.6801	1.3011	1.6802	2.0154	2.4141	2.6923
45	0.6800	1.3006	1.6794	2.0141	2.4121	2.6806

附表 4　χ^2 分布表

$$P(\chi^2(n) \leqslant \chi_p^2(n)) = p$$

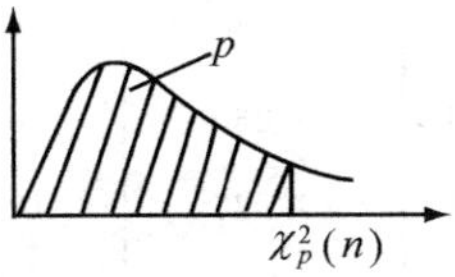

n \ p	0.005	0.01	0.025	0.05	0.10	0.25
1	—	—	0.001	0.004	0.016	0.102
2	0.010	0.020	0.051	0.103	0.211	0.575
3	0.072	0.115	0.216	0.352	0.584	1.213
4	0.207	0.297	0.484	0.711	1.064	1.923
5	0.412	0.554	0.831	1.145	1.610	2.675
6	0.676	0.872	1.237	1.635	2.204	3.455
7	0.989	1.239	1.690	2.167	2.833	4.255
8	1.344	1.646	2.180	2.733	3.490	5.071
9	1.735	2.088	2.700	3.325	4.168	5.899
10	2.156	2.558	3.247	3.940	4.865	6.737
11	2.603	3.053	3.816	4.575	5.578	7.584
12	3.074	3.571	4.404	5.226	6.304	8.438
13	3.565	4.107	5.009	5.892	7.042	9.299
14	4.075	2.660	5.629	6.571	7.790	10.165
15	4.601	5.229	6.262	7.261	8.547	11.037
16	5.142	5.812	6.908	7.962	9.312	11.912
17	5.697	6.408	7.564	8.672	10.085	12.792
18	6.265	7.015	8.231	9.390	10.865	13.675
19	6.844	7.633	8.907	10.117	11.651	14.562
20	7.434	8.260	9.591	10.821	12.443	15.452

续附表 4

n \ p	0.005	0.01	0.025	0.05	0.10	0.25
21	8.034	8.897	10.283	11.591	13.240	16.344
22	8.643	9.542	10.982	12.338	14.042	17.240
23	9.260	10.196	11.689	13.091	14.848	18.137
24	9.886	10.856	12.401	13.848	15.659	19.037
25	10.520	11.524	13.120	14.611	16.473	19.939
26	11.160	12.198	13.844	15.379	17.292	20.843
27	11.808	12.879	14.573	16.151	18.114	21.749
28	12.461	13.565	15.308	16.928	18.939	22.657
29	13.121	14.257	16.047	17.708	19.768	23.567
30	13.787	14.954	16.791	18.493	20.599	24.478
31	14.458	15.655	17.539	19.281	21.434	25.390
32	15.134	16.362	18.291	20.072	22.271	26.304
33	15.815	17.074	19.047	20.807	23.110	27.219
34	16.501	17.789	19.806	21.664	23.952	28.136
35	17.192	18.509	20.569	22.465	24.797	29.054
36	17.887	19.233	21.336	23.269	25.613	29.973
37	18.586	19.960	22.106	24.075	26.492	30.893
38	19.289	20.691	22.878	24.884	27.343	31.815
39	19.996	21.426	23.654	25.695	28.196	32.737
40	20.707	22.164	24.433	26.509	29.051	33.660
41	21.421	22.906	25.215	27.326	29.907	34.585
42	22.138	23.650	25.999	28.144	30.765	35.510
43	22.859	24.398	26.785	28.965	31.625	36.430
44	23.584	25.143	27.575	29.787	32.487	37.363
45	24.311	25.901	28.366	30.612	33.350	38.291

续附表 4

n \ p	0.75	0.90	0.95	0.975	0.99	0.995
1	1.323	2.706	3.841	5.024	6.635	7.879
2	2.773	4.605	5.991	7.378	9.210	10.597
3	4.108	6.251	7.815	9.348	11.345	12.838
4	5.385	7.779	9.488	11.143	13.277	14.860
5	6.626	9.236	11.071	12.833	15.086	16.750
6	7.841	10.645	12.592	14.449	16.812	18.548
7	9.037	12.017	14.067	16.013	18.475	20.278
8	10.219	13.362	15.507	17.535	20.090	21.955
9	11.389	14.684	16.919	19.023	21.666	23.589
10	12.549	15.987	18.307	20.483	23.209	25.188
11	13.701	17.275	19.675	21.920	24.725	26.757
12	14.845	18.549	21.026	23.337	26.217	28.299
13	15.984	19.812	22.362	24.736	27.688	29.819
14	17.117	21.064	23.685	26.119	29.141	31.319
15	18.245	22.307	24.996	27.488	30.578	32.801
16	19.369	23.542	26.296	28.845	32.000	34.267
17	20.489	24.769	27.587	30.191	33.409	35.718
18	21.605	25.989	28.869	31.526	34.805	37.156
19	22.718	27.204	30.144	32.852	36.191	38.582
20	23.828	28.412	31.410	34.170	37.566	39.997
21	24.935	29.615	32.671	35.479	38.932	41.401
22	26.039	30.813	33.924	36.781	40.289	42.796
23	27.141	32.007	35.172	38.076	41.638	44.181
24	28.241	33.196	36.415	39.364	42.980	45.559
25	29.339	34.382	37.652	40.646	44.314	46.928

续附表 4

n \ p	0.75	0.90	0.95	0.975	0.99	0.995
26	30.435	35.563	38.885	41.923	45.642	48.290
27	31.528	36.741	40.113	43.194	46.963	49.645
28	32.620	37.916	41.337	44.461	48.278	50.993
29	33.711	39.087	42.557	45.722	49.588	52.336
30	34.800	40.256	43.773	46.979	50.892	53.672
31	35.887	41.422	44.985	48.232	52.191	55.003
32	36.973	42.585	46.194	49.480	53.486	56.328
33	38.053	43.745	47.400	50.725	54.776	57.648
34	39.141	44.903	48.602	51.966	56.061	58.964
35	40.223	46.059	49.802	53.203	57.342	60.275
36	41.304	47.212	50.998	54.437	58.619	61.581
37	42.383	48.363	52.192	55.668	59.892	62.883
38	43.462	49.513	53.384	56.896	61.162	64.181
39	44.539	50.660	54.572	58.120	62.428	65.476
40	45.616	51.805	55.758	59.342	63.691	66.766
41	46.692	52.949	53.942	60.561	64.950	68.053
42	47.766	54.090	58.124	61.777	66.206	69.336
43	48.840	55.230	59.304	62.990	67.459	70.606
44	49.913	56.369	60.481	64.201	68.710	71.893
45	50.985	57.505	61.656	65.410	69.957	73.166

附表 5　F 分布表

$P(F(n_1, n_2) \leqslant F_p(n_1, n_2)) = p$

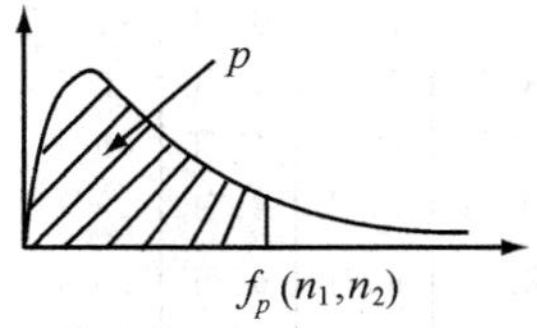

$p=0.90$

n_2 \ n_1	1	2	3	4	5	6	7	8	9	10	12	15	20	24	30	40	60	120	∞
1	39.86	49.50	53.59	55.83	57.24	58.20	58.91	59.44	59.86	60.19	60.71	61.22	61.74	62.00	62.26	62.53	62.79	63.06	63.33
2	8.53	9.00	9.16	9.24	9.29	9.33	9.35	9.37	9.38	9.39	9.41	9.42	9.44	9.45	9.46	9.47	9.47	9.48	9.49
3	5.54	5.46	5.39	5.34	5.31	5.28	5.27	5.25	5.24	5.23	5.22	5.20	5.18	5.18	5.17	5.16	5.15	5.14	5.13
4	4.54	4.32	4.19	4.11	4.05	4.01	3.98	3.95	3.94	3.92	3.90	3.87	3.84	3.83	3.82	3.80	3.79	3.78	3.76
5	4.06	3.78	3.62	3.52	3.45	3.40	3.37	3.34	3.32	3.30	3.27	3.24	3.21	3.19	3.17	3.16	3.14	3.12	3.10
6	3.78	3.46	3.29	3.18	3.11	3.05	3.01	2.98	2.96	2.94	2.90	2.87	2.84	2.82	2.80	2.78	2.76	2.74	2.72
7	3.59	3.26	3.07	2.96	2.88	2.83	2.78	2.75	2.72	2.70	2.67	2.63	2.59	2.58	2.56	2.54	2.51	2.49	2.47
8	3.46	3.11	2.92	2.81	2.73	2.67	2.62	2.59	2.56	2.54	2.50	2.46	2.42	2.40	2.38	2.36	2.34	2.32	2.29
9	3.36	3.01	2.81	2.69	2.61	2.55	2.51	2.47	2.44	2.42	2.38	2.34	2.30	2.28	2.25	2.23	2.21	2.18	2.16
10	3.29	2.92	2.73	2.61	2.52	2.46	2.41	2.38	2.35	2.32	2.28	2.24	2.20	2.18	2.16	2.13	2.11	2.08	2.06

续附表 5

$p=0.90$

n_2 \ n_1	1	2	3	4	5	6	7	8	9	10	12	15	20	24	30	40	60	120	∞
11	3.23	2.86	2.66	2.54	2.45	2.39	2.34	2.30	2.27	2.25	2.21	2.17	2.12	2.10	2.08	2.05	2.03	2.06	1.97
12	3.18	2.81	2.61	2.48	2.39	2.33	2.28	2.24	2.21	2.19	2.15	2.10	2.06	2.04	2.01	1.99	1.96	1.93	1.90
13	3.14	2.76	2.56	2.43	2.35	2.28	2.23	2.20	2.16	2.14	2.10	2.05	2.01	1.98	1.96	1.93	1.90	1.88	1.85
14	3.10	2.73	2.52	2.39	2.31	2.24	2.19	2.15	2.12	2.10	2.05	2.01	1.96	1.94	1.91	1.89	1.86	1.83	1.80
15	3.07	2.70	2.49	2.36	2.27	2.21	2.16	2.12	2.09	2.06	2.02	1.97	1.92	1.90	1.87	1.85	1.82	1.79	1.76
16	3.05	2.67	2.46	2.33	2.24	2.18	2.13	2.09	2.06	2.03	1.99	1.94	1.89	1.87	1.84	1.81	1.78	1.75	1.72
17	3.03	2.64	2.44	2.31	2.22	2.15	2.10	2.00	2.03	2.00	1.96	1.91	1.86	1.84	1.81	1.78	1.75	1.72	1.69
18	3.01	2.62	2.42	2.29	2.20	2.13	2.08	2.04	2.00	1.98	1.93	1.89	1.84	1.81	1.78	1.75	1.72	1.69	1.66
19	2.99	2.61	2.40	2.27	2.18	2.11	2.06	2.02	1.98	1.96	1.91	1.86	1.81	1.79	1.76	1.73	1.70	1.67	1.63
20	2.97	2.59	2.38	2.25	2.16	2.09	2.04	2.00	1.96	1.94	1.89	1.84	1.79	1.77	1.74	1.71	1.68	1.64	1.61
21	2.96	2.57	2.36	2.23	2.14	2.08	2.02	1.98	1.95	1.92	1.87	1.83	1.78	1.75	1.72	1.69	1.66	1.62	1.59
22	2.95	2.56	2.35	2.22	2.13	2.06	2.01	1.97	1.93	1.90	1.86	1.81	1.76	1.73	1.70	1.67	1.64	1.60	1.57
23	2.94	2.55	2.34	2.21	2.11	2.05	1.99	1.95	1.92	1.89	1.84	1.80	1.74	1.72	1.69	1.66	1.62	1.59	1.55
24	2.93	2.54	2.33	2.19	2.10	2.04	1.98	1.94	1.91	1.88	1.83	1.78	1.73	1.70	1.67	1.64	1.61	1.57	1.53
25	2.92	2.53	2.32	2.18	2.09	2.02	1.97	1.93	1.89	1.87	1.82	1.77	1.72	1.69	1.66	1.63	1.59	1.56	1.52
26	2.91	2.52	2.31	2.17	2.08	2.01	1.96	1.92	1.88	1.86	1.81	1.76	1.71	1.68	1.65	1.61	1.58	1.54	1.50
27	2.90	2.51	2.30	2.17	2.07	2.00	1.95	1.91	1.87	1.85	1.80	1.75	1.70	1.67	1.64	1.60	1.57	1.53	1.49
28	2.89	2.50	2.29	2.16	2.06	2.00	1.94	1.90	1.87	1.84	1.79	1.74	1.69	1.66	1.63	1.59	1.56	1.52	1.48
29	2.89	2.50	2.28	2.15	2.06	1.99	1.93	1.89	1.86	1.83	1.78	1.73	1.68	1.65	1.62	1.58	1.55	1.51	1.47
30	2.88	2.49	2.28	2.14	2.05	1.98	1.93	1.88	1.85	1.82	1.77	1.72	1.67	1.64	1.61	1.57	1.54	1.50	1.46
40	2.84	2.44	2.23	2.09	2.00	1.93	1.87	1.83	1.79	1.76	1.71	1.66	1.61	1.57	1.54	1.51	1.47	1.42	1.38
60	2.79	2.39	2.18	2.04	1.95	1.87	1.82	1.77	1.74	1.71	1.66	1.60	1.54	1.51	1.48	1.44	1.40	1.35	1.29
120	2.75	2.35	2.13	1.99	1.90	1.82	1.77	1.72	1.68	1.65	1.60	1.55	1.48	1.45	1.41	1.37	1.32	1.26	1.19
∞	2.71	2.30	2.08	1.94	1.85	1.77	1.72	1.67	1.63	1.60	1.55	1.49	1.42	1.38	1.34	1.30	1.24	1.17	1.00

续附表 5

$p=0.95$

n_2 \ n_1	1	2	3	4	5	6	7	8	9	10	12	15	20	24	30	40	60	120	∞
1	161.4	199.5	215.7	224.6	230.2	234.0	236.8	238.9	240.5	241.9	243.9	245.9	248.0	249.1	250.1	251.1	252.2	253.3	254.3
2	18.51	19.00	19.16	19.25	19.30	19.33	19.35	19.37	19.38	19.40	19.41	19.43	19.45	19.45	19.46	19.47	19.48	19.49	19.50
3	10.13	9.55	9.28	9.12	9.01	8.94	8.89	8.85	8.81	8.79	8.74	8.70	8.66	8.64	8.62	8.59	8.57	8.55	8.53
4	7.71	6.94	6.59	6.39	6.26	6.16	6.09	6.04	6.00	5.96	5.91	5.86	5.80	5.77	5.75	5.72	5.69	5.66	5.63
5	6.61	5.79	5.41	5.19	5.05	4.95	4.88	4.82	4.77	4.74	4.68	4.62	4.56	4.53	4.50	4.46	4.43	4.40	4.36
6	5.99	5.14	4.76	4.53	4.39	4.28	4.21	4.15	4.10	4.06	4.00	3.94	3.87	3.84	3.81	3.77	3.74	3.70	3.67
7	5.59	4.74	4.35	4.12	3.97	3.87	3.79	3.73	3.68	3.64	3.57	3.51	3.44	3.41	3.38	3.34	3.30	3.27	3.23
8	5.32	4.46	4.07	3.84	3.69	3.58	3.50	3.44	3.39	3.35	3.28	3.22	3.15	3.12	3.08	3.04	3.01	2.97	2.93
9	5.12	4.26	3.86	3.63	3.48	3.37	3.29	3.23	3.18	3.14	3.07	3.01	2.94	2.90	2.86	2.80	2.79	2.75	2.71
10	4.96	4.10	3.71	3.48	3.33	3.22	3.14	3.07	3.02	2.98	2.91	2.85	2.77	2.74	2.70	2.66	2.62	2.58	2.54
11	4.84	3.98	3.59	3.36	3.20	3.09	3.01	2.95	2.90	2.85	2.79	2.72	2.65	2.61	2.57	2.53	2.49	2.45	2.40
12	4.75	3.89	3.49	3.26	3.11	3.00	2.91	2.85	2.80	2.75	2.69	2.62	2.54	2.51	2.47	2.43	2.38	2.34	2.30
13	4.67	3.81	3.41	3.18	3.03	2.92	2.83	2.77	2.71	2.67	2.60	2.53	2.46	2.42	2.38	2.34	2.30	2.25	2.21
14	4.60	3.74	3.34	3.11	2.96	2.85	2.76	2.70	2.65	2.60	2.53	2.46	2.39	2.35	2.31	2.27	2.22	2.18	2.13
15	4.54	3.68	3.29	3.06	2.90	2.79	2.71	2.64	2.59	2.54	2.48	2.40	2.33	2.29	2.25	2.20	2.16	2.11	2.07
16	4.49	3.63	3.24	3.01	2.85	2.74	2.66	2.59	2.54	2.49	2.42	2.35	2.28	2.24	2.19	2.15	2.11	2.06	2.01
17	4.45	3.59	3.20	2.96	2.81	2.70	2.61	2.55	2.49	2.45	2.38	2.31	2.23	2.19	2.15	2.10	2.06	2.01	1.96

续附表 5

$p=0.95$

n_2 \ n_1	1	2	3	4	5	6	7	8	9	10	12	15	20	24	30	40	60	120	∞
18	4.41	3.55	3.16	2.93	2.77	2.66	2.58	2.51	2.46	2.41	2.34	2.27	2.19	2.15	2.11	2.06	2.02	1.97	1.93
19	4.38	3.52	3.13	2.90	2.74	2.63	2.54	2.48	2.42	2.38	2.31	2.23	2.16	2.11	2.07	2.03	1.98	1.93	1.88
20	4.35	3.49	3.10	2.87	2.71	2.60	2.51	2.45	2.39	2.35	2.28	2.20	2.12	2.08	2.04	1.99	1.95	1.90	1.84
21	4.32	3.47	3.07	2.84	2.68	2.57	2.49	2.42	2.37	2.32	2.25	2.18	2.10	2.05	2.01	1.96	1.92	1.87	1.81
22	4.30	3.44	3.05	2.82	2.66	2.55	2.46	2.40	2.34	2.30	2.23	2.15	2.07	2.03	1.98	1.94	1.89	1.84	1.78
23	4.28	3.42	3.03	2.80	2.64	2.53	2.44	2.37	2.32	2.27	2.20	2.13	2.05	2.01	1.96	1.91	1.86	1.81	1.76
24	4.26	3.40	3.01	2.78	2.62	2.51	2.42	2.36	2.30	2.25	2.18	2.11	2.03	1.98	1.94	1.89	1.84	1.79	1.73
25	4.24	3.39	2.99	2.76	2.60	2.49	2.40	2.34	2.28	2.24	2.16	2.09	2.01	1.96	1.92	1.87	1.82	1.77	1.71
26	4.23	3.37	2.98	2.74	2.59	2.47	2.39	2.32	2.27	2.22	2.15	2.07	1.99	1.95	1.90	1.85	1.80	1.75	1.69
27	4.21	3.35	2.96	2.73	2.57	2.46	2.37	2.31	2.25	2.20	2.13	2.06	1.97	1.93	1.88	1.84	1.79	1.73	1.67
28	4.20	3.34	2.95	2.71	2.56	2.45	2.36	2.29	2.24	2.19	2.12	2.04	1.96	1.91	1.87	1.82	1.77	1.71	1.65
29	4.18	3.33	2.93	2.70	2.55	2.43	2.35	2.28	2.22	2.18	2.10	2.03	1.94	1.90	1.85	1.81	1.75	1.70	1.64
30	4.17	3.32	2.92	2.69	2.53	2.42	2.33	2.27	2.21	2.16	2.09	2.01	1.93	1.89	1.84	1.79	1.74	1.68	1.62
40	4.08	3.23	2.84	2.61	2.45	2.34	2.25	2.18	2.12	2.08	2.00	1.92	1.84	1.79	1.74	1.69	1.64	1.53	1.51
60	4.00	3.15	2.76	2.53	2.37	2.25	2.17	2.10	2.04	1.99	1.92	1.84	1.75	1.70	1.65	1.59	1.53	1.47	1.39
120	3.92	3.07	2.68	2.45	2.29	2.17	2.09	2.02	1.96	1.91	1.83	1.75	1.66	1.61	1.55	1.50	1.43	1.35	1.25
∞	3.84	3.00	2.60	2.37	2.21	2.10	2.01	1.94	1.88	1.83	1.75	1.67	1.57	1.52	1.46	1.39	1.32	1.22	1.00

续附表5

$p=0.975$

n_2 \ n_1	1	2	3	4	5	6	7	8	9	10	12	15	20	24	30	40	60	120	∞
1	647.8	799.5	864.2	899.6	921.8	937.1	943.2	956.7	963.3	368.6	976.7	984.9	933.1	997.2	1001	1006	1010	1014	1018
2	38.51	39.00	39.17	39.25	39.30	39.33	39.36	39.37	39.39	39.40	39.41	39.43	39.45	39.46	39.46	39.47	39.48	39.49	39.50
3	17.44	16.04	15.44	15.10	14.88	14.73	14.62	14.54	14.47	14.42	14.34	14.25	14.17	14.12	14.08	14.04	13.99	13.95	13.90
4	12.22	10.65	9.98	9.60	9.36	9.20	9.07	8.98	8.90	8.84	8.75	8.66	8.56	8.51	8.46	8.41	8.36	8.31	8.26
5	10.01	8.43	7.76	7.39	7.15	6.98	6.85	6.76	6.68	6.62	6.52	6.43	6.33	6.28	6.23	6.18	6.12	6.07	6.02
6	8.81	7.26	6.60	6.23	5.99	5.82	5.70	5.60	5.52	5.46	5.37	5.27	5.17	5.12	5.07	5.01	4.96	4.90	4.85
7	8.07	6.54	5.89	5.52	5.29	5.12	4.99	4.90	4.82	4.76	4.67	4.57	4.47	4.42	4.36	4.31	4.25	4.20	4.14
8	7.57	6.06	5.42	5.05	4.82	4.65	4.53	4.43	4.36	4.30	4.20	4.10	4.00	3.95	3.89	3.84	3.78	3.73	3.67
9	7.21	5.71	5.08	4.72	4.48	4.23	4.20	4.10	4.03	3.96	3.87	3.77	3.67	3.61	3.56	3.51	3.45	3.39	3.33
10	6.94	5.46	4.83	4.47	4.24	4.07	3.95	3.85	3.78	3.72	3.62	3.52	3.42	3.37	3.31	3.26	3.20	3.14	3.08
11	6.72	5.26	4.63	4.28	4.04	3.88	3.76	3.66	3.59	3.53	3.43	3.33	3.23	3.17	3.12	3.06	3.00	2.94	2.88
12	6.55	5.10	4.47	4.12	3.89	3.73	3.61	3.51	3.44	3.37	3.28	3.18	3.07	3.02	2.96	2.91	2.85	2.79	2.72
13	6.41	4.97	4.35	4.00	3.77	3.60	3.48	3.39	3.31	3.25	3.15	3.05	2.95	2.89	2.84	2.78	2.72	2.66	2.60
14	6.30	4.86	4.24	3.89	3.66	3.50	3.38	3.29	3.21	3.15	3.05	2.95	2.84	2.79	2.73	2.67	2.61	2.55	2.49
15	6.20	4.77	4.15	3.80	3.58	3.41	3.29	3.20	3.12	3.06	2.96	2.86	2.76	2.70	2.64	2.59	2.52	2.46	2.40
16	6.12	4.69	4.08	3.73	3.5	3.34	3.22	3.12	3.05	2.99	2.89	2.79	2.68	2.63	2.57	2.51	2.45	2.38	2.32
17	6.04	4.62	4.01	3.66	3.44	3.28	3.16	3.06	2.98	2.92	2.82	2.72	2.62	2.56	2.50	2.44	2.38	2.32	2.25

续附表 5

$p=0.975$

n_2 \ n_1	1	2	3	4	5	6	7	8	9	10	12	15	20	24	30	40	60	120	∞
18	5.98	4.56	3.95	3.61	3.38	3.22	3.10	3.01	2.93	2.87	2.77	2.67	2.56	2.50	2.44	2.38	2.32	2.26	2.19
19	5.92	4.51	3.90	3.56	3.33	3.17	3.05	2.96	2.88	2.82	2.72	2.62	2.51	2.45	2.39	2.38	2.27	2.20	2.13
20	5.87	4.46	3.86	3.51	3.29	3.13	3.01	2.91	2.84	2.77	2.68	2.57	2.46	2.41	2.35	2.29	2.22	2.16	2.09
21	5.83	4.42	3.82	3.48	3.25	3.09	2.97	2.87	2.80	2.73	2.64	2.58	2.42	2.37	2.31	2.25	2.18	2.11	2.04
22	5.79	4.38	3.78	3.44	3.22	3.05	2.93	2.84	2.76	2.70	2.60	2.50	2.39	2.33	2.27	2.21	2.14	2.08	2.00
23	5.75	4.35	3.75	3.41	3.18	3.02	2.90	2.81	2.73	2.67	2.57	2.47	2.36	2.30	2.24	2.18	2.11	2.04	1.97
24	5.72	4.32	3.72	3.38	3.15	2.99	2.87	2.78	2.70	2.64	2.54	2.44	2.33	2.27	2.21	2.15	2.08	2.07	1.94
25	5.69	4.20	3.69	3.35	3.13	2.97	2.85	2.75	2.68	2.61	2.51	2.41	2.30	2.24	2.18	2.12	2.05	1.98	1.91
26	5.66	4.27	3.67	3.33	3.10	2.94	2.82	2.73	2.65	2.59	2.49	2.39	1.28	2.22	2.16	2.09	2.03	1.95	1.88
27	5.63	4.24	3.65	3.31	3.08	2.92	2.80	2.71	2.63	2.57	2.47	2.36	1.25	2.19	2.13	2.07	2.00	1.93	1.85
28	5.61	4.22	3.63	3.29	3.06	2.90	2.78	2.69	2.61	2.55	2.45	2.34	2.23	2.17	2.11	2.05	1.98	1.91	1.83
29	5.59	4.20	3.61	3.27	3.04	2.88	2.76	2.67	2.59	2.53	2.43	2.32	2.21	2.15	2.09	2.03	1.96	1.89	1.81
30	5.57	4.18	3.59	3.25	3.03	2.87	2.75	2.65	2.57	2.51	2.41	2.31	3.20	2.14	2.07	2.01	1.94	1.87	1.79
40	5.42	4.05	3.46	3.13	2.90	2.74	2.62	2.53	2.45	2.39	2.29	2.18	2.07	2.01	1.94	1.88	1.80	1.72	1.64
60	5.29	3.93	3.34	3.01	2.79	2.63	2.51	2.41	2.33	2.27	2.17	2.06	1.94	1.88	1.82	1.74	1.67	1.58	1.48
120	5.15	3.08	3.23	2.89	2.67	2.52	2.39	2.30	2.22	2.16	2.05	1.94	1.82	1.76	1.69	1.61	1.58	1.43	1.31
∞	5.02	3.60	3.12	2.79	2.57	2.41	2.29	2.19	2.11	2.05	1.94	1.83	1.71	1.64	1.57	1.48	1.39	1.27	1.00

$p=0.99$　　续附表 5

n_2 \ n_1	1	2	3	4	5	6	7	8	9	10	12	15	20	24	30	40	60	120	∞
1	4052	4999.5	5403	5625	5764	5859	5928	5982	6022	6056	6106	6157	6209	6235	6261	6287	6313	6339	6366
2	98.50	99.00	99.17	99.25	99.30	99.33	99.36	99.37	99.39	99.40	99.42	99.43	99.45	99.46	99.47	99.47	99.48	99.49	99.50
3	24.12	30.82	29.46	28.71	28.24	27.91	27.67	27.49	27.35	27.23	27.05	26.87	26.69	26.60	26.50	26.41	26.32	26.22	26.13
4	21.20	18.00	16.69	15.98	15.52	15.21	14.98	14.80	14.66	14.55	14.37	14.20	14.02	13.93	13.84	13.75	13.65	13.50	13.40
5	16.26	13.27	12.06	11.39	10.97	10.67	10.46	10.29	10.16	10.05	9.89	9.72	9.55	9.47	9.38	9.29	9.20	9.11	9.02
6	13.75	10.92	9.78	9.15	8.75	8.47	8.26	8.10	7.98	7.87	7.72	7.56	7.40	7.31	7.23	7.14	7.06	6.97	6.88
7	12.25	9.55	8.45	7.85	7.46	7.19	6.99	6.84	6.72	6.62	6.47	6.31	6.16	6.07	5.99	5.91	5.82	5.74	5.65
8	11.26	8.65	7.59	7.01	6.63	6.37	6.18	6.03	5.91	5.81	5.67	5.52	5.36	5.28	5.20	5.12	5.03	4.95	4.86
9	10.56	8.02	6.99	6.42	6.06	5.80	5.61	5.47	5.35	5.26	5.11	4.96	4.81	4.73	4.65	4.57	4.48	4.40	4.31
10	10.04	7.56	6.55	5.99	5.64	5.39	5.20	5.06	4.94	4.85	4.71	4.56	4.41	4.33	4.25	4.17	4.08	4.00	3.91
11	9.65	7.21	6.22	5.67	5.32	5.07	4.89	4.74	4.63	4.54	4.40	4.25	4.10	4.02	3.94	3.86	3.78	3.69	3.60
12	9.33	6.93	5.95	5.41	5.06	4.82	4.64	4.50	4.39	4.30	4.16	4.01	3.86	3.78	3.70	3.62	3.54	3.45	3.36
13	9.07	6.70	5.74	5.21	4.86	4.62	4.44	4.30	4.19	4.10	3.96	3.82	3.66	3.59	3.51	3.43	3.34	3.25	3.17
14	8.86	6.51	5.56	5.04	4.69	4.46	4.28	4.14	4.03	3.94	3.80	3.66	3.51	3.43	3.35	3.27	3.18	3.09	3.00
15	8.68	6.36	5.42	4.89	4.56	4.32	4.14	4.00	3.89	3.80	3.67	3.52	3.37	3.29	3.21	3.13	3.05	2.96	2.87
16	8.53	6.23	5.29	4.77	4.44	4.20	4.03	3.89	3.78	3.69	3.35	3.41	3.26	3.18	3.10	3.02	2.93	2.84	2.75
17	8.40	6.11	5.18	4.67	4.34	4.10	3.93	3.79	3.68	3.59	3.46	3.31	3.16	3.08	3.00	2.92	2.83	2.75	2.65

续附表 5

$p=0.99$

n_2 \ n_1	1	2	3	4	5	6	7	8	9	10	12	15	20	24	30	40	60	120	∞
18	8.29	6.01	5.09	4.58	4.25	4.01	3.84	3.71	3.60	3.51	3.37	3.23	3.08	3.00	2.92	2.84	2.75	2.66	2.57
19	8.18	5.93	5.01	4.50	4.17	3.94	3.77	3.63	3.52	3.43	3.30	3.15	3.00	2.92	2.84	2.76	2.67	2.58	2.49
20	8.10	5.85	4.94	4.43	4.10	3.87	3.70	3.56	3.46	3.37	3.23	3.09	2.94	2.86	2.78	2.69	2.61	2.52	2.42
21	8.02	5.78	4.87	4.37	4.04	3.81	3.64	3.51	3.40	3.31	3.17	3.03	2.88	2.80	2.72	2.64	2.55	2.46	2.36
22	7.95	5.72	4.82	4.31	3.99	3.76	3.59	3.45	3.55	3.26	3.12	2.98	2.83	2.75	2.67	2.58	2.50	2.40	2.31
23	7.88	5.66	4.76	4.26	3.94	3.71	3.54	3.41	3.30	3.21	3.07	2.93	2.78	2.71	2.62	2.54	2.45	2.35	2.26
24	7.82	5.61	4.72	4.22	3.90	3.67	3.50	3.36	3.26	3.17	3.03	2.89	2.74	2.66	2.58	2.49	2.40	2.31	2.21
25	7.77	5.57	4.68	4.18	3.85	3.63	3.46	3.32	3.22	3.13	2.99	2.85	2.70	2.62	2.54	2.45	2.36	2.27	2.17
26	7.72	5.53	4.64	4.14	3.82	3.59	3.42	3.29	3.18	3.09	2.96	2.81	2.66	2.58	2.50	2.42	2.33	2.23	2.13
27	7.68	5.49	4.60	4.11	3.78	3.56	3.39	3.26	3.15	3.06	2.93	2.78	2.63	2.55	2.47	2.38	2.29	2.20	2.10
28	7.64	5.45	4.57	4.07	3.75	3.53	3.36	3.23	3.12	3.03	2.90	2.75	2.60	2.52	2.44	2.35	2.26	2.17	2.06
29	7.60	5.42	4.54	4.04	3.73	3.50	3.33	3.20	3.09	3.00	2.87	2.73	2.57	2.49	2.41	2.33	2.23	2.14	2.03
30	7.56	5.39	4.51	4.02	3.70	3.47	3.30	3.17	3.07	2.98	2.84	2.70	2.55	2.47	2.39	2.30	2.21	2.11	2.01
40	7.31	5.18	4.31	3.83	3.51	3.29	3.12	2.99	2.89	2.80	2.66	2.52	2.37	2.29	2.20	2.11	2.02	1.92	1.80
60	7.08	4.98	4.13	3.65	3.34	3.12	2.95	2.82	2.72	2.63	2.50	2.35	2.20	2.12	2.03	1.94	1.84	1.73	1.60
120	6.85	4.79	3.95	3.48	3.17	2.96	2.79	2.66	2.56	2.47	2.34	2.19	2.03	1.95	1.86	1.76	1.66	1.53	1.38
∞	6.63	4.61	3.78	3.32	3.02	2.80	2.64	2.51	2.41	2.32	2.18	2.04	1.88	1.79	1.70	1.59	1.47	1.32	1.00

续附表 5

$p=0.995$

n_2 \ n_1	1	2	3	4	5	6	7	8	9	10	12	15	20	24	30	40	60	120	∞
1	16211	20000	21615	22500	23056	23437	23715	23925	24091	24224	24426	24630	24836	24940	25044	25148	25253	25359	25465
2	198.5	199.0	199.2	199.2	199.3	199.3	199.4	199.4	199.4	199.4	199.4	199.4	199.4	199.5	199.5	199.5	199.5	199.5	199.5
3	55.55	49.80	47.47	46.19	45.39	14.84	44.43	44.13	43.88	43.69	43.39	43.08	42.78	42.62	42.47	42.31	42.15	41.99	41.83
4	31.33	26.28	24.26	23.15	22.46	21.97	21.62	21.35	21.14	20.97	20.70	20.44	20.17	20.03	19.89	19.75	19.61	19.47	19.32
5	22.78	18.31	16.53	15.56	14.94	14.51	14.20	13.96	13.77	13.62	13.38	13.15	12.90	12.78	12.66	12.53	12.40	12.27	12.14
6	18.63	14.54	12.92	12.03	11.46	11.07	10.79	10.57	10.39	10.25	10.03	9.81	9.59	9.47	9.36	9.24	9.12	9.00	8.88
7	16.24	12.40	10.88	10.05	9.52	9.16	8.89	8.68	8.51	8.38	8.18	7.97	7.75	7.65	7.53	7.42	7.31	7.19	7.08
8	14.69	11.04	9.60	8.81	8.30	7.95	7.69	7.50	7.34	7.21	7.01	6.81	6.61	6.50	6.40	6.29	6.18	6.06	5.95
9	13.61	10.11	8.72	7.96	7.47	7.13	6.88	6.69	6.54	6.42	6.23	6.03	5.83	5.73	5.62	5.52	5.41	5.30	5.19
10	12.83	9.43	8.08	7.34	6.87	6.54	6.30	6.12	5.97	5.85	5.66	5.47	5.27	5.17	5.07	4.97	4.86	4.75	4.64
11	12.23	8.91	7.60	6.88	6.42	6.10	5.86	5.68	5.54	5.42	5.24	5.05	4.86	4.76	4.65	4.55	4.44	4.34	4.23
12	11.75	8.51	7.23	6.52	6.07	5.76	5.52	5.35	5.20	5.09	4.91	4.72	4.53	4.43	4.33	4.23	4.12	4.0	3.90
13	11.37	8.19	6.93	6.23	5.79	5.48	5.25	5.08	4.94	4.82	4.64	4.46	4.27	4.17	4.07	3.97	3.87	3.76	3.65
14	11.06	7.92	6.68	6.00	5.56	5.26	5.03	4.86	4.72	4.60	4.43	4.25	4.06	3.96	3.86	3.76	3.66	3.55	3.44
15	10.80	7.70	6.48	5.80	5.37	5.07	4.85	4.67	4.54	4.42	4.25	4.07	3.88	3.79	3.69	3.58	3.48	3.37	3.26
16	10.58	7.51	6.30	5.64	5.21	4.91	4.69	4.52	4.38	4.27	4.10	3.92	3.73	3.64	3.54	3.44	3.33	3.22	3.11
17	10.38	7.35	6.16	5.50	5.07	4.78	4.56	4.39	4.25	4.14	3.97	3.79	3.61	3.51	3.41	3.31	3.21	3.10	2.98

续附表 5

$p=0.995$

n_2 \ n_1	1	2	3	4	5	6	7	8	9	10	12	15	20	24	30	40	60	120	∞
18	10.22	7.21	6.03	5.37	4.96	4.66	4.44	4.28	4.14	4.03	3.86	3.68	3.50	3.40	3.30	3.20	3.10	2.99	2.87
19	10.07	7.09	5.92	5.27	4.85	4.56	4.34	4.18	4.04	3.93	3.76	3.59	3.40	3.31	3.21	3.11	3.00	2.89	2.78
20	9.94	6.99	5.82	5.17	4.76	4.47	4.26	4.09	3.96	3.85	3.68	3.50	3.32	3.22	3.12	3.02	2.92	2.81	2.69
21	9.83	6.89	5.73	5.09	4.68	4.39	4.18	4.01	3.88	3.77	3.60	3.43	3.24	3.15	3.05	2.95	2.84	2.73	2.61
22	9.73	6.81	5.65	5.02	4.61	4.32	4.11	3.94	3.81	3.70	3.54	3.36	3.18	3.08	2.98	2.88	2.77	2.66	2.55
23	9.63	6.73	5.58	4.95	4.54	4.26	4.05	3.88	3.75	3.64	3.47	3.30	3.12	3.02	2.92	2.82	2.71	2.60	2.48
24	9.55	6.66	5.52	4.89	4.49	4.20	3.99	3.83	3.69	3.59	3.42	3.25	3.06	2.97	2.87	2.77	2.66	2.55	2.43
25	9.48	6.60	5.46	4.84	4.43	4.15	3.94	3.78	3.64	3.54	3.37	3.20	3.01	2.92	2.82	2.72	2.61	2.50	2.38
26	9.41	6.54	5.41	4.79	4.38	4.10	3.89	3.73	3.60	3.49	3.38	3.15	2.97	2.87	2.77	2.67	2.56	2.45	2.33
27	9.34	6.49	5.36	4.74	4.34	4.06	3.85	3.69	3.56	3.45	3.28	3.11	2.93	2.83	2.73	2.63	2.52	2.41	2.29
28	9.28	6.44	5.32	4.70	4.30	4.02	3.81	3.65	3.52	3.41	3.25	3.07	2.89	2.79	2.69	2.59	2.48	2.37	2.25
29	9.23	6.40	5.28	4.66	4.26	3.98	3.77	3.61	3.48	3.38	3.21	3.04	2.86	2.76	2.66	2.56	2.45	2.33	2.21
30	9.18	6.35	5.24	4.62	4.23	3.95	3.74	3.58	3.45	3.34	3.18	3.01	2.82	2.73	2.63	2.52	2.42	2.30	2.18
40	8.83	6.07	4.98	4.37	3.99	3.71	3.51	3.35	3.22	3.12	2.95	2.78	2.60	2.50	2.40	2.30	2.18	2.06	1.93
60	8.49	5.79	4.73	4.14	3.76	3.49	3.29	3.13	3.01	2.90	2.74	2.57	2.39	2.29	2.19	2.08	1.96	1.82	1.69
120	8.18	5.54	4.50	3.92	3.55	3.28	3.09	2.93	2.81	2.71	2.54	2.37	2.19	2.09	1.98	1.87	1.75	1.61	1.41
∞	7.88	5.30	4.28	3.72	3.35	3.09	2.90	2.74	2.62	2.52	2.36	2.19	2.00	1.90	1.79	1.67	1.53	1.36	1.00

续附表 5

$p=0.999$

n_2 \ n_1	1	2	3	4	5	6	7	8	9	10	12	15	20	24	30	40	60	120	∞
1	4053+	5000+	5404+	5625+	5764+	5859+	5929+	5981+	6023+	6056+	6107+	6158+	6209+	6235+	6261+	6287+	6313+	6340+	6366+
2	998.5	999.0	999.2	999.2	999.3	999.3	999.4	999.4	999.4	999.4	999.4	999.4	999.4	999.5	999.5	999.5	999.5	999.5	999.5
3	167.0	148.5	141.1	137.1	134.6	132.8	131.6	130.6	129.9	129.2	128.3	127.4	126.4	125.9	125.4	125.0	124.5	124.0	123.5
4	74.14	61.25	53.18	53.44	51.71	50.53	49.66	49.00	48.47	48.05	47.41	46.76	46.10	45.77	45.43	45.09	44.75	44.40	44.05
5	47.18	37.12	33.20	31.09	29.75	28.84	28.16	27.64	27.24	26.92	26.42	25.91	25.39	25.14	24.87	24.60	24.33	24.06	23.79
6	35.51	27.00	23.70	21.92	20.81	20.03	19.46	19.03	18.69	18.41	17.99	17.56	17.12	16.89	16.67	16.44	16.21	15.99	15.75
7	29.25	21.69	18.77	17.19	16.21	15.52	15.02	14.63	14.33	14.08	13.71	13.32	12.93	12.73	12.53	12.33	12.12	11.91	11.70
8	25.42	18.49	15.83	14.39	13.49	12.86	12.40	12.04	11.77	11.54	11.19	10.84	10.18	10.30	10.11	9.92	9.73	9.53	9.33
9	22.86	16.39	13.90	12.56	11.71	11.13	10.70	10.37	10.11	9.89	9.57	9.24	8.90	8.72	8.55	8.37	8.19	8.00	7.81
10	21.04	14.91	12.55	11.28	10.48	9.92	9.52	9.20	8.96	8.75	8.45	8.13	7.80	7.64	7.47	7.30	7.12	6.94	6.67
11	19.69	13.81	11.56	10.35	9.58	9.05	8.66	8.35	8.12	7.92	7.63	7.32	7.01	6.85	6.68	6.52	6.35	6.17	6.00
12	18.64	12.97	10.80	9.63	8.89	8.38	8.00	7.71	7.48	7.29	7.00	6.71	6.40	6.25	6.09	5.93	5.76	5.59	5.42
13	17.81	12.31	10.21	9.07	8.35	7.86	7.49	7.21	6.98	6.80	6.52	6.23	5.93	5.78	5.63	5.47	5.30	5.14	4.97
14	17.14	11.78	9.73	8.62	7.92	7.43	7.08	6.80	6.58	6.40	6.13	5.85	5.56	5.41	5.25	5.10	4.94	4.77	4.60
15	16.59	11.34	9.34	8.25	7.57	7.09	6.74	6.47	6.26	6.08	5.81	5.54	5.25	5.10	4.95	4.80	4.64	4.47	4.31
16	16.12	10.97	9.00	7.94	7.27	6.81	6.46	6.19	5.98	5.81	5.55	5.27	4.99	4.85	4.70	4.54	4.39	4.23	4.06
17	15.72	10.66	8.73	7.68	7.02	7.56	6.22	5.96	5.75	5.58	5.32	5.05	4.78	4.63	4.48	4.33	4.18	4.02	3.85

续附表 5

$p=0.999$

n_2 \ n_1	1	2	3	4	5	6	7	8	9	10	12	15	20	24	30	40	60	120	∞
18	15.38	10.39	8.49	7.46	6.81	6.35	6.02	5.76	5.56	5.39	5.13	4.87	4.59	4.45	4.30	4.15	4.00	3.84	3.67
19	15.08	10.16	8.28	7.26	6.62	6.18	5.85	5.59	5.39	5.22	4.97	4.70	4.43	4.29	4.14	3.99	3.84	3.68	3.51
20	14.82	9.95	8.10	7.10	6.46	6.02	5.69	5.44	5.24	5.08	4.82	4.56	4.29	4.15	4.00	3.86	3.70	3.54	3.38
21	14.59	9.77	7.94	6.95	6.32	5.88	5.56	5.31	5.11	4.95	4.70	4.44	4.17	4.03	3.88	3.74	3.58	3.42	3.26
22	14.38	9.61	7.80	6.81	6.19	5.76	5.44	5.19	4.99	4.83	4.58	4.33	4.06	3.92	3.78	3.63	3.48	3.32	3.15
23	14.19	9.47	7.67	6.69	6.08	5.65	5.33	5.09	4.89	4.73	4.48	4.23	3.96	3.82	3.68	3.53	3.38	3.22	3.05
24	14.03	9.34	7.55	6.59	5.98	5.55	5.23	4.99	4.80	4.64	4.39	4.14	3.87	3.74	3.59	3.45	3.29	3.14	2.97
25	13.88	9.22	7.45	6.49	5.88	5.46	5.15	4.91	4.71	4.56	4.31	4.06	3.79	3.66	3.52	3.37	3.22	3.06	2.89
26	13.74	9.12	7.36	6.41	5.80	5.38	5.07	4.83	4.64	4.48	4.24	3.99	3.72	3.59	3.44	3.30	3.15	2.99	2.82
27	13.61	9.02	7.27	6.33	5.73	5.31	5.00	4.76	4.57	4.41	4.17	3.92	3.66	3.52	3.38	3.23	3.08	2.92	2.75
28	13.50	8.93	7.19	6.25	5.66	5.24	4.93	4.69	4.50	4.35	4.11	3.86	3.60	3.46	3.32	3.18	3.02	2.86	2.69
29	13.39	8.85	7.12	6.19	5.59	5.18	4.87	4.64	4.45	4.29	4.05	3.80	3.54	3.41	3.27	3.12	2.97	2.81	2.54
30	13.29	8.77	7.05	6.12	5.53	5.12	4.82	4.58	4.39	4.24	4.00	3.75	3.49	3.36	3.22	3.07	2.92	2.76	2.59
40	12.61	8.25	6.60	5.70	5.13	4.73	4.44	4.21	4.02	3.87	3.64	3.40	3.15	3.01	2.87	2.73	2.57	2.41	2.23
60	11.97	7.76	6.17	5.31	4.76	4.37	4.09	3.87	3.69	3.54	3.31	3.08	2.83	2.69	2.55	2.41	2.25	2.08	1.89
120	11.38	7.32	5.79	4.95	4.42	4.04	3.77	3.55	3.38	3.24	3.02	2.78	2.53	2.40	2.26	2.11	1.95	1.76	1.54
∞	10.83	6.91	5.42	4.62	4.10	3.74	3.47	3.27	3.10	2.96	2.74	2.51	2.27	2.12	1.99	1.84	1.66	1.45	1.00

＋表示要将所列数乘以 100

附表 6 相关系数检验的临界值表

本表列出了相关系数检验的临界值,其中显著性水平为 α,样本容量为 n.

$n-2$	α		$n-2$	α	
	0.05	0.01		0.05	0.01
1	0.997	1.000	16	0.468	0.590
2	0.950	0.990	17	0.456	0.575
3	0.878	0.959	18	0.444	0.561
4	0.811	0.917	19	0.433	0.549
5	0.754	0.874	20	0.423	0.537
6	0.707	0.834	21	0.413	0.526
7	0.666	0.798	22	0.404	0.515
8	0.632	0.765	23	0.396	0.505
9	0.602	0.735	24	0.388	0.496
10	0.576	0.708	25	0.381	0.487
11	0.553	0.684	26	0.374	0.478
12	0.532	0.661	27	0.364	0.470
13	0.514	0.641	28	0.361	0.463
14	0.497	0.623	29	0.355	0.456
15	0.482	0.606	30	0.349	0.449